Bernard Salvat

DICTIONNAIRE ILLUSTRÉ DES 600 MARQUES MOTOCYCLISTES DE PARIS ET DE LA SEINE

Tome 1 : AB à Kreutzberger

Histoire & Collections

▲ Vue très partielle de l'exposition « Les Marques motocyclistes de la Seine » au Salon Rétromobile en février 2007. Quoi de commun entre une 350 Dollar de 1928, une 500 Mazoyer de moto-cross de 1949, une 1 000 René Gillet « Police » de 1938, un tricycle de Dion & Bouton de 1902 et, à peine visibles, une 500 Blériot de 1922 et un 100 Derny « Bordeaux-Paris » de 1950 ? Rien, sinon que ces engins très divers sont tous nés dans le département historique de la Seine.

◀◀ En couverture : Borgotti sur moto ABC photographié par l'agence Meurisse la veille du GP de l'UMF, au Mans, en 1920.

Genèse d'un dictionnaire

A/K

Comment l'idée d'un « dictionnaire des marques motocyclistes de la Seine » a-t-elle pu venir à un bourguignon solidement enraciné dans son terroir ? Assez bizarrement, il faut l'avouer !

Nombreux sans doute seront les lecteurs de ce tome premier qui savent que je me suis consacré pendant plusieurs décennies à l'organisation d'expositions de motos anciennes dans le cadre de salons spécialisés, à Paris surtout, mais aussi en province. Quand de telles organisations se renouvellent, d'année en année, dans la même ville et au sein d'un même Salon, la première difficulté est toujours de trouver un thème attrayant, original et aisément perceptible par les visiteurs. Au fil de ma première décennie d'activité dans ce domaine, il me fut relativement aisé d'imaginer un ou deux thèmes par année et de les concrétiser… grâce au prêt des motos à exposer. Mais quinze ans plus tard, la situation avait beaucoup évolué : l'emprunt de motos était devenu quasi facile, grâce à la réputation acquise, tandis que la recherche d'un thème réalisable sans redondance avec ceux des expositions antérieures se faisait chaque année plus ardue.

En novembre 2006, au moment où démarrait l'organisation du Salon Rétromobile qui allait ouvrir ses portes en février 2007, je soumettais sans véritable enthousiasme à la direction du Salon le thème « Les Motos de la Seine » ; c'était presque « faute de meilleure idée ». Ma proposition fut retenue et… cette exposition rencontra un succès tout à fait considérable auprès des visiteurs : visiblement, ils n'imaginaient pas qu'il ait pu exister autant de marques de motos dans le seul département historique de la Seine. Et j'ai encore en mémoire le nombre impressionnant de ceux qui, littéralement captivés, passèrent de longues minutes à détailler la liste des 447 constructeurs « de la Seine » qui était affichée.

L'énorme travail (collectif) qui avait été nécessaire pour établir cette première liste est resté inemployé pendant quatre ans. Jusqu'au jour où me fut confiée la charge d'alimenter une rubrique bimensuelle dans la revue *LVM*. Les douze premières publications furent assez hétéroclites. Puis vint l'idée d'approfondir le thème des « Motos de la Seine ». Depuis, l'inventaire des marques est passé de 447 noms à plus de 600 et de très nombreux épisodes ont été publiés dans *LVM*.

Parce qu'il est malaisé de conserver et surtout d'archiver les pages grand format d'un magazine d'actualité logiquement imprimé sur papier journal, l'idée s'est imposée de réunir — en une version enrichie, complétée et plus facile à consulter — le contenu des chroniques déjà parues pour en faire le tome 1 d'un « dictionnaire », allant de la lettre A à la lettre K.

Lequel dictionnaire ne revendique pas une exhaustivité absolue : il n'est que la somme, à date de publication, des informations réunies durant quatre décennies par l'auteur et ses nombreux amis.

Voici le résultat. J'espère qu'il sera souvent utile au lecteur…

Bernard Salvat

Choix et partis pris

Le titre ci-dessus pourrait être aussi « Dictionnaire, mode d'emploi »... Mais en rédigeant ce texte, j'imagine bien que certains vont froncer le sourcil ! J'entends déjà cette exclamation : « Un mode d'emploi pour un dictionnaire, quelle idée ! » Et pourtant ! L'objet de mon propos est le suivant : certes, tous ceux qui vont me lire connaissent l'alphabet. Pour autant, sans quelques explications, sa connaissance ne sera pas toujours suffisante pour accéder rapidement à la rubrique désirée. Voici pourquoi.

Choix effectués

- Le présent dictionnaire ne traite que des marques ayant construit des « motocycles » au sens large du mot, toutes cylindrées confondues, des marques de moteurs pour les dits motocycles, enfin des marques de side-cars.

- L'ordre est strictement alphabétique : une lettre suivie d'une apostrophe, fait passer le nom avant les autres. *D'Yrsan* vient avant *Dalifol* et *L'Autocyclette* vient avant tous les autres noms commençant par un L.

- Les articles définis ou les prépositions prennent le pas sur le mot qui suit : *Aux Enfants de la Chapelle* est classé à la lettre A ; *Le Vélorêve* (car tel est son nom sur les documents d'époque, et non pas seulement *Vélorêve*) est classé à la lettre L. Cependant, chaque fois que le doute sur le nom exact est légitime, nous avons inséré une entrée de renvoi.

- Les acronymes des raisons sociales sont écrits sans point, conformément à l'usage en vigueur : *CEMEC* et non pas *C.E.M.E.C.* ou encore *CICCA* et non pas *C.I.C.C.A.* Il existe cependant une exception, pour cause de totale homonymie entre *E.M.A.* et *Ema.*

- La liaison entre plus de 720 illustrations et leurs légendes aurait nécessité autant de « *En bas à doite, ci-contre, en haut à gauche, etc* », toutes expressions grosses consommatrices d'espace. Nous avons préféré l'emploi de flèches, simples ou doubles (◂◂ ◂ ▸ ▸▸ ▴ ▾) moins encombrantes et moins « cabalistiques » qu'il n'y paraît !

- Une marque, *Félix-Millet*, figure dans ce dictionnaire sans être « de la Seine » : le concepteur était installé à Persan-Beaumont, dans l'Oise, mais il ne fait aucun doute que certaines des pièces composant les trois modèles réalisés par ce génie ont été moulées, forgées, voire usinées dans ce département. Darracq, installé à Suresnes, fut même le constructeur pressenti pour une production en série de la dernière version. Et puis à toute règle ne faut-il pas une exception ?

Partis pris

- Nous avons décidé de ne pas traiter divers constructeurs dont le siège social était certes sis dans la Seine, mais dont les produits n'ont jamais été construits dans ce département ; c'est le cas par exemple, pour la société *ACMA* (14, rue de Lübeck à Paris XVIe) dont tous les *Vespa* sont sortis de l'usine de Fourchambault, dans la Nièvre ; c'est aussi le cas pour le *Cucciolo* des *Ets Rocher* (36 bis, avenue de l'Opéra à Paris Ier) produit à Cénon, dans la Vienne.

- Nous avons également fait l'impasse sur quelques rares motoristes, tel Ballot, qui ne sont, à nos yeux, que des sous-traitants car ils n'ont équipé qu'un seul client : en l'occurence, Alcyon et sous-marques.

- Certains constructeurs ont utilisé de nombreuses marques commerciales ; c'est le cas, par exemple, pour *Motobécane* qui employa, parmi beaucoup d'autres, les marques *Mobylette*, *Cady* ou *Moby-Scooter*. Créer autant d'entrées que de marques pour un même constructeur aurait considérablement alourdi cet ouvrage et nous nous sommes abstenus de le faire.

- Quelques marques, quoique mineures ou secondaires par leur production, nous sont apparues majeures d'un point de vue historique et/ou technique ; celles qui, à date de parution, ne bénéficiaient ni de littérature spécifique ni de Club spécialisé ont été traitées de manière assez extensive chaque fois que la documentation disponible le permettait. Dans le présent tome I, *Alcyon, Anzani, Austral, Buchet, Clément, Clément-Gladiator, Contal, Droulhiole, Félix-Millet, Gem, Guignard, Janoir et Jonghi* ont bénéficié de ce traitement particulier.

Index

Soit un total de 309 marques, avec 727 illustrations

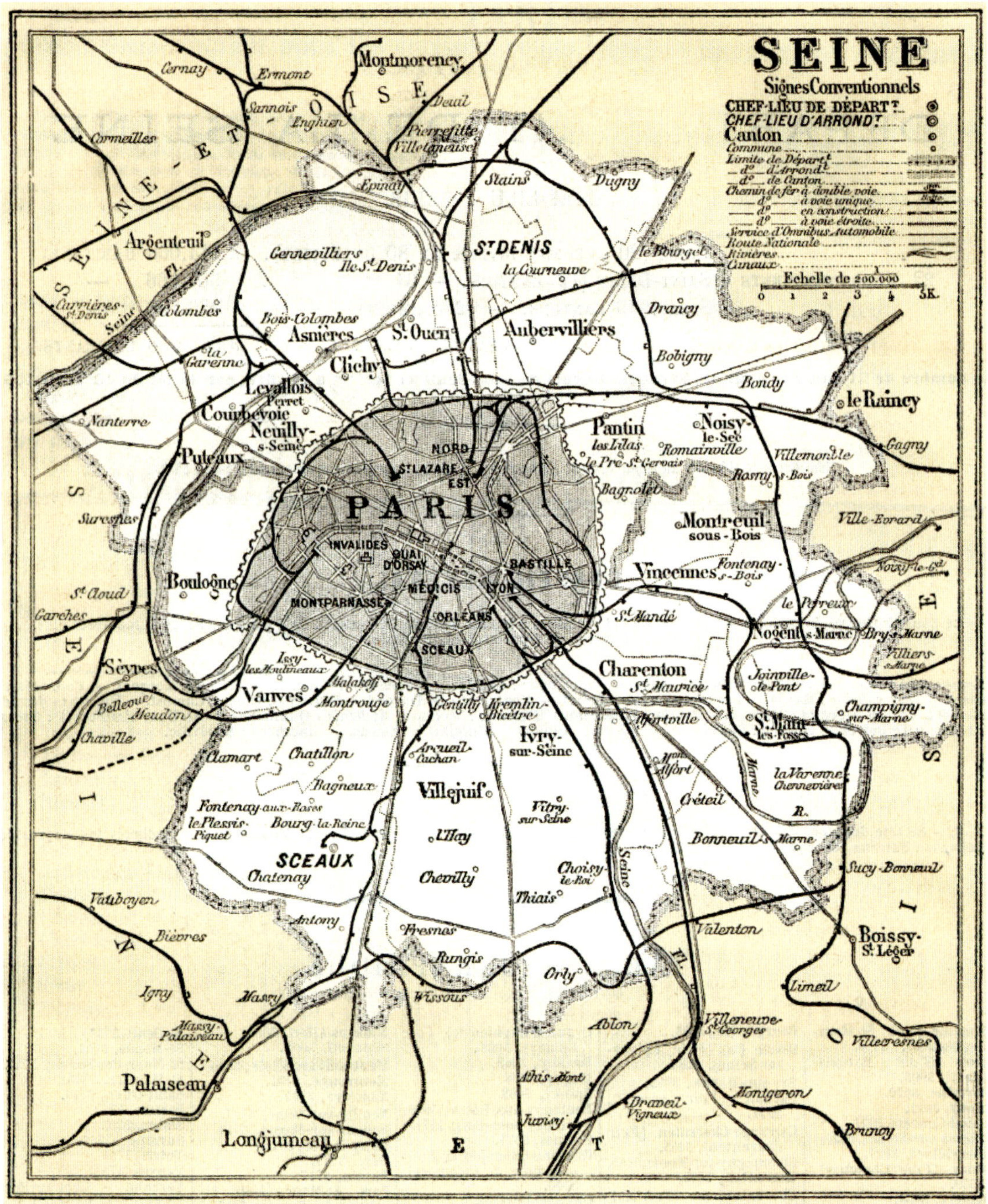

Cartes de la Seine, en 1906, et de l'Ile-de-France, aujourd'hui.

Historiquement, le département de la Seine existe depuis le 13 avril 1893. Ses limites ont été modifiées à plusieurs reprises, chaque fois dans le sens d'une réduction de sa superficie, la plus importante étant la création aux dépens du « grand Paris », le 10 juillet 1964, des départements des Hauts-de-Seine (92), de la Seine-Saint-Denis (93) et du Val de Marne (94). Pour le présent ouvrage, nous en resterons aux limites antérieures au 10 juillet 1964 et ne nous intéresserons, sauf rares exceptions, qu'à l'activité motocycliste des marques citées.

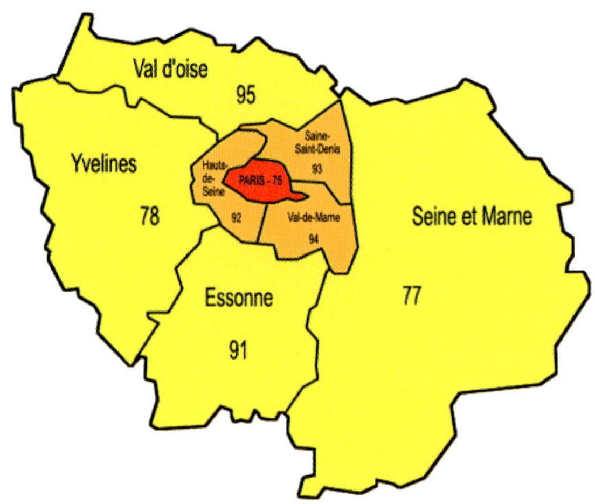

Remerciements

Le thème de cet ouvrage, qui couvre plus d'un siècle et qui explore souvent des sujets jamais traités, fait que les contributeurs sont nombreux : ils ont fourni des informations, prêté documents ou photos, relu et pourchassé la coquille.
Il m'est hélas impossible de les citer tous. Mais je tiens cependant à témoigner une gratitude toute particulière à Michel Pernot, indiscutable spécialiste de l'ère des pionniers, ainsi qu'à Jean Goyard, connaisseur averti des années 1946 à 1960, et Daniel Marchand, méticuleux relecteur.
Ont également apporté une aide fort appréciée MM. Bourdache, Coronel, David, Defour, Delli, Dumas, Ganneau, Mahistre, Tille et Vaireaux.

AB ABC ABG Acatène Ader Aéro-Scoot AGF Aiglon Ajasson de Grandsagne Albatros Alcyon Alleluia Alphonse-Thomann America André Andru Annino Anzani Ardent Argentré Armor Aster Ateliers de Levallois-Perret Audax Auréole Aurore Austral Autocyclette Aux Enfants de la Chapelle Avance GD Aviator Axa

A

AB - 27, rue Descombes à Paris XVIIe

Les Ets A. Beausseron cataloguent en 1904 deux moteurs A.B. deux-temps de 2 ¼ et 3 chevaux dont nous savons uniquement ce que montre l'illustration ci-dessous. L'activité de motoriste semble limitée à cette seule année.

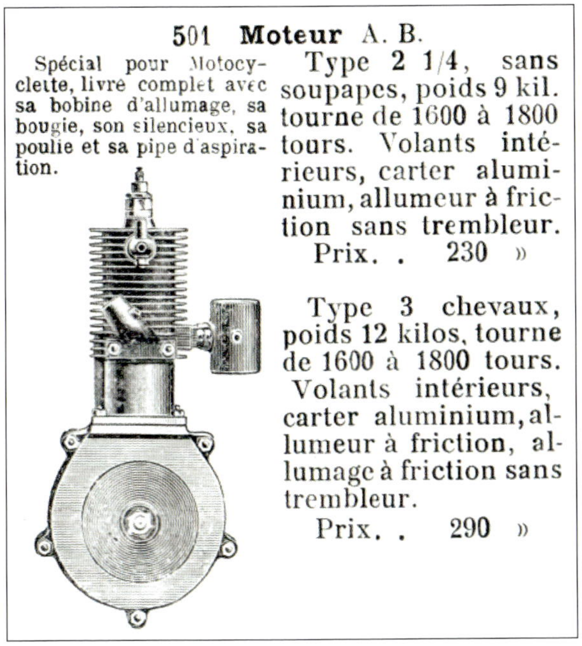
501 **Moteur** A. B.

Spécial pour Motocyclette, livré complet avec sa bobine d'allumage, sa bougie, son silencieux, sa poulie et sa pipe d'aspiration.

Type 2 1/4, sans soupapes, poids 9 kil. tourne de 1600 à 1800 tours. Volants intérieurs, carter aluminium, allumeur à friction sans trembleur.
Prix. . 230 »

Type 3 chevaux, poids 12 kilos, tourne de 1600 à 1800 tours. Volants intérieurs, carter aluminium, allumeur à friction, allumage à friction sans trembleur.
Prix. . 290 »

ABC - 118, rue La Boétie à Paris VIIIe

L'ingénieur anglais Granville Bradshaw conçoit sa première moto en 1912 avec un moteur flat-twin semi-culbuté longitudinal. Un an plus tard, une seconde version dotée d'un flat-twin culbuté transversal est construite par *The All British Engine Cy*, dite *ABC*. En dépit du soutien du constructeur d'avions Sopwith, la moto ABC, jugée trop sophistiquée (moteur bicylindre à soupapes en tête, quatre vitesses et suspension intégrale), ne rencontre guère de succès outre-Manche.

Ingénieur en aéronautique, le français Pierre Maréchal découvre la moto ABC dès 1916, à l'occasion de relations professionnelles avec Sopwith, et la signale à l'industriel italien Carlos Roditi, vivant à Paris et déjà en relations d'affaires avec le Royaume-Uni. Dès le 17 décembre 1917, une *Société Française des moteurs ABC* est constituée en France entre Maréchal et Roditi, en vue de construire sous licence en France la moto ABC. Elle prévoyait de confier la production des parties-cycles à *Louis Clément* et des moteurs à la *Société des Moteurs Gnome & Rhône*. Cette société en nom collectif fut transformée le 16 juin 1919 en une Société Anonyme au capital de laquelle Gnome & Rhône était présent au travers de ses propres actionnaires, se retrouvant majoritaire de fait au grand dam des deux fondateurs; cette SA s'installa alors 118 rue de la Boétie.

La fusion de la *Société Française des moteurs ABC* avec Gnome & Rhône n'intervient que le 14 juin 1924. Les ABC françaises n'ont donc pas été produites par Gnome & Rhône mais seulement chez Gnome & Rhône.

Présentée au Salon d'octobre 1919, lwa 400 ABC est construite à Gennevilliers chez Gnome & Rhône; elle est

▼▲ *ABC de série, ci-dessus, vue sur un catalogue du constructeur, et ABC de course, en bas, aux mains d'Henri Naas, pilote officiel, lors du GP de l'UMF en 1923.*

◀◀ *Les moteurs AB tels qu'ils figurent dans le catalogue Beausseron de 1904.*

▼ *Premier catalogue ABC, d'octobre 1919.*

A

▸ Trouvée chez celui qui l'avait achetée neuve en 1924, cette 400 ABC a reçu des mains d'un artisan-artiste une véritable « restauration », du niveau de celles qu'effectuent, par exemple, les ateliers du Louvre. (Coll. F.M. Dumas, photo D. Fradin)

▸▸ Si les volants magnétiques ABG ont été très largement diffusés, les magnétos de la marque sont quasi confidentielles.

▾ Ce papier à en-tête de la société La Métropole, marque Acatène-Velleda, mentionne bien la construction de motocycles mais nous n'avons pu trouver la moindre illustration de l'un d'eux.

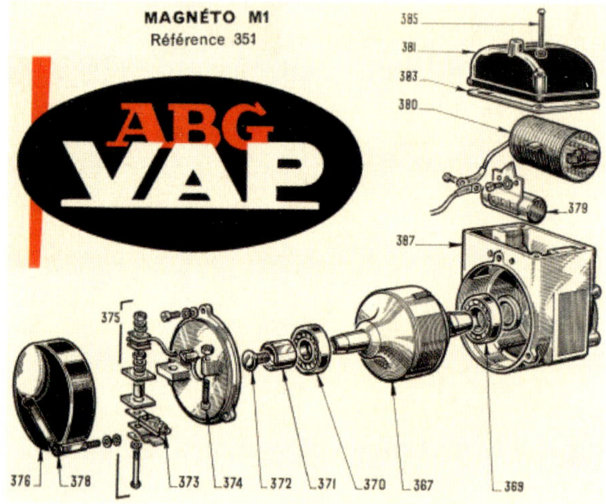

▴ L'angle du V du moteur Ader est très ouvert : 90°. (Photo Bourdache)

entièrement francisée, les cotes originales en pouces et fractions de pouces étant transposées en cotes métriques.

Une très forte implication sportive avec des ABC à la cylindrée majorée (443 puis 469 cm³) menées par une imposante équipe officielle (Bartlett, Bernard, Borgotti, Detruche, Naas, Yenné) fut couronnée de résultats au plus haut niveau, parmi lesquels on peut citer la victoire de Naas au GP de France 1921 et le doublé de Naas devant Bartlett au GP de France 1922.

L'omniprésente publicité donnée à ces brillants succès sportifs allait permettre à Gnome & Rhône d'écouler quelques 3 000 ABC, chiffre fort respectable si l'on tient compte d'un cadre un peu fragile et de la nécessité d'une maintenance régulière et attentive. Mais comme l'immense majorité des acheteurs continuait à préférer un monocylindre à soupapes latérales, une transmission finale à courroie et un cadre rigide, raison lui sera donnée : telle sera, début 1922, la première moto portant le nom de Gnome & Rhône, la 500 type B.

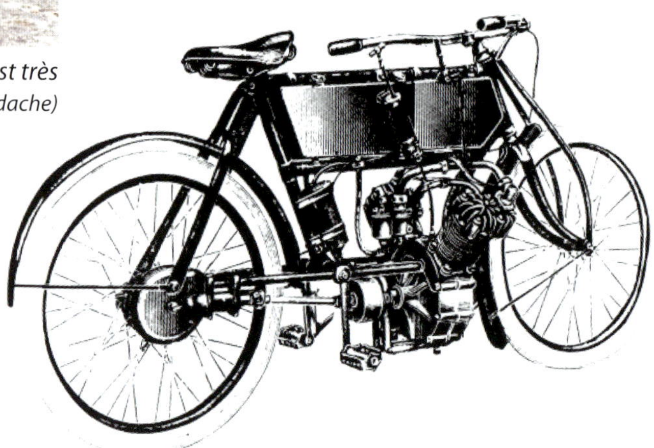

▸ Nous ne pouvons hélas illustrer la bicylindre Ader de 1902 qu'en présentant une Moto-Cardan de l'année suivante.

ABG - 3, impasse Thoréton à Paris XVe

Les statuts de la société ABG (sociétés Ariès, La Bougie BG et SFEDR réunies) ont été déposés le 2 juin 1943. Sa première activité fut la construction de volants magnétiques, de magnétos et de carburateurs. Si ABG figure ici c'est au titre de motoriste car c'est à son adresse parisienne que furent commercialisés les tout premiers moteurs auxiliaires VAP, sans doute construits à Villeurbanne. L'activité d'ABG-VAP ne commence véritablement que fin 1945 dans l'ancienne usine Ariès de Courbevoie ; elle sera étudiée à la lettre V, comme VAP.

ACATÈNE - 17, rue Saint-Maur à Paris XIe

La Société *La Métropole,* fondée en 1893 par M. Lelong, construit dès 1897 des cycles à transmission par arbre et couples coniques sous les marques Acatène, Acatène-Métropole et Acatène-Velleda ; ces cycles connaîtront une diffusion mondiale. Ils seront suivis de tricycles et quadricycles à moteur de Dion ou Aster produits beaucoup plus confidentiellement jusqu'en 1902.

Métropole s'associe en 1906 avec Liberator, s'installe à Pantin, puis est absorbé en 1910 par La Française.

ADER - 98, rue de Cormeilles à Levallois-Perret

Pionnier du téléphone, avec l'américain Bell, Clément Ader est aussi le pionnier absolu de l'aviation qui fait voler, le 9 octobre 1890, l'Eole. L'ingénieur toulousain poursuit ses travaux sur l'aviation avec le soutien du Ministère de la Guerre puis se voit couper les vivres en 1898. Il s'intéresse alors brièvement à l'automobile et à la moto pour lesquelles il conçoit un moteur bicylindre en V. Une unique moto Ader est construite en 1902, sur laquelle ce moteur est installé en position transversale et suivi d'une transmission par arbre et couple conique.

AÉRO-SCOOT - 49, rue d'Alsace à Courbevoie

Marque commerciale déposée par les *Ets Lefol & Cie*. Le scooter pliant Aéro-Scoot présenté en 1954 restera au stade de prototype. Mais il sera suivi en 1955 du Scoot'Air réellement produit. Voir à ce nom.

Bien qu'il n'ait jamais été mis en production, l'Aéro-Scoot eut droit à un prospectus, distribué au Salon d'octobre 1954.

Scooter AGF à moteur 125 Ydral vers 1953.

AGF - 4, rue Hoche à Colombes

En 1947, Georges & André Faizant, constructeurs de scooters, vélomoteurs et motos. Puis, de 1948 à 1957, *Sarl Faizant Fils & Cie* fondée par André Faizant, 24 ans. La marque commerciale exacte de cette société est *Le scooter AGF.*

AGF a surtout construit des scooters, vélomoteurs et motos, principalement à moteurs Ydral, mais aussi à mécaniques AMC, Aubier-Dunne, JLO et Jonghi. La marque produisit également des cyclos à moteur Cucciolo, Le Poulain ou Vap en 1951 et 1952.

Le cyclo AGF à moteur Le Poulain « Cyclobloc » de 1951. La poutre-réservoir est en acier, mais le carénage de phare et la fourche arrière sont en alliage léger.

Très tôt, AGF mène une assez intense et fructueuse politique sportive; cela le conduit à augmenter sa production en s'associant, en juillet 1954, avec Guiller SA, de Fontenay-le-Comte. Mais cette association tourne court et André Faizant, très endetté, vend son stock aux Ets Gentil & Cie en octobre 1957, puis quitte l'existence deux mois plus tard. En février 1958, Georges Gentil cède à son tour les AGF restantes à la Manufacture des cycles Lucer qui écoulera les dernières AGF sous sa marque.

Partiellement renflouée par la veuve d'André Faizant, la société sera mise en gérance, puis placée en liquidation judiciaire le 27 octobre 1960, enfin radiée du registre du Commerce le 16 octobre 1979.

Vélomoteur 125 Critérium de Guiller S.A. construit à Fontenay-le-Comte : c'est en fait un 125 AGF Sport Standard.

Georges Agache dans ses œuvres au guidon d'une 175 AGF à moteur Ydral. Le carénage de sa moto est très représentatif des goûts et pratiques d'André Faizant dans ce domaine.

A

Monocylindre à soupapes latérales en 1904 et 1905, l'Aiglon n° 3 reçoit un bicylindre en V en 1906, mais revient à l'admission automatique.

L'Aiglon n° 1 à moteur Mirus de 1903 est une machine d'un classicisme total.

L'Aiglon n° 3 de 1904 et 1905, vue côté transmission, montrant ainsi ce qu'elle a de plus original.

Aiglon 270 cm³ deux-temps à graissage séparé et deux vitesses de 1924.

AIGLON - 13, rue de l'Aqueduc à Paris X^e^

Emile Debaralle, constructeur de motos à moteur Mirus à l'adresse susdite de 1903 à 1906. Depuis 1902 au moins, les Ets Debaralle possèdaient par ailleurs une belle usine moderne au 1 de la rue Ambroise-Thomas à Argenteuil, où ils ne produisaient que des cycles.

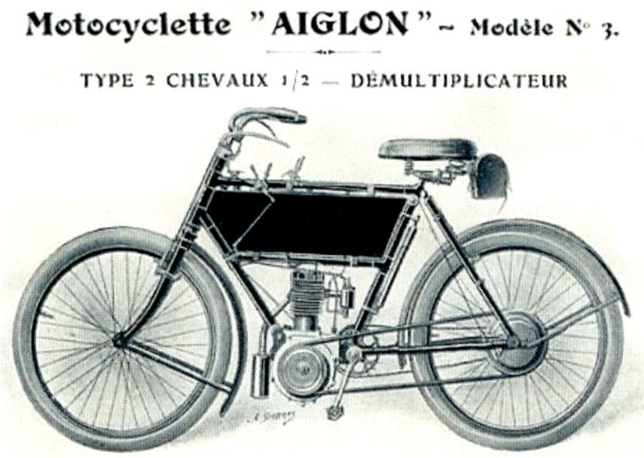

Née en 1903, l'Aiglon n° 1 reçoit un moteur 2HP Mirus à admission automatique, construit par Amstutz. 1904 voit l'arrivée d'une véritable gamme: à la n° 1 s'ajoutent la n° 2 de 2 ½ HP, qui peut recevoir en option un embrayage sur la poulie motrice et surtout la n° 3 de même puissance mais à soupapes latérales

et équipée à la fois d'un embrayage et d'un démultiplicateur épicycloïdal dans le moyeu arrière. En 1904 toujours, une Aiglon participe à la 1re Coupe Internationale du MCF et remporta les courses de côte du Mont-Cenis et du Mont-Ventoux.

L'offre s'élargit à nouveau en 1905 avec les modèles 1bis (porté à 2 ¾ HP) et 2bis, qui reçoit un allumage par magnéto. Debaralle va encore plus loin en 1906 et présente une nouvelle version de la n° 2 à soupapes latérales et équipe la n° 3 d'un bicylindre en V de 4 HP. Mais à la fin du printemps 1906, il cède à MM. Stuart & Stichter ses locaux parisiens de la rue de l'Aqueduc et avec eux tout ce qui concerne les motos: les acheteurs poursuivront la production sous la marque Mira: voir à ce nom.

Ne produisant désormais plus que des cycles dans leur usine d'Argenteuil, les Ets Debaralle disparaissent vers 1919, rachetés par Peugeot… qui exploita la marque Aiglon jusqu'aux années cinquante. En 1924, il exista même une Aiglon sans équivalent direct chez Peugeot: une 3 ½ HP, équipée d'un moteur deux-temps à cylindre vertical et graissage séparé. A cette date, l'adresse d'Aiglon reste celle d'Argenteuil, mais le magasin d'exposition est celui de Peugeot à Paris.

AJASSON DE GRANDSAGNE 9, rue de Montessuy à Paris VIIe puis 2, rue Villaret de Joyeuse à Paris XVIIe

Pierre Ajasson de Grandsagne, inventeur et cons-tructeur, commence à déposer ses premiers brevets concernant les moteurs et l'automobile en 1907: nous en avons dénombré dix-neuf. Mais il ne commence à s'intéresser à la moto qu'en 1913 et présente sa première réalisation au Salon de décembre de cette année-là.

D'un dessin fort désuet, sa « Motocyclette Légère » se signale par la présence d'un embrayage obtenu par pivotement du moteur au moyen d'un levier placé sur le côté du réservoir: quand ce levier est tiré vers l'arrière, la courroie de transmission est détendue; quand il est poussé vers l'avant, la courroie se tend et provoque l'embrayage; ce type de dispositif est protégé par le brevet français 473.868.

Ajasson de Grandsagne s'est aussi occupé du confort du conducteur et équipe sa machine d'une fourche élastique (brevetée elle aussi) et d'une suspension de selle. Un prospectus est imprimé, assurément fin 1913, mais il est assez douteux que ce constructeur débutant ait eu le temps de trouver de nombreux clients avant que n'éclate, six mois plus tard, la première Guerre mondiale.

Le nom de Pierre Ajasson de Grandsagne réapparaît au début des années vingt au sein de Moto-Bijou, constructeur de triporteurs légers.

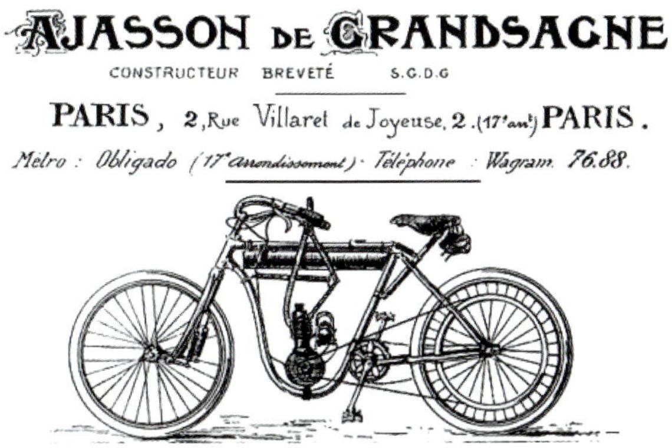

◄◄ Extrait du prospectus de fin 1913 présentant la motocyclette légère d'Ajasson de Grandsagne.

ALBATROS - 104, av. de Villiers à Paris XVIIe

Henri Billouin - De 1900 à 1914. Bien qu'il se dise « Ingénieur-constructeur », Billouin est d'abord revendeur de motos Griffon et de moteurs AZ, Deckert, Monarque et Quentin. Il est aussi assembleur et surtout grossiste en pièces et accessoires pour cycles et motocycles, qu'il produit en partie dans son usine de Saint-Etienne.

◄ *Albatros 1 ½ HP à moteur AZ de 1907. Son architecture, avec le moteur monté en porte-à-faux en avant du cadre, était déjà obsolète mais son prix était très attractif à 475 F : à peu près le double du prix d'un vélo de qualité.*

En 1905 et 1906, Albatros mène une intense activité sportive sur vélodrome, avec Fossier, Grapperon, Hedspath, Olieslager et Pernette, qui utilisent de grosses bicylindres à moteur Anzani, Buchet, Deckert ou ZL.

◄ *Lombard et son Albatros très spéciale, photographiés le 14 décembre 1912 par l'agence ROL. La mention de la marque Albatros figure sur la plaque de verre. Lombard a monté le moteur Buchet retourné dans le cadre, ce qui place la transmission côté droit ; la culasse est elle aussi retournée par rapport aux carters, ce qui fut très facile à faire puisqu'elle n'est fixée que par deux tirants symétriques.*

▼ *La couverture du catalogue L'Albatros de 1907.*

A

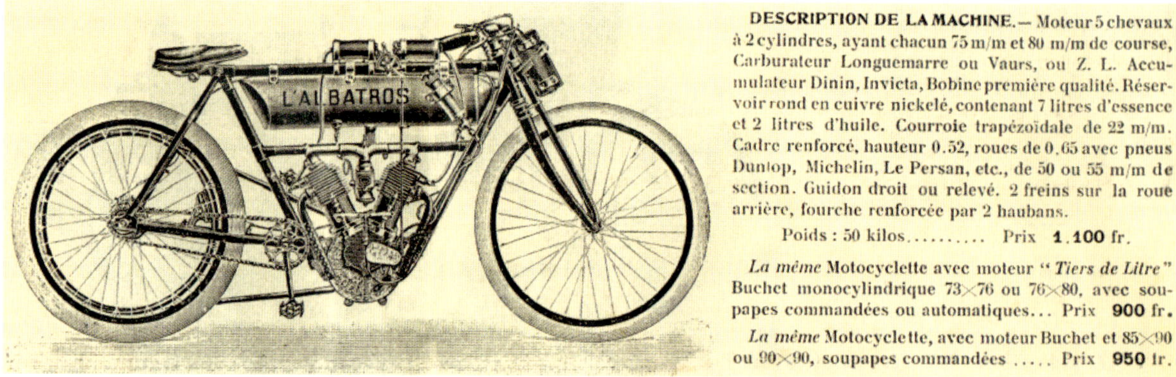

DESCRIPTION DE LA MACHINE. — Moteur 5 chevaux à 2 cylindres, ayant chacun 75 m/m et 80 m/m de course, Carburateur Longuemarre ou Vaurs, ou Z. L. Accumulateur Dinin, Invicta, Bobine première qualité. Réservoir rond en cuivre nickelé, contenant 7 litres d'essence et 2 litres d'huile. Courroie trapézoïdale de 22 m/m. Cadre renforcé, hauteur 0.52, roues de 0.65 avec pneus Dunlop, Michelin, Le Persan, etc., de 50 ou 55 m/m de section. Guidon droit ou relevé. 2 freins sur la roue arrière, fourche renforcée par 2 haubans.

Poids : 50 kilos.......... Prix **1.100** fr.

La même Motocyclette avec moteur "*Tiers de Litre*" Buchet monocylindrique 73×76 ou 76×80, avec soupapes commandées ou automatiques... Prix **900** fr.

La même Motocyclette, avec moteur Buchet et 85×90 ou 90×90, soupapes commandées ..... Prix **950** fr.

Une Albatros du genre de celles qui gagnèrent nombre de courses sur vélodrome dans toute l'Europe en 1906 et 1907.

Chose rarissime à l'époque, la marque Albatros fut très souvent présente en course hors de France : Allemagne, Belgique, Hollande, Hongrie, Portugal, Russie, Suisse sont autant de pays où elle remporta des victoires tout à fait probantes. Mais bientôt l'aviation naissante commença à détourner les foules des vélodromes au profit des aérodromes et la discipline perdit de l'importance au fil des années : en 1912, Lombard était l'un des derniers pilotes à aligner une Albatros… qu'il baptisait parfois Automoto : quand une marque versait une plus grosse prime que l'autre, assurément…

Sur route, la plus belle victoire d'Albatros fut celle remportée en catégorie « Tiers de litre » par Pessé au très sélectif Circuit des Ardennes 1906, à la remarquable moyenne de 75 km/h.

L'entreprise « L'Albatros » parvint à survivre à la première Guerre mondiale et H. Billouin la vendit à Peugeot vers 1926.

ALCYON - 29, av. de la Grande Armée à Paris XVIe

Marque commerciale déposée en septembre 1903 par Edmond Gentil, fondateur des *Ets Gentil & Cie* à l'adresse susdite, avec usine aux 35 à 39 rue Garnier, toujours à Neuilly. La raison sociale de l'entreprise et son siège changèrent à de multiples reprises jusqu'à la fin de l'activité motocycliste qui survient début 1959… Fin d'activité sous la houlette Gentil s'entend, car la marque sera exploitée parAlcyon-Lucer puis VAP-SA jusqu'en 1967.

De 1904 à 1958, Alcyon a produit un nombre considérable de modèles dont une partie est totalement méconnue à cause d'une existence très brève d'une année seulement. Il arrive même que certains modèles n'apparaissent jamais sur les catalogues ou dépliants commerciaux alors que leur existence est formellement prouvée soit par des tarifs de vente soit par des catalogues de pièces détachées ! Curieuse démarche tout de même…

Parmi les modèles Alcyon les plus méconnus figure cette 250 bicylindre (47 x 72 mm) à soupapes latérales, traitée en bloc-moteur à deux vitesses avec embrayage et transmission finale par chaîne ; elle ne fut cataloguée qu'en 1912.

Autre Alcyon quasi ignorée que cette 1 ½ HP de 1908 qui se signale par son moteur ZL monté en porte-à-faux. Le cylindre est étroitement enserré dans le dédoublement du tube réunissant la douille de direction à la boîte de pédalier.

La politique d'Alcyon en matière de moteurs est elle aussi assez originale : la marque en a certes construit elle-même la majorité, à La Ferrière-sous-Jougne de 1908 à 1932, puis à Courbevoie ; ils sont marqués indifféremment Alcyon, Zurcher et parfois même CD (voir à ce nom). Mais Alcyon a aussi recouru à divers motoristes : de 1904 à 1908, ce sont ZL à Saint-Aubin en Suisse, Buchet à Paris, enfin Laurin-Klement en Autriche-Hongrie. Suivent quelques Anzani en 1913 et 1914, des Ballot et des MAG au début des années vingt, quelques 350

A

◂ *Le plus répandu de tous les moteurs quatre-temps Zurcher construits à Courbevoie est sans nul doute le 350 culbuté type MS apparu en 1929 ; celui-ci est destiné à une Alcyon, mais il pourrait tout aussi bien être marqué Armor, Labor, La Française ou même au nom d'un constructeur ne faisant pas partie du groupe Gentil : Ravat par exemple.*
(Photo courtoisie D. Rousier)

◂ *3 ½ HP 1909 à moteur 500 cm³ ZL et fourche Truffault ; la même moto existe aussi en version 5 ½ HP.*

◂ *500 Alcyon 1906 avec moteur Laurin-Klement et fourche Truffault. L'allumage est assuré par une magnéto basse tension sous licence autrichienne Laurin-Klement, construite en France.*

◂◂ *Quatre autres Alcyon très méconnues. De haut en bas : la 750 à moteur MAG semi-culbuté de 1920, la 250 deux-temps à bloc-moteur Zurcher de 1926, la 350 latérale « Tourisme Luxe » à bloc-moteur Zurcher de 1931, enfin le « Mototri » 175 cm³ de 1935.*

JAP en 1925-1926, enfin des AMC de 1949 à 1957. Tous les 100 et 175 cm³ deux-temps sans exception sont des Zurcher français. Enfin les cyclos Alcyon reçoivent des moteurs français (Zurcher, Serwa, divers Vap à chaîne : types 4, B et G) ou allemands Himo, produits par Feintechnik à Homburg, en Sarre.

A

Côté transmission, Alcyon produit ses boîtes à deux vitesses apparues dès 1912 et utilisées jusque dans les années vingt. Puis toutes les boîtes séparées à deux ou trois vitesses qu'il utilise de 1923 jusqu'en 1938 sont de fabrication extérieure : ce sont presque uniquement des Bridier-Charon, sauf sur les très confidentielles 750 à moteur MAG bicylindre en V de 1920 et 1921 et sur les rarissimes 350 à moteur JAP de 1925-1926 ; ces dernières reçoivent une boîte anglaise Moss mais nous ignorons la marque qui équipa les 750 à moteur MAG.

On ignore qui réalisa la boîte à quatre vitesses au pied de la superbe 306 A.

La situation est différente pour les quatre générations de blocs-moteurs quatre-temps apparues entre octobre 1925 et octobre 1935 : leur conception est assurément signée Zurcher mais il est bien possible que la pignonnerie continue à être taillée et fournie par les Ets Bridier-Charon. Cette forte probabilité concerne la 250 latérale à trois vitesses de 1926, la 500 type AR à trois vitesses et transmission par arbre dite « Blocvis » de 1930, la très éphémère 350 latérale à trois vitesses de 1931, enfin les 350 à quatre vitesses lancées en 1936 et proposées avec soupapes latérales ou en tête. Bridier-Charon ayant disparu fin 1938, tout indique qu'Alcyon commence à produire la totalité de ses propres boîtes à partir de 1939.

Jean Hardies sur une grosse Alcyon à moteur Buchet, que l'on peut dater de 1904 ou 1905. (Photo courtoisie J.M. Largeau)

Thomas et l'Alcyon-Buchet avec laquelle il va remporter l'édition 1906 du Critérium du Tiers de Litre. (Photo Jules Beau)

Au plan sportif, Alcyon (et certaines de ses sous-marques, en particulier Armor) occupa à trois périodes différentes les tout premiers rangs de la scène française, voire européenne, avec ses motos de course officielles.

La première grande époque fut celle des Alcyon à moteur Buchet qui raflèrent les plus beaux lauriers de 1904 à 1906 dans toutes les disciplines de l'époque : pour le seul Critérium du Tiers de Litre, couru sur la piste du Vélodrome du Parc des Princes, ce sont la victoire d'Anzani en 1904, le doublé de Thomas devant Anzani en 1905 et la seconde victoire de Thomas en 1906.

En côte, Champoiseau gagne au Mont-Ventoux en 1906, mettant fin à une longue série de succès de Griffon ; en régularité, ce sont les Canale, Dacier ou Rivierre qui s'illustrent ; enfin, dresser la liste des victoires ou places d'honneur lors de courses sur vélodrome, c'est ajouter encore d'autres noms de pilotes Alcyon-Buchet : Anzani, Camoin, Grapperon, Hardies, Pernette, etc.

La longue période allant de 1912 à 1930 est marquée par la sortie régulière de nouveaux moteurs Zurcher monocylindres ou bicylindres en V spécifiquement conçus pour la course, fort sophistiqués et souvent d'une grande originalité technique. Ces superbes mécaniques — à culbuteurs, arbre à cames en tête ou même distribution desmodromique — n'eurent presque aucune influence sur les moteurs de série mais elles remportèrent une foule de courses de premier plan tant sur circuit qu'en côte ou en vitesse pure. Alcyon compte ainsi d'innombrables titres nationaux et surtout huit victoires au GP de France : en 1920 (350), 1921 (350), 1922 (250 et 350), 1923 (350), 1925 (350) et 1928 (175 et 250). La marque possède aussi dix records du monde de vitesse pure en

catégorie 250 cm^3 établis à Brooklands le 31 octobre 1911 par le pilote anglais N.D. Slater, allant de celui de l'heure (69,879 km/h) à celui des 200 miles (63,250 km/h).

Après quatre années d'absence, Alcyon revient sur les circuits en 1935 avec une remarquable 350 à ACT… dont le concepteur n'est malheureusement pas connu. Après une première saison de mise au point, elle obtient le titre national par marque l'année suivante ; mais, hélas, la crise économique et les grandes grèves de 1936 ne permettront plus à Alcyon (ni à la plupart de ses rivaux, tels Jonghi, Magnat-Debon ou Terrot) de continuer à financer un service des courses.

L'exceptionnel 350 Zurcher (65 x 105 mm) culbuté à 4 soupapes radiales et distribution croisée. Il courut de 1912 à 1914 et il est vu ici dans la version utilisée à la journée des Records d'Achères en 1914. (Collection et photo D. Tille)

350 Alcyon d'usine à ACT version 1936.

Marc, épuisé mais victorieux à l'issue du Grand Prix de France 1923 couru sur 392,4 kilomètres. Il était resté en selle sur sa 350 Alcyon d'usine à culbuteurs pendant un peu plus de 4 heures et 22 minutes ! (Photo Rol)

N.D. Slater au Junior Tourist Trophy de 1912 avec la nouvelle 350 Alcyon d'usine à moteur très longue course : 65 x 105 mm.

A

Une des trois Alcyon équipées du moteur AMC double-arbre.

Deux des cyclos Alcyon : en haut, datant de 1950, avec le moteur VAP 4 monté devant le pédalier ; il avait été précédé en 1949 d'un premier modèle équipé d'un moteur Serwa culbuté. En bas, le Z1, premier à recevoir le moteur Zurcher ; dépourvu d'embrayage, il était vendu presque au même tarif qu'un VéloSolex.

500 « Touriste » de 1914. Le bloc-moteur bicylindre Zurcher à soupapes latérales et pompe à huile mécanique inclut une boîte à deux vitesses avec sélecteur au pied et kick ; la transmission finale est à chaîne. Cette moto est d'une belle modernité mais Alcyon ne parvint à la vendre qu'en très petit nombre.

La 2 HP à moteur Zurcher (ici une version 1911) fut de loin l'Alcyon la plus vendue avant la première Guerre mondiale ; mais on est encore loin des chiffres de production des Motorettes Terrot ou des Motos Légères Peugeot.

L'ultime sursaut d'orgueil sportif survient au Bol d'Or où Alcyon se classe à deux reprises deuxième en catégorie 175, avec un moteur dérivé du 230 de série : équipages Tano-Dupont en 1955, puis Rouger-Guignabodet en 1956. Un peu plus tôt, on avait aussi vu naître trois motos avec moteur AMC à deux ACT, apparemment des « compé-client » ; le projet ne fut hélas pas mené à terme.

Un des aspects surprenants d'Alcyon est l'irrégularité du rang occupé dans la production française par ce grand constructeur : largement devancé par Peugeot et Terrot avant 1914, il les distance nettement de 1920 à 1925. Puis il se fait dépasser par eux, mais aussi par Motobécane/Motoconfort et Monet-Goyon/Kœhler-Escoffier. On assiste à une remontée après l'absorption totale, en 1929, des nombreuses firmes concurrentes acquises au fil des années : les chiffres de vente sont bons au début des années trente. Mais en dépit d'une gamme de modèles désormais unifiée chez toutes les sous-marques, le déclin survient dès 1933 : la crise économique sévit et le groupe Gentil ne saura pas profiter de l'envolée du marché des B.M.A. alors qu'il avait été pionnier dans ce domaine avec l'Alcyonnette : ce sont Monet-Goyon, Motobécane et Peugeot qui en bénéficieront le plus…

Après la deuxième Guerre, Alcyon ne retrouva jamais le chemin des gros succès commerciaux comme surent le faire Motobécane, Terrot, Peugeot et même, plus brièvement, Monet-Goyon. De plus cette absence parmi « les grands » est la même dans toutes les catégories : cyclomoteurs, vélomoteurs, scooters et motos. Cela s'explique en partie par le manque total de personnalité et d'intérêt technique des motorisations « maison » : si l'on excepte le bloc-moteur 230 cm³ deux-temps à quatre vitesses équipant la B1, apparu bien tardivement au Salon d'octobre 1954, et le 49 cm³ Zurcher qui supplante progressivement les Vap sur les cyclos à partir de 1955, tout n'est que du « réchauffé ».

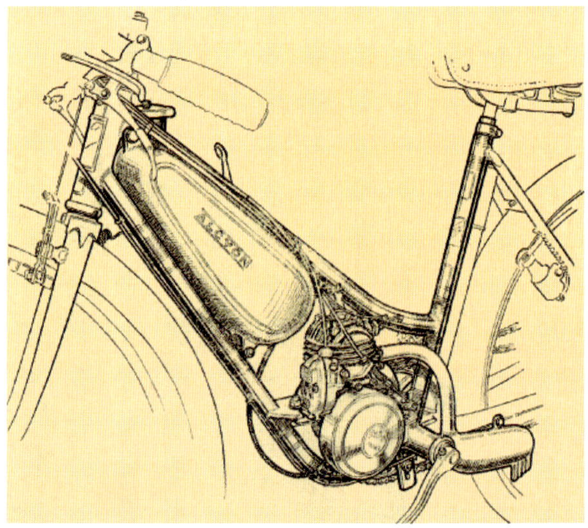

L'exemple le plus flagrant est donné par le 100 Zurcher — toujours monovitesse, mais oui ! — qui équipe les vélomoteurs légers de 1955 jusqu'en 1958 : il n'est guère plus moderne, à l'embrayage près, que le moteur de l'Alcyonnette, apparue 25 ans plus tôt, en 1921 !

Un autre exemple frappant est celui du 125 deux-temps, né en 1948, qui sera proposé avec une boîte séparée à trois vitesses à main ou avec un pseudo bloc-moteur, en fait un semi-bloc dans lequel s'encastre la boîte, dotée, cette fois, d'un sélecteur au pied à double branche.

Il existe bien la gamme motorisée par AMC, de 125 à 250 cm³, mais elle ne se démarque en rien de ce qu'offre la concurrence. Quant au scooter, Alcyon n'y vient qu'en rachetant à Mors, fin 1955, son stock composé du S1C, déjà bien désuet, et du prometteur S3 « Paris-Nice » ; mais Alcyon exporte le S3 en Argentine et ne le commercialise en France que bien tardivement, en 1957 et 1958…

A

En haut, le cyclo Z.25 de 1958 est équipé d'un embrayage automatique centrifuge.

125 type 45 de 1953, traitée en semi-bloc-moteur à sélecteur au pied.

La seule différence notable entre ces deux 100 Alcyon, que séparent 25 ans, est la présence d'un embrayage centrifuge sur le 651.

En bas, 125 type 25, elle aussi de 1953, mais dotée d'une boîte séparée avec commande à main.

Né Mors S3, l'Alcyon « Paris-Nice » n'eut pas en France la carrière commerciale à laquelle il pouvait prétendre à cause d'une mise sur le marché trop tardive.

La 230 type B1 commercialisée à partir de 1955 bénéficiait d'une fourche à roue poussée, d'un cadre double berceau, d'une suspension arrière à bras oscillant et d'une présentation bicolore plutôt réussie. Notez que la photo a été inversée : en réalité, transmission finale, sélecteur et silencieux sont à droite…

A

▾ La fourche oscillante Alleluia de 1922 et 1923.

ALLELUIA - 39, rue d'Alsace à Courbevoie

A l'adresse susdite, la marque aurait construit (ou plus vraisemblablement assemblé) des motos NSU en 1913 et 1914.

Puis son nom réapparaît une première fois en 1922 avec deux 125 à moteur quatre-temps Madoz, latéral ou culbuté. En 1923, il n'y a plus qu'une 125 Alleluia, toujours à moteur Madoz, mais c'est désormais un deux-temps.

Enfin Alleluia refait surface une nouvelle fois au Salon d'octobre 1950: dirigée par Ernest Terreau, la marque, dont l'adresse est désormais au 37 bis de la rue d'Alsace, présente deux cyclos à moteur Annino (voir à ce nom) à galet sur la roue avant. Au Salon suivant, le seul cyclo Alleluia est beaucoup plus classique: moteur Le Poulain « Cyclobloc » dans un cadre qui semble des plus robustes. Enfin, Alleluia est à nouveau présent au Salon d'octobre 1957 avec deux cyclos à moteur VAP 57 et cadre de construction mixte, en tôle et tubes.

▸ Le cyclo Alleluia à moteur Cyclobloc de 1951: le cadre semble robuste!

▸▸ La couverture du catalogue Alphonse Thomann ou A.T. qui provoqua le procès intenté par Gentil & Cie.

▾ Alphonse Thomann à moteur 100 cm³ Lutétia présentée au Salon d'octobre 1924.

ALPHONSE THOMANN - A.T.

190, avenue Georges-Clemenceau à Puteaux

Il n'y a jamais eu de moto « Alphonse Thomann », du moins officiellement. Pour autant, Alphonse Thomann a bel et bien construit des motos, mais sous la marque A.T. En outre, la plaque du constructeur de ces motos ne faisait état que de la marque A.T. Mais les décalcomanies posées sur le réservoir des motos cataloguées en 1925 mentionnaient très lisiblement « Alphonse-Thomann – Puteaux », comme montré par les illustrations. L'usage de la marque A.T. ne fut pas suffisant pour éviter le courroux des Ets Gentil & Cie et le procès qu'ils intentèrent et gagnèrent contre Alphonse Thomann.

Cela dit, l'imbroglio qui existe entre Alphonse Thomann, Jean Thomann et Thomann sans prénom est tel qu'il mérite assurément d'être débrouillé; résumons:

1.- Dès 1900, la *Sté Alphonse Thomann & Cie* fondée par Alphonse et Jean Thomann (88, avenue Félix-Faure à Nanterre) construit des cycles réputés dont le cadre est soudé à l'autogène. Très vite, les deux frères se querellent et se séparent, Alphonse restant seul à la tête de l'affaire.

2.- En février 1911, Alphonse Thomann vend son affaire et sa marque commerciale à la société *Gentil & Cie* qui la transforme en filiale sous le nom de *Cycles Thomann & Cie* et qui commercialise sa production sous la marque Thomann. L'adresse demeure celle de Nanterre. La première moto Thomann, sans prénom, apparaît en 1912, identique à l'Alcyon 2HP à moteur Zurcher.

3.- Un prospectus Alphonse Thomann, non daté, indique que notre homme aurait fondé dès 1922 une nouvelle affaire à l'adresse susdite. Mais ce n'est que le 1er novembre 1924 (ou le 5 septembre 1925, selon sources) qu'il crée la *S.A. des Cycles Alphonse Thomann*, société en commandite simple au capital de 1 000 000 F, à la même adresse. Quelle que soit la véritable date de fondation, la production démarre, purement cycliste et bel et bien vendue sous la marque Alphonse Thomann. Mais un prospectus commercial assez provocateur distribué lors du Salon d'octobre 1926 ne sera pas du goût d'Edmond Gentil qui contraignit par voie judiciaire Alphonse Thomann à cesser

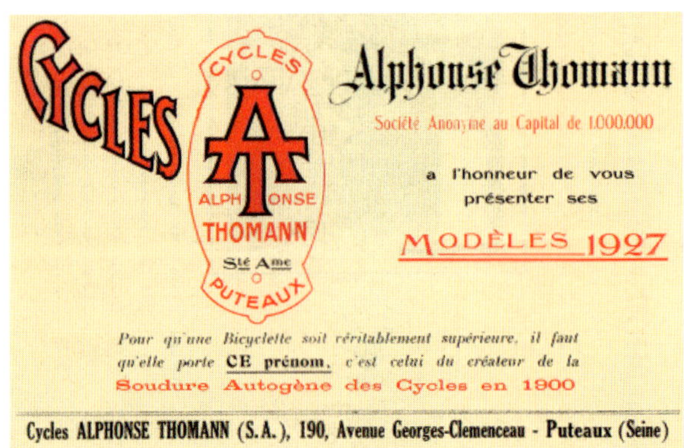

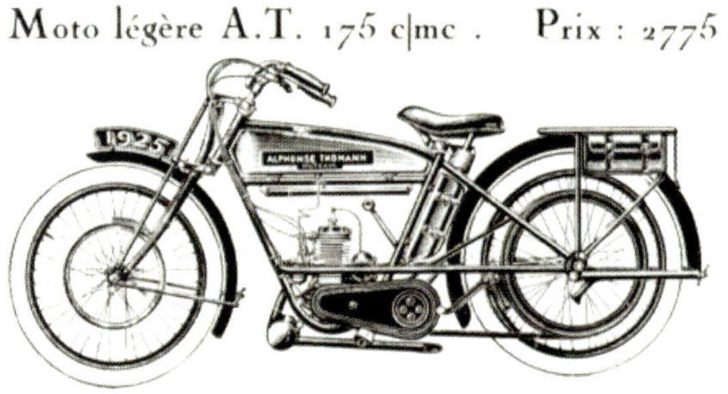

définitivement d'utiliser les marques Alphonse Thomann, Thomann et Thomann & Cie.

4.- La marque Jean Thomann, enfin, qui est liée aux *Ets Fauvarque* depuis sa création fin 1920. Elle n'a rigoureusement aucun lien social ni avec Alphonse Thomann ni avec Thomann, propriété de *Gentil & Cie*. Elle est étudiée à la lettre J.

AMÉRICA - 123, rue de Reuilly à Paris XIIe

En 1904 au moins, les Ets A. Rogalle & Cie proposèrent sous cette marque trois motos à moteur Quentin de 2 ½, 3 ½ ou 4 ½ HP, à allumage par pile et bobine ; fourche Lithos en option.

ANDRÉ - 7, rue Lafouge à Gentilly

Fondée en 1907 par André & Cie, la marque devient, à une date que nous ignorons, la propriété des Ets Bourdais, « ingénieurs-constructeurs ». Elle présente sa première moto au Salon d'octobre 1924, une 175 deux-temps dont sera bientôt dérivée l'année suivante une version spécialement conçue pour l'usage en duo. La gamme André s'élargit en 1927 avec l'arrivée d'une 350 à moteur Anzani

latéral, elle aussi déclinée en version biplace à cadre spécial. Elle culminera dans l'été 1928 avec le lancement d'une 350 à moteur LMP culbuté, au dessin plutôt réussi. C'est le chant du cygne d'André qui semble disparaître en 1929.

ANDRU - 10, rue de Saint-Quentin à Paris Xe

Sous-marque d'Aiglon créée en 1903 à l'adresse susdite, toute proche de la rue de l'Aqueduc. Son activité principale est la vente en gros de pièces détachées pour cycles, mais elle propose aussi, en 1903 au moins, une moto 2 HP à moteur Mirus absolument identique à l'Aiglon de la même année. La marque Andru déménage vers l'usine Aiglon d'Argenteuil en novembre 1907.

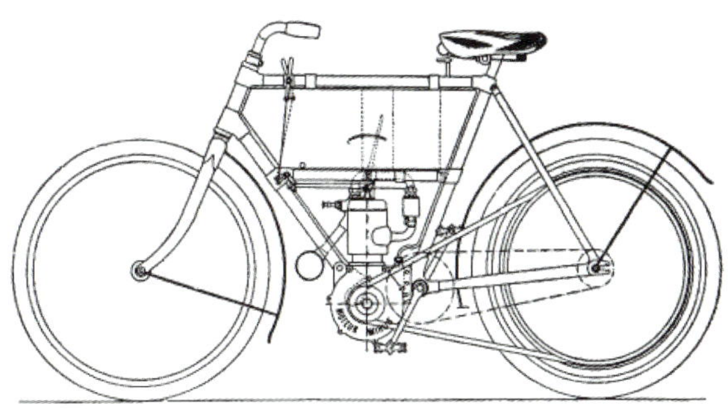

ANNINO - 63, rue de Saint-Germain à Sartrouville

Fin 1944, Dominique Annino, ex-coureur motocycliste des années trente, demande un brevet d'invention pour une roue arrière motrice à moteur deux-temps monté en porte-à-faux. Ce brevet ne lui est délivré que

Le décor du réservoir de cette 175 A.T. 1925 à moteur Train mentionne bien le nom d'Alphonse Thomann, pourtant propriété de Gentil & Cie *depuis février 1911. De plus, cette moto au cadre très particulier pourrait bien sortir de chez Axa ! (Voir à ce nom)*

De haut en bas, trois modèles André : la 175 deux-temps puis la 350 à moteur Anzani, toutes deux en version biplace ; enfin la 350 à moteur LMP de l'été 1928.

La 3 ½ HP América de 1904.

Andru 2 HP 1903 ; sur les trois quarts de sa circonférence, le cylindre du moteur Mirus est entouré d'une sorte d'écope en tôle qui sert à canaliser l'air chaud vers le carburateur.

La première moto André : la 175 à deux vitesses « monoplace » de 1925.

A

▸ La roue motrice Annino telle qu'elle fut illustrée par Moto-Revue.

le 3 août 1951, mais il sort pourtant son moteur dès 1948 et *Moto-Revue* en parle début février 1949. En dépit de tests concluants menés par le laboratoire de Cachan, cette roue motrice ne fut que très peu diffusée.

Mais Annino persévère et dépose le 17 mai 1949 une seconde demande de brevet concernant cette fois un moteur auxiliaire monté au-dessus de la roue avant qu'il entraîne par galet. Le brevet lui sera délivré fin juin 1951, mais on ne sait rien des quantités produites.

▸ Le moteur à galet Annino vu par deux dessinateurs différents ; il se signale par son cylindre inversé qui abaisse quelque peu le centre de gravité.

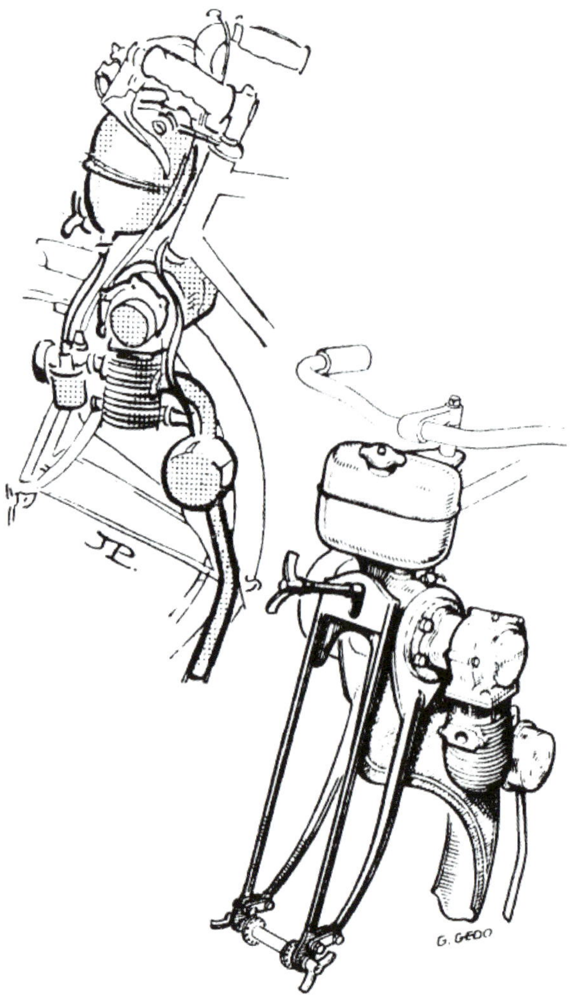

▾ L'aéromotocyclette imaginée par Ernest Archdeacon fut un excellent sujet pour l'imagerie populaire. Equipée d'un moteur Buchet 6 HP, elle était destinée à mesurer le rendement d'une hélice de 1,50 m de diamètre conçue par ce pionnier del'aviation. A son guidon, Anzani fut chronométré à 79, 5 km/h le 11 septembre 1906, sur la ligne droite d'Achères.

ANZANI - 71 bis, quai d'Asnières à Asnières

Alessandro Anzani naît le 5 décembre 1877 dans la banlieue de Milan. En 1903, à 26 ans, il est en France au guidon d'une moto Hurtu. L'année suivante et jusqu'en 1906, il est à la fois pilote officiel des Alcyon à moteur Buchet et metteur au point chez Buchet où il est spécialiste de la carburation.

Pilote sûr (il ne chute guère), habile, courageux et même aventureux (il se risqua à piloter la moto à hélice tractrice imaginée par Ernest Archdeacon), Anzani remporte d'innombrables victoires qui lui rapportent une fortune : on parle de 100 000 francs-or ! Cela lui permet de s'installer comme motoriste fin 1906, prenant ainsi le relais de Buchet déjà en déclin.

Anzani propose aussitôt des classiques bicylindres en V pour moto et des gros trois cylindres radiaux destinés tant à la moto de course qu'à l'aviation naissante. La traversée de la Manche par Louis Blériot, le 25 juillet

▸▸ Alessandro Anzani en 1909, posant avec un moteur 4 cylindres en V d'aviation. (Photo Meurisse)

1909, avec un trois cylindres Anzani, apporte aussitôt à la marque une notoriété mondiale. Anzani élargit alors considérablement sa gamme de moteurs d'aviation et en augmente la production, qu'il vend à prix d'or; simultanément, il néglige les moteurs pour moto.

Mais dès 1912 Anzani est très concurrencé dans le ciel par les moteurs rotatifs de la concurrence, plus légers et moins chers: il réagit en créant une filiale aéronautique outre-Manche. Côté moto, ses premières créations sont bien vieillissantes et il propose en 1912 de nouveaux moteurs, en 350 et 500 cm^3, à trois soupapes. Leur technique est tout à la fois désuète et sophistiquée: en effet, l'admission reste automatique mais elle est assurée par deux soupapes; l'échappement, lui, est culbuté. Les seuls clients connus pour ces moteurs sont Benoit-Gonin pour des machines de route, mais aussi Alcyon et La Française-Diamant qui les utilisèrent en course lors du Circuit de l'Eure, le 12 mai 1912; sans succès, car la victoire revint à Péan sur une Peugeot à soupapes latérales.

▲ Alessandro Anzani photographié par Jules Beau le 25 mai 1904 avant l'épreuve du kilomètre lancé du meeting d'Arras.

◀◀ De haut en bas: Anzani et l'Alcyon à moteur Buchet avec laquelle il termine deuxième du Critérium du Tiers de Litre, le 21 septembre 1905, n'étant devancé que par son coéquipier Thomas. (Photo Jules Beau). Ensuite, l'Alcyon à moteur trois cylindres Anzani qui fut utilisée en 1907 par Grapperon. Enfin Anzani lui-même en 1907, au guidon d'une moto d'entraîneur dotée d'un bicylindre en V de 35 HP. (Photo Omnia, courtoisie M. Pernot)

◀ Alcyon de course à moteur Anzani trois soupapes utilisée au Circuit de l'Eure. A notre avis, elle n'a d'Alcyon que le nom et la fourche: toute le reste de la partie-cycle est signé La Française-Diamant.

A

En haut, le 1 000 latéral de 1922 ; en-dessous, la 175 Leloir de 1923.

Benoit-Gonin 1919 et le premier Anzani latéral.

Anzani 1914, à soupapes opposées.

Prototype de 500 bicylindre à ACT.

De nouveaux monocylindres apparaîssent en 1914, à soupapes opposées ; admission latérale et échappement culbuté. Sur les bicylindres en V, la disposition est inverse : admission culbutée et échappement latéral.

La quatrième génération de monocylindres, à soupapes latérales, date d'octobre 1919. Elle est proposée en cylindrées 350 et 500 cm³ et nous ne lui connaissons qu'un seul client, Benoît-Gonin, fidèle à son motoriste. Remarquables par leurs poussoirs de soupapes qui ne sont pas symétriques mais fortement décalés, ces moteurs auront une longue descendance.

Détenteur de très nombreux brevets depuis 1914, Anzani décide de mettre certains en application à partir de l'automne 1920. Il le fait d'abord avec deux blocs-moteurs bicylindres verticaux à soupapes latérales et deux vitesses, de 509 et 747 cm³. Dessinés pour être économiques à construire, ces moteurs sont mécaniquement mal conçus au niveau du vilebrequin et ne donnent pas satisfaction. Ils sont donc remplacés au bout d'un an seulement par deux bicylindres en V 750 et 1 000 cm³ à soupapes latérales, dérivés des monocylindres de 1919. Quoique fiables, ces V-twins ne parviendront pas à s'imposer face aux Indian ou Harley-Davidson des surplus militaires, offertes à des tarifs défiant toute concurrence ; il semble même qu'ils n'aient eu aucun débouché motocycliste, les seuls moteurs vendus ayant été montés dans des cyclecars.

Extrait du brevet 508.538 montrant la coupe du twin vertical. Faute de palier central, la prise de mouvement au milieu du vilebrequin est une solution peu mécanique.

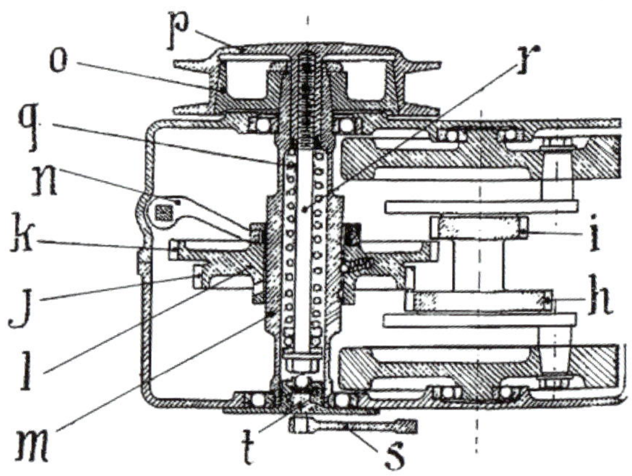

Au Salon d'octobre 1922 naissent encore deux moteurs, eux aussi brevetés : un joli flat-twin 175 cm³ à soupapes latérales, que Leloir sera le seul à monter, ainsi qu'un efficace et très sobre moteur auxiliaire 75 cm³ à culbuteurs qui ne trouvera, hélas, place que dans la Marant-Anzani.

Tout cela ne suffit évidemment pas à faire tourner à plein l'entreprise et Anzani va pratiquer la fuite en avant. En deux ans, 1925 et 1926, apparaît donc une foule de nouveautés dans toutes les cylindrées : en 175, 250, 350, 500 et 539 cm³. Quatre distributions sont utilisées : à soupapes latérales (dérivée du moteur de 1919), à quatre soupapes latérales en deux chapelles symétriques, à culbuteurs avec soupapes parallèles et simple ou double échappement, enfin à simple arbre à cames en tête et soupapes parallèles.

250 Anzani latéral sur une New-Map type AT de 1927.

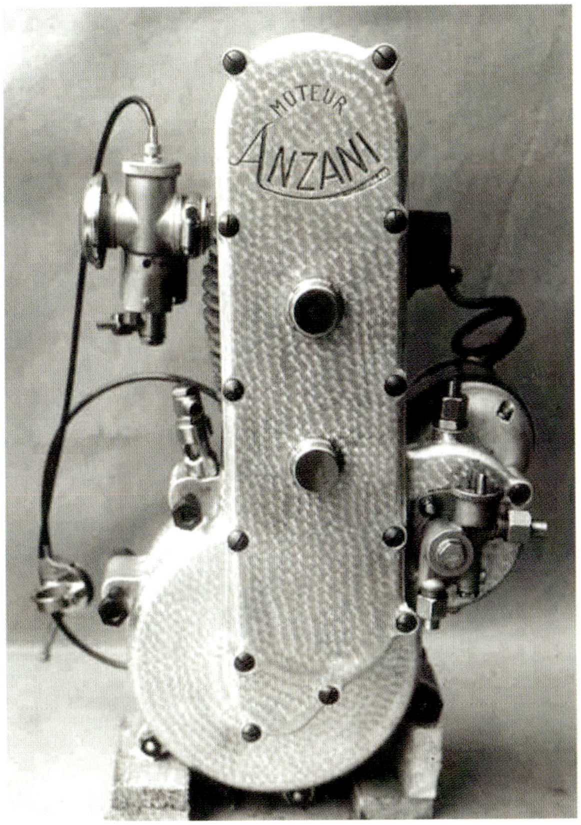

250 Anzani à arbre à cames en tête. En dépit de la noblesse de cette distribution, les performances étaient modestes par la faute des soupapes parallèles, dont le diamètre est limité par celui de l'alésage.

Mais, si l'offre est surabondante, les clients sont rares et ne sont, en général, que de nouveaux assembleurs produisant fort peu, sinon unitairement. Des marques telles Carlton, Leloir et Marant déjà cités, Claude-Delage, PAP ou Propulcycle commandent tout au plus quelques dizaines de moteurs par an ; la seule exception est peut-être la marque lyonnaise New-Map, certes jeune elle aussi, mais qui est en pleine croissance en 1927.

Face à cette situation, Alessandro Anzani, homme d'affaires avisé — sa fortune en témoigne — comprend que la période de prospérité des motoristes s'achève et vend son usine fin 1927 à l'avionneur Henry Potez.

Reste à dire quelques mots des bicylindres en V culbutés pour motos de stayers : leur conception générale est très différente de celle des bicylindres à soupapes latérales, qui sont des dérivés du monocylindre de 1919. Ces moteurs pour stayers ont l'arbre à cames et les tiges de culbuteurs au centre du V et leurs carters sont bien plus gros, pour recevoir les volants de grand diamètre qui sont indispensables à l'obtention d'une grande régularité de marche. Faute de documentation, nous supposons qu'ils ont été construits à l'unité et à la commande, jusqu'en 1926 au moins.

Extravagant 500 ou 600 monocylindre, avec double distribution, quatre soupapes latérales en deux chapelles symétriques, double allumage et deux carburateurs.

Sur les Anzani bicylindre en V culbutés, il n'existe qu'un seul arbre à cames, placé au centre du V. Leur conception est donc totalement différente de celle des V-twins à soupapes latérales du genre de celui qui est illustré en haut à droite de la page précédente, lequel possède deux arbres à cames séparés.

350 Anzani culbuté simple échappement monté dans une Carlton.

A

▸▸ *La rare et belle 350 Armor de 1928 est équipée du peu diffusé Zurcher culbuté à deux arbres à came séparés.*

▴ *Moteur Ardent 3 chevaux type Salon 1900. (Document collection M. Pernot)*

ARDENT - 48, rue Saint-Ferdinand à Paris XVIIe

Société des moteurs Ardent. Ets Caron & Cie, puis Ets Paillet, Caron & Cie. Fondée en 1899, l'entreprise de MM. Caron & Cie présente ses premiers moteurs à l'Exposition Internationale de Paris en 1900, puis au Salon du Cycle en décembre de la même année.

La gamme comprend alors un monocylindre refroidi par eau de huit chevaux, qui équipe la voiturette dite « Victoriette Ardent », et deux moteurs refroidis par air destinés à la moto : un monocylindre donné pour trois chevaux et un bicylindre en V annoncé pour cinq chevaux. Les carters de tous ces moteurs sont à plan de joint horizontal. Chose rare, sinon unique, chaque moteur Ardent livré est accompagné d'une « feuille d'épreuve » qui est le compte-rendu, dûment chiffré et signé, du passage du dit moteur au banc d'essai, un frein de Prony.

La date de cessation d'activité de l'entreprise est inconnue. Précisons que cette marque n'a aucun lien avec le constructeur des scooters Ardent, basé à Cannes.

ARGENTRÉ - 1, rue de Romainville à Paris XIXe

René Durand, constructeur - 1922 à 1933. On ne sait presque rien sur cette marque surtout cycliste, sinon qu'elle distribua sur Paris les motos angevines Magda.

ARMOR - 23, avenue Trudaine à Paris IXe

La *Société des cycles Armor* est fondée aux alentours de 1892 par J. Le Guelec, avec adresse au 86 de la rue de Siam à Brest. Bien implantée en Bretagne, l'entreprise est acquise en 1909 par Edmond Gentil et devient une sous-marque d'Alcyon ; le siège social part alors au 23 de l'avenue Trudaine à Paris. Il déménage à nouveau en 1933 au 2 de la rue de Lille à Neuilly-sur-Seine. La première moto Armor apparaît en 1912 : c'est une 2HP, qui existe déjà à l'identique au catalogue Alcyon.

▸ *La 2 ½ HP Armor de 1923 dont le moteur Zurcher est encore un dérivé de celui de 1912.*

Outre divers modèles rigoureusement identiques à ceux d'Alcyon, Armor commercialisa en 1922 et 1923 un 100 cm³ deux-temps à moteur Madoz sans aucun équivalent chez la maison-mère. Cette sorte de semi-indépendance perdura jusqu'en 1928 inclus, divers modèles Armor n'ayant pas d'homologues exacts chez Alcyon.

Au début des année vingt, on vit courir sous les couleurs d'Armor des Alcyon d'usine : ce fut le cas, par exemple, en catégorie 250 au GP de France 1920. La cessation de la production survient en 1958.

▸▸ *Affiche Armor que nous croyons datée de 1912.*

ASTER - 74, rue de la Victoire à Paris IXe

Siège social à l'adresse susdite et usine au 11 de la rue des Chaumettes à Saint-Denis. Motoriste de 1898 à 1910.

Seul avec de Dion & Bouton à atteindre une dimension véritablement industrielle parmi la pléthore de motoristes de l'époque, Aster fut son principal concurrent pour équiper les motos, tricycles et quadricycles, de 1898 à 1901. Plus encore que de Dion & Bouton avec son pilote vedette Georges Osmont, Aster et son champion Victor Rigal se firent beaucoup remarquer en pratiquant une véritable course à la cylindrée : jusqu'en 1900, les affrontements sportifs entre les deux pilotes attiraient les foules sur les vélodromes ou sur le parcours des courses de côte comme Gaillon ou Chanteloup.

Spectaculaire tandem d'entraînement à moteur Aster refroidi par eau. Il a été immortalisé par Jules Beau le 3 novembre 1901 au Vélodrome du Parc des Princes lors d'un match sur 50 kilomètres opposant les champions cyclistes Michael et Robl.

Le champion Victor Rigal sur un tricycle à moteur Aster en 1900. Le carburateur est la boîte ronde que l'on voit au travers du rayonnage de la roue arrière droite.

Les cylindres des premiers Aster se signalent par un ailettage rapporté — et ondulé — en cuivre rouge, mais aussi par un énorme carburateur à barbotage en forme de bidon de lait : il est plus gros que le cylindre lui-même ! La troisième particularité marquante, c'est la présence de carters à plan de joint horizontal.

C'est avec un tricycle à moteur Aster que Victor Rigal devient recordman des 100 kilomètres au printemps 1900 : il effectue le trajet aller et retour d'Etampes à Chartres à 66,067 km/h de moyenne, battant de 15 minutes le record précédent détenu par Béconnais. L'année suivante, Rigal passe à la concurrence, chez Buchet.

Dès 1901, les beaux jours d'Aster dans le monde du motocycle appartiennent désormais au passé : des dizaines de nouveaux motoristes naissent entre 1901 et 1904 ; en outre certains des clients d'Aster se sont lancés dans la construction de leurs propres moteurs. Sauf en ce qui concerne les moteurs pour voiturettes, la marque décline rapidement ; le dernier client que nous lui connaissons est Austral, pour équiper des tricars.

En 1899, huit ans après sa légendaire victoire dans la première course Paris-Brest-Paris, l'immense champion cycliste Charles Terront ne dédaignait pas prendre le départ d'une course au guidon d'un tricycle à moteur. A 42 ans ! L'engin, de marque inconnue, possède un moteur Aster avec carburateur « bidon de lait ».

A

▾ *Totalement méconnue, la bicyclette à pétrole des Ateliers de Levallois-Perret offre des caractéristiques techniques particulièrement intéressantes.* (Doc. MP)

ATELIERS DE LEVALLOIS-PERRET

à Levallois-Perret, sans autre précision d'adresse

La revue *La Vie Scientifique* n° 116 datée de décembre 1897 rapporte que ces Ateliers exposèrent à partir du 4 décembre, au Palais-Sport, une bicyclette à pétrole de leur fabrication. L'obligeante revue illustre cette machine remarquable : moteur porteur remplaçant une bonne partie du tube avant ; réducteur à engrenages couplé avec un pédalier à roue libre, carburant logé dans le tube de selle de gros diamètre. Le constructeur proposait plusieurs moteurs de puissances différentes.

▴ *4 1/2 HP Audax n° 2 de 1905.* (Doc. coll. D. Tille)

AUDAX - Passage Moitrier à Levallois-Perret

Sous-marque de *Lamaudière, Mauger & Cie* apparue en 1905. Voir à ce nom.

AURÉOLE - 7, bd Victor-Hugo à Saint-Ouen

Louis Bouchez, constructeur, a construit au moins une motocyclette sous cette marque en 1936.

AURORE - 79, boulevard Haussmann à Paris IXe

Société des Automobiles et Motocycles Aurore, H. Deckert, directeur. Atelier : 12, rue Bacon à Paris XVIIe. Dès 1898, la marque modifie et améliore des tricycles de Dion & Bouton, qui courent parfois sous le nom d'Aurore.

AUSTRAL - Adresses multiples

Société Edouard Cheilus & Cie, ingénieur-constructeur, fondée en janvier 1905 au 5, place Pigalle à Paris IXe. Elle naît du rachat par Cheylus de l'affaire d'Albert Jean, constructeur de tricar à roue arrière motrice, mis en faillite fin 1902. Cette société devient vite *S.A. de constructions mécaniques Austral*, avec siège social au 8, rue du Débarcadère à Paris XVIIe et usine à Neuilly-sur-Seine. Courant 1908, l'affaire est reprise par *Habert & Cie*, 29, av. de la Grande Armée à Paris XVIe et entre dans la nébuleuse de la *Cie Générale des Cycles*, avec usine à Albert, Somme. Fin 1912 ou début 1913, Austral change à nouveau de mains et s'installe 84, rue Emile-Zola à Paris XVe ; nous ignorons la raison sociale. Enfin *S.A. des Cycles Austral*, qui réunit en 1923 Edouard Cheylus et Louis Ruffin ; siège social au 7 de la rue de la République à Puteaux.

Austral se fait connaître début 1905 avec quelques tricars « Système Albert Jean », à transmission par courroie directe. Quelques mois plus tard arrivent les tricars types A et B avec moteur Aster 452 cm^{3} monté devant le conducteur, refroidi par eau ; leur transmission fait désormais appel à un changement de vitesse Bozier à deux rapports. Lors du Concours de tricars organisé le 10 septembre 1905 par le journal *L'Auto*, Cheylus engage six tricars, dès lors équipés d'une transmission par chaîne : trois sous son nom et trois sous le nom de Bozier. Cheylus occupe trois des quatre premières places du classement.

Suivent, en 1907, le type H, toujours avec moteur Aster à l'avant, et le type G, à moteur Austral monté à

▸▸ *De haut en bas, trois tricars Austral : type A de 1905 avec moteur Aster à l'avant et transmission par courroie, puis H1 « Tourisme Populaire » de 1907 avec le même moteur mais transmission par chaîne, enfin G1 avec moteur Austral à l'arrière. Sur tous ces modèles, le moteur est refroidi par eau et suivi d'un réducteur Bozier à deux vitesses et embrayage.*

l'arrière, sous le siège du conducteur, ce qui améliore la motricité. La marque mène alors une activité sportive importante et ses tricars monopolisent les premières places tant dans les courses classiques (triplé au Tour de France en 1906) que dans les nombreuses épreuves spécialisées.

La vogue du tricar déclinant, Austral propose en 1908, sous la gestion de *Habert & Cie*, une moto qui est une Bruneau démarquée, à transmission par chaîne enclose.

Le retour à de « vraies » Austral survient en 1914, avec trois modèles catalogués. Le premier est un 500 latéral très longue course (75 x 112 mm) à deux vitesses et transmission par chaîne sous carter; nous doutons de sa mise en production. Les deux autres reçoivent un moteur deux-temps de 211 cm³ (62 x 70 mm). Un document incontestable indique que ce moteur est construit par un certain L. Ménard, sis 84 avenue Emile-Zola à Paris XVe, et le catalogue Austral pour 1914 laisse croire qu'il a été dûment testé en course en 1913. L'une des motos deux-temps, la type B à transmission par courroie directe, a été homologuée par le service des Mines le 28 avril 1914. L'autre, à transmission par chaînes sous carter, peut recevoir, en option, une boîte à deux vitesses; elle n'a sans doute pas été réceptionnée. Avec le type B, la marque Austral doit être considérée comme pionnière en France en matière de motos de série à moteur deux-temps.

Austral ne revient à la moto qu'en 1924 avec une 125 à moteur Train; puis des motorisations très variées, de 175 à 500 cm³, se succèdent jusqu'en 1930 inclus: Staub, Voisin, Zurcher et surtout Poinsard-LMP. Austral revient même à la compétition: Chéret, pilote officiel, remporte la victoire en catégorie 350 side-car au Bol d'Or 1927.

En 1929, Austral retourne à son activité première avec un triporteur à châssis en tôle emboutie équipé soit d'un 350 2T, soit d'un 500 latéral, tous deux signés Moussard. La cessation d'activité survient fin 1931 semble-t-il.

◂ La 175 Austral à moteur Poinsard de 1926. (Photo MP)

▾ Austral 350 SS de 1927, à moteur Zurcher culbuté.

◂ Ce tricar Austral type L1 de 1929 est équipé d'un 500 Moussard latéral.

▴ Edouard Cheylus en personne au guidon d'un tricar Austral, le 10 septembre 1905 à Saint-Germain-en-Laye, avant le départ du Concours de Tricar de L'Auto. (Photo Jules Beau)

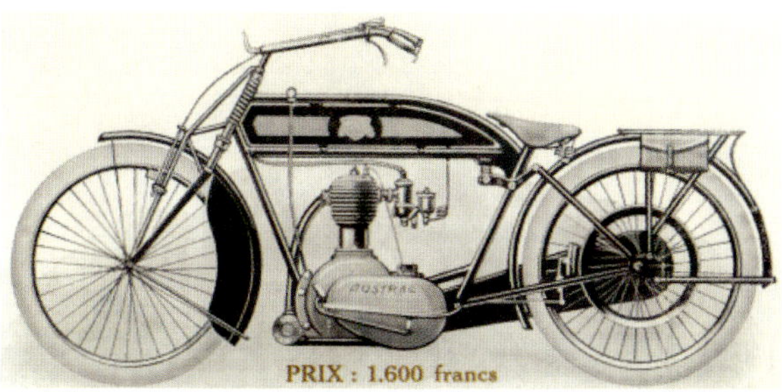

◂◂ De haut en bas: la 500 Austral de 1914 est très moderne pour l'époque mais n'a pu être vendue faute d'avoir été présentée au Service des Mines pour homologation. En bas, la 211 cm³ type B de 1914 à moteur deux-temps et courroie directe; elle a été réceptionnée par les Mines et assurément commercialisée.

AUTOCYCLETTE - 1, rue du Louvre à Paris Ier

Marque commerciale d'Yves Guedon, constructeur dès fin 1898. Cette appellation « Autocyclette » sera employée un peu plus tard par Clément-Gladiator et il faut signaler, pour éviter tout risque de confusion, qu'il existe aussi la marque « L'Autocyclette », utilisée par A. Garreau: elle sera traitée à la lettre L.

A

▸▸ *Tricycle Aviator version 1901-1902. (Doc. H. Tremblet)*

▾ *L'Autocyclette Guedon était à chaîne unique.*

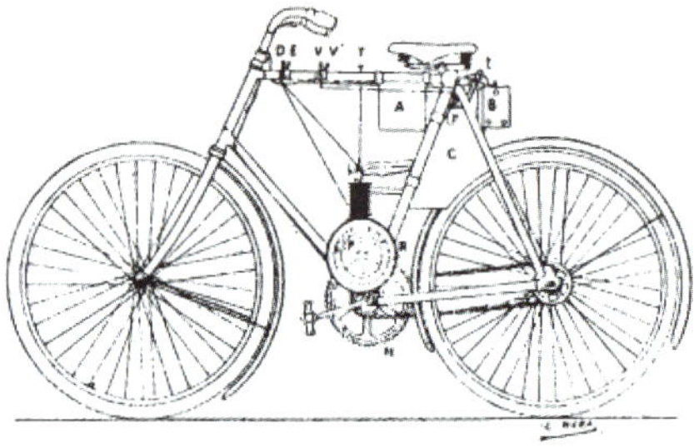

▸ *Yves Guedon et son Autocyclette photographiés par E. Bara. (Doc. MP)*

Yves Guedon présente son Autocyclette en décembre 1898; un mois plus tard, *La France Automobile* indique que le cylindre borgne et le demi-carter supérieur sont fondus d'une seule pièce, que l'admission est automatique et que la puissance du moteur est de 3/4 de cheval.

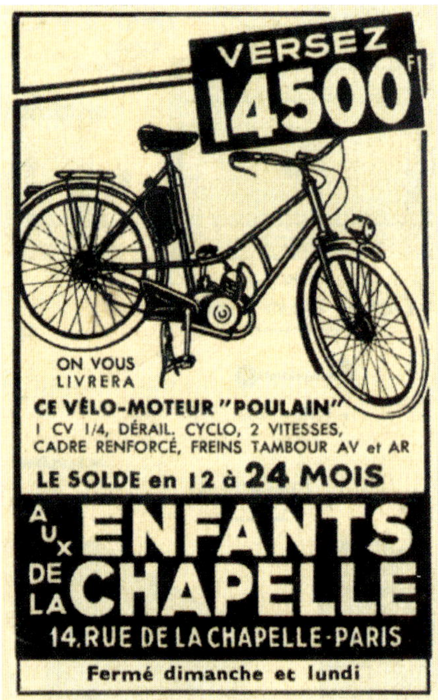

▴ *Ce n'est évidemment pas dans* La Vie du Rail *que l'on apprendra si « Aux Enfants de la Chapelle » est plus qu'une simple marque commerciale sans activité de production. (Doc. J. Goyard)*

AUX ENFANTS DE LA CHAPELLE

14, rue de la Chapelle à Paris XVIIIe

Cette « marque » est connue grâce à une publicité dans *La Vie du Rail* du 20 avril 1953. Simple revendeur sous son nom ou constructeur-assembleur, nous l'ignorons.

AVANCE GD - 31, rue Poussin à Paris XVIe

Géo Dupuy, constructeur, de 1923 à 1925 inclus. Géo Dupuy est l'un des deux importateurs français du Cyclemotor, un moteur auxiliaire deux-temps monovitesse de 91 cm³ produit à Rochester, aux Etats-Unis.

Quand ce moteur trouve place dans une partie-cycle américaine, le tout s'appelle Evans Cyclemotor. Mais à partir du Salon d'octobre 1923, Géo Dupuis l'accouple à une boîte deux vitesses et l'installe dans une partie-cycle française: l'ensemble réalisé devient alors « Avance GD » ou « GD ». En 1925 naît une Avance GD 175 cm³ culbutée.

▸ *L'Avance GD.*

AVIATOR - 52, avenue de Strasbourg à Vincennes

Marque déposée en 1900 par les Ets Friès & Germain, pour désigner les moteurs équipant les tricycles construits par P. Tourneau à Paris. On n'entend plus parler d'elle de 1903 à 1906; à cette date, Aviator ne propose plus que des cycles et « fournitures générales pour cycles et autos ».

AXA - 9, rue de l'Ane vert - Le Kremlin-Bicêtre

E. Allain & Cie, constructeurs. Premier siège social à l'adresse susdite, puis 21, avenue de Fontainebleau toujours au Kremlin-Bicêtre.

L'activité d'Axa semble durer de 1925 jusqu'en 1939, mais n'est entrevue que les trois premières années grâce à quelques publicités parues dans *Moto-Revue*; en 1925 et 1926, elle se limite à des 175 et 250 deux-temps puis s'élargit en 1927 avec une 350 culbutée. Nous ne savons rien au-delà. Le cadre de la 250 Axa de 1926 est fort original, avec les tubes inférieurs de la fourche arrière qui se prolongent à l'horizontale jusqu'au tube avant du cadre.

▸▸ *Publicité AXA datant de septembre 1925 et montrant la 250 type AS3 avec son cadre très particulier.*

Baby-Star Baggi-Samyn **Bagys** Bailleul **Barrière** Bastaert **BC** BCR **Beatty & Claxton** Beausseron **Belgian** BeM **Benjamin** Bernardet **Bernet** Berthe **Bertin** BFG **BG** Bi-Temps **Bichrone** BJS **Blauseurette** Blériot **Blotto** Bobby **Boissette** Boivin **Bolide** Bonhomme **Bonin** Bonnet **Bonnet & Jumel** Bonnet & Zecht **Bonney** Bordes **Boudin & Michelet** Boudiot **Bourdiaux** Bourdiaux & Delalande **Boury** Boyer Albert **Boyer Noé** Bozier **Brennus** Breuil **Briban** Brierre **Brillant** Brissard **Brooklyn** Brousset **Brunet** Brutus **Buchet** Burbury **But**

B

BABY-STAR - 23, rue Emile-Zola à Saint-Ouen

Société SETAM, constructeur d'un moteur auxiliaire 49 cm³ pour cyclomoteur à monter sur la roue avant qu'il entraîne par galet. Il est construit sous licence allemande Stellwagen et distribué par les Ets Lavalette. Selon une autre source il aurait également été construit par la société MEPPS. Présenté dès 1950, il ne semble pas avoir été produit au delà de 1953. Le Baby-Star a été monté par Elvish, Rochet et Thomas-Rosset, entre autres.

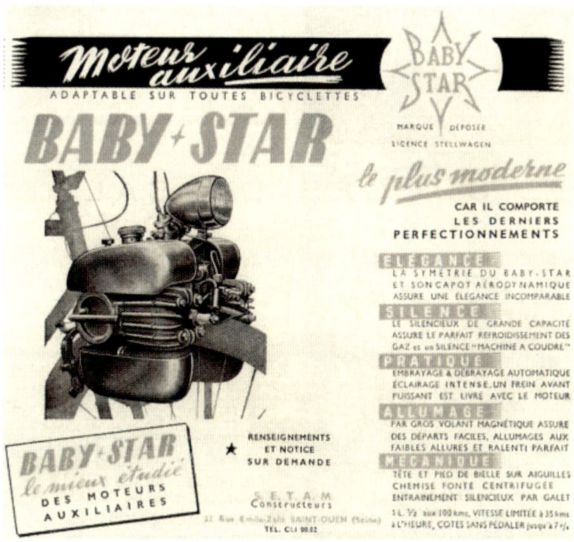

BAGGI & SAMYN - 6, rue des Petits Champs à Paris IIe

Ets Baggi & Samyn à l'adresse susdite, puis au 81 bis du boulevard de la République à La Garenne-Colombes. Fondation le 29 septembre 1921… même si la publicité annonce 1919! Après un dépôt de bilan début 1930, suivi d'un concordat, Baggi reste seul à la tête de l'entreprise qui disparaîtra finalement en 1936. Nous ne savons rien ni de Baggi ni de Samyn.

Si elle existe, la production avant 1928 ne nous est pas connue. En 1928, elle comprend une 250 type L à moteur Moser culbuté et une 350 type O à moteur Zurcher. Vont s'ajouter en 1929 une 250 type J à moteur JAP latéral et rien moins que trois 350: type LM à moteur Moser culbuté, type L1 avec un JAP, enfin type P avec un LMP culbuté; toutes sont équipées d'une boîte Burman à trois rapports. En juin et septembre 1929, des publicités mettent en avant la 250 type L et la 350 type P; elles évoquent aussi une motorisation Blackburne dont nous n'avons pas trouvé trace dans les feuilles des Mines.

LA LONGUE EXPÉRIENCE (10 ANS) DE LA MARQUE

BAGGI-SAMYN

a contribué pour offrir aux MOTOCYCLISTES des MOTOS DE MARQUE munies des derniers perfectionnements et des meilleurs accessoires : BOITES BURMAN, MOTEURS JAP, L. M. P., BLACKBURN, MOSER

AUX PRIX INCROYABLEMENT BAS DE :

4.250 fr. Type 250 cmc, à culbuteur, mot. Moser, boite Burman, pneus ballon 700 × 100.

4.750 fr. Type 350 cmc, à culbuteur, mot. L.M.P., boite Burman, pneus ballon 700 × 100.

Adresser votre commande directement à l'usine.

BAGGI-SAMYN, 81 bis, boulevard de la République LA GARENNE-COLOMBES (Seine)

Publicité Baggi-Samyn datant de septembre 1929.

BAGYS - 3, cité Magenta à Paris Xe

Ets Bayon & Gyss, constructeurs de 1903 jusqu'à date inconnue.

Entreprise dont l'activité est essentiellement consacrée aux fournitures générales pour cycles et automobiles, Bayon & Gyss se risque à cataloguer en 1903 une moto sous la marque Bagys. Le cadre est assez particulier car l'axe du pédalier est placé en position fort

Le Baby-Star doit son originalité à l'exacte similitude de la fonderie du silencieux et de l'ensemble cylindre/culasse. La réalisation semble soignée et on ne peut qu'apprécier la recherche, poussée très loin, d'un fonctionnement le plus silencieux possible.

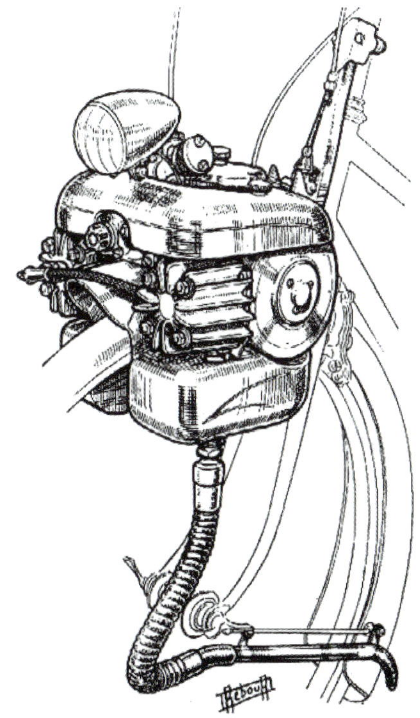

B

La moto Bagys de 1903. (Doc. M. Pernot)

reculée, dans le prolongement du tube de selle ; il reçoit un moteur 1 1/2 HP de marque non précisée, avec carburateur à pulvérisation et allumage batterie/bobine. Pompe à huile dans le réservoir, ce qui n'est pas courant à l'époque, et transmission par courroie plate. Aucune information ne permet de penser que Bayon & Gyss aient persévéré dans le monde de la moto au-delà de 1903.

Moto Bailleul modèle 1 904.

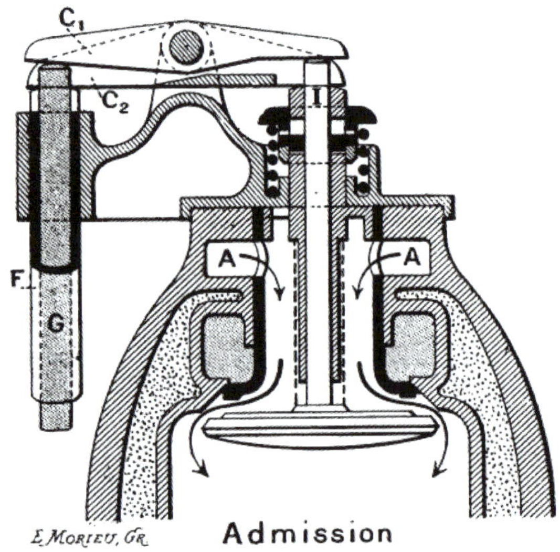

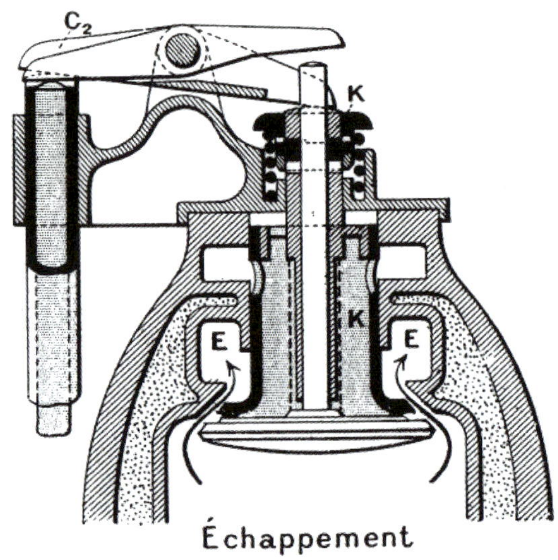

L'intérêt majeur des soupapes concentriques imaginées par Bailleul est leur très gros diamètre ; il favorise à la fois le remplissage et l'évacuation des gaz brûlés. De plus, cette conception alloue le plus gros diamètre à la soupape d'admission, facteur supplémentaire de bon rendement.

BAILLEUL - 34, rue Kléber à Levallois-Perret

Ets L. Bailleul & Cie, constructeurs de 1903 à 1910. Bailleul est une très petite marque pour laquelle on dispose pourtant d'informations détaillées car ses caractéristiques originales ont suscité l'intérêt de la presse spécialisée d'époque. Sur la Bailleul de 1904-1905, l'originalité se situe dans la distribution par soupapes concentriques en tête, le refroidissement par eau du cylindre borgne et l'utilisation d'un carburateur « maison ».

BARRIÈRE - 22, rue Saint-Sabin à Paris XIe

Ets L. Barrière & Cie, société en commandite par actions. Constructeurs de tricycles et de moteurs dès 1899. Le tricycle Barrière de 1899 est équipé d'un moteur maison donné pour deux chevaux. Dès 1901, sa puissance est portée à 2 ¼ HP.

On sait encore qu'un changement de raison sociale survient début 1903, puis l'on n'entend plus jamais parler de cette marque.

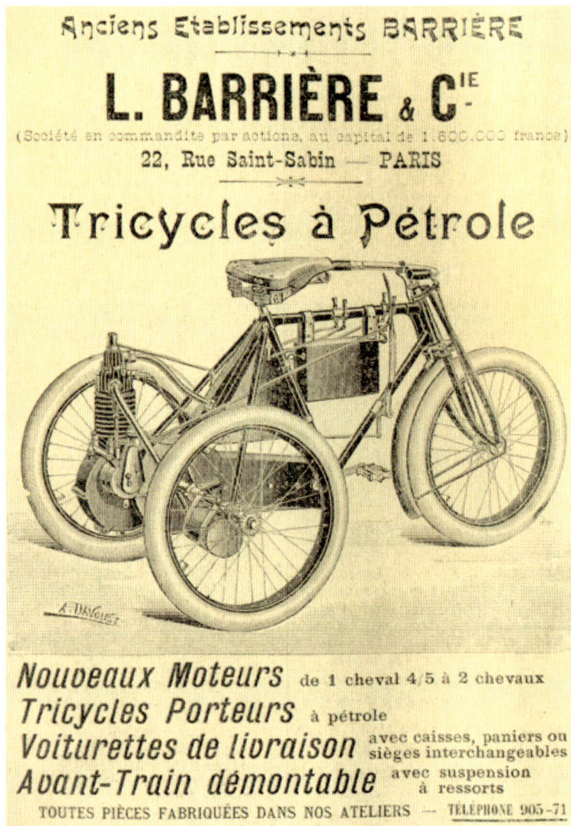

Extrait d'une publicité Barrière publiée dans l'Annuaire de l'Automobile, édition de 1900. A l'évidence, le moteur, le carburateur à barbotage et la boîte à piles sont de fabrication maison, quoique fortement inspirés des mêmes organes chez de Dion & Bouton.

BASTAERT - 124-126, rue Lafayette à Paris Xe

G. Bastaert, constructeur de motocycles et quadricycles en 1900 au moins. Aucune autre information n'est disponible sur cette marque.

BC - 28, rue Héloïse-Michaud à Gennevilliers

Ets Béchir et Collin, motoristes, de 1923 à probablement 1930. Nous connaissons quatre modèles de moteurs BC, tous deux-temps à volant extérieur et allumage par magnéto; ce sont un 125 (52 x 58), un 175 (60 x 61), un 250 (65 x 75) et un prétendu « 350 » largement surdimensionné: 75 x 85 mm, soit 375,5 cm³.

Les moteurs BC ont été montés par André, BCR, Dédé, Everest, Le Grimpeur et Rasser; cette liste n'est pas limitative.

◂ BCR type C 1925.

▾ Les carters du moteur 375 cm³ BCR sont très généreusement dimensionnés!

◂◂ Moteurs BC: en haut, le 175 à carters en fonte; en bas, le 250 dans une Rasser.

BCR - 2 bis rue Etienne-Dolet - Le Kremlin-Bicêtre

L'origine du nom de BCR n'est pas connue, mais nous supposons qu'elle est étroitement liée aux motoristes Béchir & Collin, qui équipèrent en moteurs BC les premières machines de la marque: ce pourrait bien être *Béchir, Collin et Raynal*, l'association initiale entre Raynal et Bertelletto étant survenue après le dépôt de la marque.

L'histoire de BCR se divise en trois parties:

1.- Ets Raynal & Bertelletto, constructeurs à l'adresse susdite. La marque apparaît vers 1922 avec un scooter à moteur 250 Train. En juillet 1923, elle présente une 125 monovitesse à moteur deux-temps BC (52 x 58 mm) avec transmission par courroie et fourche Munro-Saxon. En 1924, BCR propose en outre la 3 ½ HP type C (72 x 85 mm), elle aussi à moteur BC deux-temps; elle est équipée, cette fois, d'une boîte à vitesses, mais conserve la transmission finale à courroie.

2.- Fin 1924, semble-t-il, Raynal se retrouve seul à la tête de l'affaire. Il déménage brièvement au 7 de la rue Danton, toujours au Kremlin-Bicêtre, puis revient rue Etienne Dolet fin avril 1925. Les petites et moyennes cylindrées deux-temps, très concurrencées, sont alors abandonnées. Ne subsiste de l'ancienne gamme que la 375 cm³ deux-temps type C à laquelle s'ajoutent deux fort élégantes 500 quatre-temps avec moteur JAP à magnéto avant: type G latéral ou type H culbuté; leur boîte est une 3 vitesses Sturmey-Archer et la transmission finale est assurée par une chaîne, ce qui demeure encore un modernisme à cette époque. Modernisme aussi avec le montage de deux tambours de même diamètre à l'avant et à l'arrière et d'excellents amortisseurs sur la fourche.

▾ La première réalisation de BCR est ce scooter à moteur 250 Train. (Doc. J. Goyard)

◂ La fort belle 500 BCR type H de 1926.

B

▸ Détail de la suspension arrière BCR apparue en 1927.

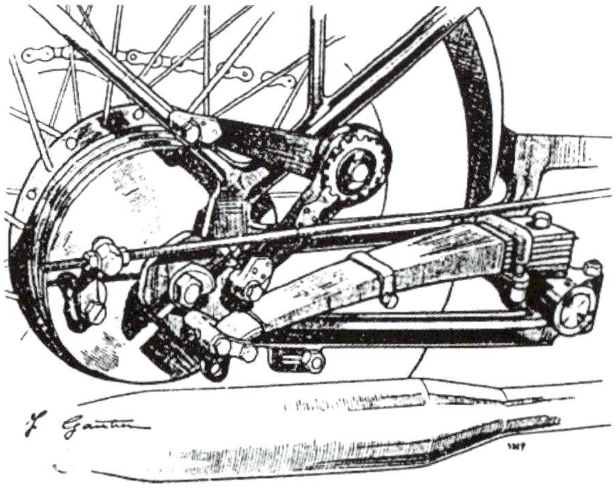

▾ Cette très rare 500 BCR 1929 avec suspension arrière et bloc-moteur Chaise à ACT, est celle de la collection « Moto-Revue » réunie par le très érudit Serge Pozzoli et hélas dispersée depuis près de trente ans. (NB : le cintrage des tubes d'échappement ne peut servir de référence.)

▸▸ La version 1924 de la Beatty & Claxton fait preuve d'un réel modernisme avec son cadre double-berceau, son réservoir en selle et sa transmission par arbre.

▸▸ Publicité des Ets Delaunay pour le Belgian » tank » des années trente.

▾ Gros plan sur la suspension arrière du 100 BCR à moteur Stainless de 1951.

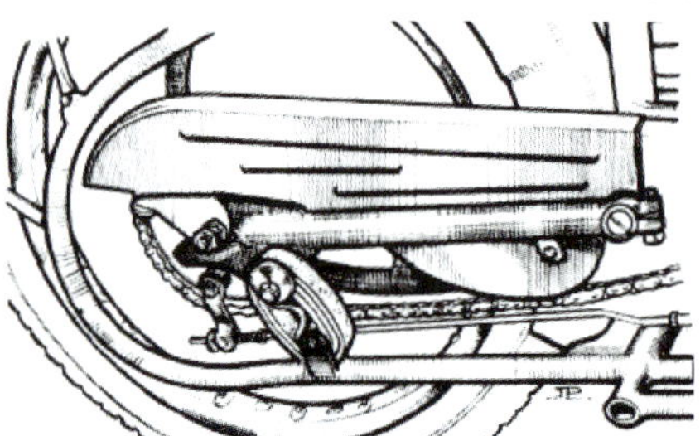

En 1927 apparaissent les 500 à suspension arrière par bras oscillant ; cette suspension, qui donne un débattement de six centimètres, chiffre important pour l'époque, est superbement réalisée : montage du bras sur deux gros roulements à billes et présence d'amortisseurs à friction réglables. Mais cette qualité de construction entraîne des prix de vente élevés et la diffusion de ces belles machines sera fort limitée, sinon confidentielle.

3.- En 1930, le constructeur de side-cars Pierre Poinard, installé au 3 de la rue Larochelle à Paris XIVe, rachète son entreprise à Raynal. Il écoulera encore quelques exemplaires des coûteuses mais réputées 500 BCR à suspension arrière, qu'il assemble à partir du stock de pièces provenant de chez Raynal. Puis il ne se consacre plus qu'aux side-cars et cela jusqu'en 1939.

Juste après la guerre, il est établi à Cachan et produit encore quelques side-cars avant de relancer la marque BCR fin 1950 : elle figure sur un vélomoteur léger, doté — ce n'est certes pas un hasard — d'une suspension arrière oscillante.

BEATTY & CLAXTON - 27, rue de Maubeuge à Paris X^{e}

George William Beatty, ingénieur américain, et son associé M. Claxton conçurent dès 1922 une très intéressante 300 cm^{3} à vilebrequin longitudinal et soupapes latérales traitée en bloc-moteur à deux vitesses. La transmission finale est assurée par un arbre et un pont à vis sans fin et la moto dispose de deux freins sur le moyeu arrière : l'un à mâchoires internes, l'autre à sangle externe. Rien n'indique qu'il y ait eu production en série. Un second modèle apparaît en 1924 : cette fois, le moteur est un deux-temps, toujours en cylindrée 350 cm^{3} ; l'architecture générale de la transmission est conservée, mais désormais avec trois vitesses. Là encore, la mise en production est plus que douteuse.

BEAUSSERON - 27, rue Descombes à Paris XIIe

Ets A. Beausseron, constructeurs des moteurs AB et EH. Voir à ces noms.

BELGIAN - 58 & 62, rue de Rochechouart à Paris IXe

Importateurs depuis déjà longtemps des motos Saroléa pour la France et ses colonies, les Ets F. Delaunay construisirent sous licence les excellents side-cars belges Belgian durant les années trente.

Publicité pour le moteur BeM parue dans Moto-Revue *du 1er janvier 1927.*

B

BeM - 82, avenue de Paris à Châtillon-sous-Bagneux

En 1927, les Ets Bourgeois & Maréchal proposèrent sous la marque BeM un moteur 175 cm³ deux-temps de leur fabrication… mais très inspiré à la fois du BC et du Moussard & Madoz (magnéto entraînée par un toc en bout de vilebrequin) et du LMP (forme des ailettes du cylindre et montage latéral du carburateur).

BENJAMIN - 139, bd Voltaire à Asnières

Automobiles Benjamin à l'adresse susdite; magasin d'exposition: 11, bd Montmartre à Paris IIe. Marque fondée en 1921 par Maurice Jeanson pour reconvertir l'activité de son usine d'aéronautique. Activité motocycliste de 1924 à 1929. L'entreprise est mise en faillite en 1931.

En dépit de sa raison sociale, Benjamin fut constructeur motocycliste à partir du Salon d'octobre 1923. Son premier modèle fut une 125 monovitesse deux-temps à allumage par volant magnétique, tandis que le dernier répertorié est une 350 latérale à moteur JAP et boîte à 3 vitesses. Entre ces extrêmes, la marque commercialisa diverses motos en 175, 250 et 350 cm³, toutes deux-temps. La plus intéressante est assurément la 250 type BS2 de 1926, avec son cadre entièrement triangulé.

250 Benjamin BS2 de 1926: son cadre tout en tubes rectilignes est un modèle de triangulation.

BERNARDET - Side-cars

Ets Bernardet Frères – 5, rue des Bruyères à Bourg-la-Reine (1932 à 1937) puis 104, avenue de la République à Châtillon-sous-Bagneux.

René et Roger (deuxième prénom de Charles) Bernardet construisent un premier side-car pour leur usage personnel en 1921 puis passent à une production artisanale en 1923. Fin 1924, leur frère Robert les rejoint. Un pacte ambitieux réunit alors René, Robert et Roger qui s'imposent « le célibat avant la réussite »! Il sera respecté: les Ets Bernardet Frères sont fondés le 22 décembre 1932 et les trois frères se marient le jour même!

Désormais la construction est industrielle et entièrement basée sur l'emboutissage qui s'applique aussi au châssis. Faciles à atteler car ils n'utilisent en général que trois points — sans perte de rigidité — et très fiables, les side-cars Bernardet se forgent aussitôt une belle réputation de qualité. Dès 1933, ils sont d'ailleurs la monte exclusive préconisée par Gnome & Rhône pour ses 500 bicylindres V2 et CV2.

Classique parmi les classiques, le Bernardet « Grand Sport » 1933.

De plus Bernardet déploie une intense activité sportive, couronnée de victoires dans toutes les disciplines: au Bol d'Or, seule grande épreuve d'endurance à l'époque; en Grands Prix et en course de côte avec René Amort; en régularité et enfin en vitesse pure, avec rien moins que 26 records mondiaux. Cela va assurer la prééminence de la marque en France jusqu'en 1939.

Gnome & Rhône 750 type X avec side-car Bernardet « Records du Monde » lors de Paris-Les Pyrénées-Paris en 1938. (Photo Alix, Bagnères-de-Bigorre, courtoisie D. Mahistre).

La dernière création de Bernardet en matière de side-car fut ce GR. 48 présenté au Salon d'octobre 1948 et produit jusqu'en 1951 semble-t-il.

B

▸ René Amort et sa Gnome & Rhône CV2 600 cm³ attelée à un Bernardet spécial, lesté de 60 kg de plomb. Ils ont été photographiés le 20 octobre 1934 à Montlhéry après avoir battu le record du monde de l'heure à 147,854 km/h.

▸▸ Au milieu, couverture du catalogue Gnome & Rhône 1935 évoquant les records de René Amort. En bas, Bernardet dit « Records du Monde » attelé à une 750 X Gnome & Rhône ; photo prise lors de l'exposition « The Art of Motorcycle » à Las Vegas en 2001. (Collection L.C. Merelo)

▴ Cet impressionnant alignement de René Gillet attelées de side-cars Bernardet « Estafette » permet de comprendre aisément pourquoi les frères Bernardet firent construire une nouvelle usine en 1937. La scène se situe en 1938 sur le quai des Tuileries à Paris, juste avant le départ du Tour de France Motocycliste, auquel participaient, en service commandé, de nombreux militaires. (Photo Meurisse)

Pour ce qui est des side-cars militaires, la fiabilité est primordiale et Bernardet va supplanter dès 1936 Louis Vannod qui était pourtant le premier fournisseur de l'Armée Française depuis 1923. Et c'est pour satisfaire les premières grosses commandes de l'Etat-Major que les frères Bernardet construisent en 1937 une vaste usine à Châtillon-sous-Bagneux. Bien pourvu en machines modernes, ce nouvel établissement parvient toujours, même à partir de l'été 1939, à produire plus de side-cars que Gnome & Rhône, René-Gillet et Terrot réunis ne livrent de motos à atteler. La guerre terminée, la production des side-cars reprend bien, mais à petite échelle, avant de céder peu à peu la place à celle des scooters, qui commence fin 1947.

BERNARDET - Scooters

Ets Bernardet Frères – 104, avenue de la République à Châtillon-sous-Bagneux. Pour reconvertir un outil industriel intact mais devenu surdimensionné, les frères Bernardet étudient dès 1946 un scooter, le A.47 à moteur Ydral 128 cm³ (cylindrée dispensée du bon d'achat) qui restera au stade du prototype.

Au Salon 1947, ils présentent le A.48, premier d'une longue lignée de 125 dont le garde-boue avant en forme de bonnet phrygien fera date. Cette lignée se renouvelle au Salon d'octobre 1950 avec le lancement du C.50, puis au Salon suivant avec l'Y.52 à l'avant plus conventionnel.

En 1948, il faut un encore « bon d'achat » pour acquérir un vélomoteur ou un scooter 125 cm³. La cylindrée 130 cm³ contourne cette obligation mais il est indispensable de posséder le permis de conduire.

Bernardet tente l'aventure du scooter de forte cylindrée en présentant en octobre 1949 le B.250 doté d'un moteur bicylindre deux-temps conçu par Marcel Violet. Ce moteur déçoit et il est remplacé au Salon suivant par un monocylindre maison qui équipe le BM.250.

Les deux ultimes créations de Bernardet sont le Cabri, apparu au printemps 1954 et le Guépar, lancé fin 1955. Le Cabri est décliné en trois cylindrées: 49 et 85 cm³ à moteur présumé Bernardet ou 98 cm³ à moteur Le Poulain. Le Guépar est proposé en 125, monocylindre ou bicylindre, mais aussi en 200 cm³ bicylindre; tous ces moteurs passent également pour être de conception Bernardet, mais sortent bel et bien de chez Le Poulain. En effet, quand sort le Guépar, les Ets Bernardet viennent de passer sous le contrôle de ce motoriste qui est devenu leur principal fournisseur. Hélas la santé financière de Le Poulain va elle aussi décliner rapidement et il ne pourra pas éviter la liquidation judiciaire début 1959.

Cabri 98 cm³ reconnaissable à sa sortie d'échappement et au kick monté sur le côté du carter de transmission; presque au même endroit, la version 50 cm³ possédait des pédales, législation oblige. Le scooter que l'on entrevoit à l'arrière-plan est un Guépar; la photo a été prise lors du Salon d'octobre 1955.

Le Bernardet Guépar photographié juste avant l'ouverture du Salon d'octobre 1955. Initialement, il avait été baptisé Jaguar, ce qui avait provoqué le courroux du constructeur automobile britannique.

L'usine Bernardet de Châtillon-sous-Bagneux offrait 6 000 m² d'ateliers.

En 1952, l'Armée Française, dont les relations avec Bernardet ont toujours été bonnes sinon excellentes du temps des side-cars militaires, demande que soit étudié un prototype de scooter parachutable. Le moteur 250 cm³ maison trouve place dans un cadre fait d'un gros tube central et de petits tubes périphériques. Il est suivi d'une boîte à quatre rapports avec réducteur.

Après des essais intensifs — roulages au camp de Satory et parachutages à Villacoublay — l'Armée demande une

B

Prototype de 250 Bernardet militaire en 1952. La suspension avant, à roue tirée, fait appel à des anneaux Neiman.

Side-car BG de 1920.

augmentation de la garde au sol, aussitôt effectuée. Le Bernardet militaire est alors réceptionné et l'Armée passe commande de 250 exemplaires, livrés en 1953. Ils furent presque tous envoyés en Indochine d'où ils ne revinrent évidemment pas. Deux au moins de ces 250 ont survécu, dont l'un est visible au musée du 1er RHP de Tarbes. Et il en reste peut-être un autre découvrir à Conakry, laissé sur place en septembre 1953 lors d'un raid Paris-Abidjan-Paris resté inachevé.

BERNET - 4, rue Thiers à Choisy-le-Roi

M. Bernet & Cie. Constructeur — si l'on ose dire — de cyclomoteurs et d'un scooter léger dit « Micro » utilisant des motorisations Cucciolo, Lavalette ou Vimer, durant la période 1951-1954.

Le VC. 50 n'a de Bernet que le nom ! La partie-cycle est une Verlicchi italienne avec suspension arrière oscillante et réservoir-poutre tandis que le moteur est un Cucciolo. On trouve exactement le même cyclo chez Judenne.

Après plusieurs années d'industrialisation chaotique, la BFG fut finalement produite par MBK.

BERTHE - A Colombes, sans autre adresse

Présents au *National Cycle and Motor Show* à Crystal Palace (Londres) en novembre 1902, les Ets C. M. Berthe exposaient deux motos : une avec moteur en porte-à-faux à l'avant du cadre, devant le pédalier ; l'autre avec moteur en position verticale dans le cadre. Chacune était équipée d'un carburateur à pulvérisation de marque Parée… qui semble avoir fort impressionné le journaliste britannique. Nous ne pouvons certes pas garantir que les Ets Berthe, que la presse française ignore, étaient constructeurs ; il peut s'agir d'exportateurs seulement.

BERTIN - A Puteaux, sans autre adresse

Léonce Bertin, inventeur, artisan et pilote. Déjà connu comme coureur cycliste et entraîneur, Bertin, natif de Marmande, construit pour lui-même, en 1898, un tricycle à moteur Aster très différent de tous les autres tricycles de l'époque : alors que tous (à l'exception du Renaux) reçoivent le moteur en porte-à-faux derrière l'essieu arrière, Bertin le positionne en avant de cet essieu. Le centrage des masses est meilleur et surtout la tendance à cabrer à l'accélération est nettement réduite avec pour corollaire un pouvoir directeur de la roue avant maintenu. Nous ignorons hélas si Bertin obtint des résultats en course. Ultérieurement, Bertin se fit connaître dans le monde de l'aéronautique naissante en construisant à Puteaux trois prototypes d'hélicoptères équipés de ses propres moteurs, puis un avion monoplan fort réussi qui vola en mars 1910.

BFG - 16, rue Lesault à Pantin

MM. Boccardo, Favario et Grange – 1982-1990. La présence de BFG parmi les marques de motos de la Seine n'est due qu'à leur assemblage par MBK de 1984 à 1988. Lequel assemblage s'effectuait certes dans l'usine de Saint-Quentin (Aisne) mais l'adresse sociale de MBK était toujours au 16 de la rue Lesault à Pantin.

BG - 1, rue Pierre Doloron à Colombes

Ets Boury & Gache à l'adresse susdite, puis L. Gache seul au 132, rue de Nanterre à Colombes. Constructeurs de carrosseries de sides-cars en tôle d'acier ou d'aluminium sur armature en bois. De 1920 à 1921.

BI-TEMPS - 2, rue des Italiens à Paris IXe

Marque commerciale de la SICAM (voir à ce nom) sise 3, rue Hoche à Pantin. Elle est déposée le 12 mars 1920 par Arnold Legras, fondateur de la SICAM, pour désigner des moteurs, des automobiles et des accessoires. Bi-Temps

Léonce Bertin et son tricycle à moteur Aster en 1898. Il est sans aucun doute le premier à s'être penché sur le vice congénital de ce genre d'engin : le cabrage à l'accélération. En reportant le moteur en avant de l'essieu, il réglait une bonne partie du problème. (Photo J. Beau)

Dubost et sa 250 Bi-Temps avant le départ de Paris-Reims-Paris en juillet 1919 : la marque n'a été déposée que quatre mois plus tôt. (Photo Rol)

Le 500 bicylindre Bi-Temps est un moteur très en avance sur son temps mais il n'est pas certain du tout qu'il ait été commercialisé.

catalogue bientôt divers moteurs… qui ne sont pas tous des deux-temps ! Lesquels sont tout de même majoritaires et assurément conçus par Marcel Violet. Seuls deux moteurs pour moto — dont les cotes sont identiques : 65 x 75 mm — figurent sur le catalogue que nous avons pu consulter : un monocylindre 250 cm³ et un 500 bicylindre ; mais nous savons qu'il en existe d'autres. Bi-Temps disparaît lorsque la SICAM change de mains, fin 1923.

Une moto au moins courut sous le nom de Bi-Temps ; du moins la 250 de Dubost était-elle engagée sous ce nom lors de la course Paris-Reims-Paris, le 6 juillet 1919.

BICHRONE - 28, rue P. Demours à Paris XVIIe

M. Lepape, constructeur. Bichrone est le nom donné par Lepape au moteur deux-temps qu'il inventa en 1896 et qu'il développa avec persévérance mais sans résultat jusqu'en 1905, s'obstinant à utiliser un piston-pompe plutôt que la précompression dans le carter. Pourtant démonstration avait été faite depuis 1901 par le lillois Le Cordonnier et son moteur Ixion que la solution du carter-pompe était à la fois plus efficace et bien plus simple. Tout indique que Lepape ne vendit pas son Bichrone.

Le moteur Bichrone n'utilise pas la pré-compression dans le carter, mais un cylindre-pompe (celui qui est dépourvu d'ailetage) qui envoie le mélange carburé en direction du cylindre-moteur. (Document *La Nature*, courtoisie M. Pernot)

B

BJS - 57, boulevard de Grenelle à Paris XVe

Jean Bogey, constructeur. Les informations sur la marque BJS sont fort peu nombreuses ; tout au plus sait-on par une publicité parue au printemps 1931 dans *Moto-Revue* que BJS proposait alors trois motos à moteur JAP : une 350 culbutée et deux 500, latérale et culbutée.

Voici la seule publicité que nous connaissons pour les motos BJS.

BLAUSEURETTE - 100, avenue des Ternes à Paris XVIIe

Paul Blauseur, constructeur. Le négoce de Paul Blauseur connaît une belle prospérité dès 1921 grâce à la vente de motos Indian provenant des surplus militaires américains. Mais les stocks s'épuisent et notre homme devient « constructeur » à partir de 1923 avec les « Blauseurettes ». La première du nom est une patinette à moteur, fort rustique : elle semble même ne pas avoir de frein !

Paul Blauseur pose avec sa patinette à moteur devant son magasin ; au vu de la photo, le point fort de la maison n'était assurément pas la tension des chaînes !

La Blauseurette type D de 1924.

Elle sera suivie d'autres petites cylindrées, sans doute quatre car on connaît jusqu'au type E, catalogué en 1924. A l'évidence, Paul Blauseur n'est qu'un assembleur qui achète à l'extérieur tous les composants de ses machines.

BLÉRIOT - 3, quai Maréchal Galliéni à Suresnes

Société Blériot-Aéronautique. « Elle ne roule pas, elle vole ! » Telle était l'argumentation publicitaire pour la toute nouvelle moto Blériot en 1919.

L'affiche Blériot de 1921 : elle montre la D20 « Sport » avec son réservoir en deux moitiés qui laisse croire à un réservoir en selle. (Collection Daniel Tille)

Comme tous les avionneurs qui ont intensément participé à l'effort de guerre de 1914 à 1918, Blériot doit reconvertir dans l'urgence un outil industriel devenu démesuré

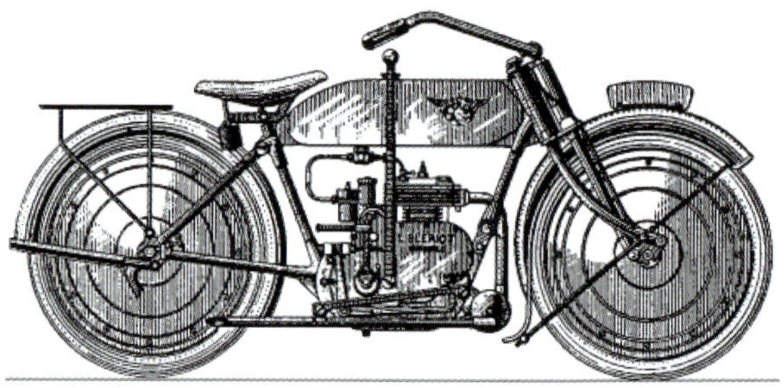

La Blériot D20 « Sport » et son cadre rigide.

B

Berlie, pilote officiel Blériot, photographié par l'agence Rol en septembre 1920 au Mans. Il vient de présenter sa 500 d'usine à huit soupapes au contrôle technique indispensable pour participer au Grand Prix de l'U.M.F. Il abandonnera dès le deuxième tour de l'épreuve, sur bris de culbuteur.

aussitôt après l'armistice du 11 novembre 1918 et l'annulation immédiate de toutes les commandes d'avions en cours. Il choisit de construire des motos qui sont présentées dès le Salon d'octobre 1919. Ce sont les B20 « Touriste » à suspension arrière et D20 « Sport » à cadre rigide.

Conçue par l'ingénieur Brun, issu de l'aviation, leur mécanique est traitée en un moderne bloc-moteur bicylindre 500 cm³, avec des soupapes latérales dans des chapelles en T et une boîte à trois vitesses. La partie-cycle est robuste, la ligne élégante, le choix d'un émail bleu de France pertinent, le raffinement des roues flasquées indiscutable. Hélas, le dessin du moteur a fait la part trop belle à des choix techniques souvent hasardeux et la fiabilité n'est pas au rendez-vous. Blériot entreprend pourtant de prouver le contraire et décide d'aligner trois exemplaires de pré-série dans Paris-Nice, au début du printemps 1920 : le bon Saint-Eloi, patron des mécaniciens, veille de près sur cette équipe et les trois machines terminent sans pénalisation, obtenant autant de médailles d'or.

Sans doute encouragé par ce succès, l'avionneur multiplie les publicités et décide d'aller plus loin encore : il fait construire trois machines spéciales pour disputer le Grand Prix de l'UMF en septembre 1920 au Mans. Les cylindres borgnes et les soupapes latérales cèdent la place à des cylindres et des culasses en toit séparées, avec quatre soupapes parallèles deux à deux par cylindre, commandées par tiges et culbuteurs. Mais cette fois le Saint protecteur n'est pas au rendez-vous et aucune des trois Blériot culbutées ne termine la course…

Le moteur d'une 500 Blériot type STD de 1922. (Collection Daniel Tille, photo FMD)

B

▸▸ *En haut : les triporteurs Blotto étaient robustes mais au prix d'une extrême rusticité. En bas, le 50 culbuté Bobby à culasse hémisphérique croqué par Daniel Rebour.*

L'industrialisation de la production et la mise au point des machines de série prennent du retard et la livraison des B20 et D20 commandées au Salon d'octobre 1919 ne débute vraiment qu'en juin 1920. Entre-temps, hélas, les machines américaines et anglaises des surplus militaires, bradées à vil prix, ont déjà commencé à déferler et Blériot ne reçoit plus de nouvelles commandes.

La mévente est si sévère que Blériot réduit ses ambitions commerciales et remplace, en mars 1922, les B20 et D20 par la seule « Standard » sans suspension arrière, proposée à 3 500 F, soit 2 000 F de moins que la D20 deux ans plus tôt. Cela ne suffit pas pour convaincre la clientèle, d'autant que Blériot annonce une 750 bicylindre deux-temps. Elle ne sera jamais produite car le département moto de Blériot ferme ses portes fin 1922.

▾ *Le dernier catalogue des motocyclettes Blériot présente la « Standard » qui réunit le réservoir entre-tubes de la B20 « Tourisme » et le cadre rigide de la D20 « Sport ». Elle n'aura que neuf mois d'existence.*

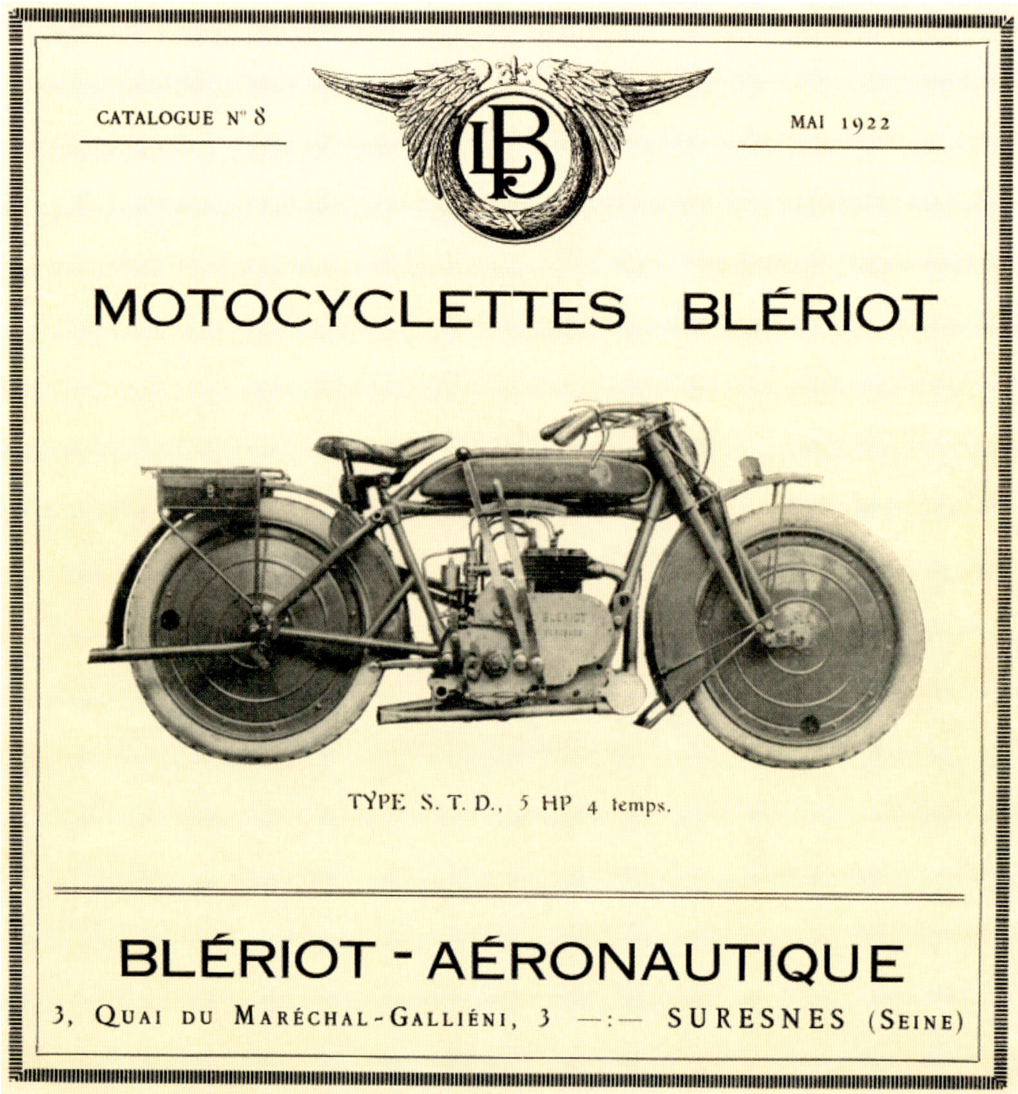

BLOTTO - 5 et 28, rue Charlot à Paris IIIe

Ets Blotto Frères – Siège social et magasin à l'adresse susdite. Quatre ateliers dans le XXe arrondissement : rue de la Cour-des-Noues, rue de l'Indre, rue Leuck-Mathieu et rue Pelleport. 1929 à 1955. Constructeur de triporteurs à pédales ou à moteur et de poussettes.

Les « tri-moteurs » Blotto se firent une excellente réputation de robustesse dès la fin des années vingt au prix d'une grande rusticité de leur partie-cycle : direction à cheville ouvrière avec deux demi-guidons fixés sur la caisse porteuse. Les premiers exemplaires utilisaient un moteur 350 Anzani latéral avec ventilateur et une boîte Picard offrant soit quatre vitesses avant soit trois vitesses avant et marche arrière. Nous ignorons tout des motorisations et des transmissions utilisées dans les années trente.

BOBBY - 10, rue Villaret de Joyeuse à Paris XVIIe

La Société A.R.C. a présenté au Salon d'octobre 1952 un fort intéressant moteur culbuté pour cyclomoteur traité en semi-bloc : 49 cm³ (38,5 x 42 mm), embrayage monodisque et boîte deux vitesses. La puissance annoncée, 2,5 chevaux à 6 500 tr/min, était supérieure de 67 % à celle d'un Cucciolo aux caractéristiques comparables.

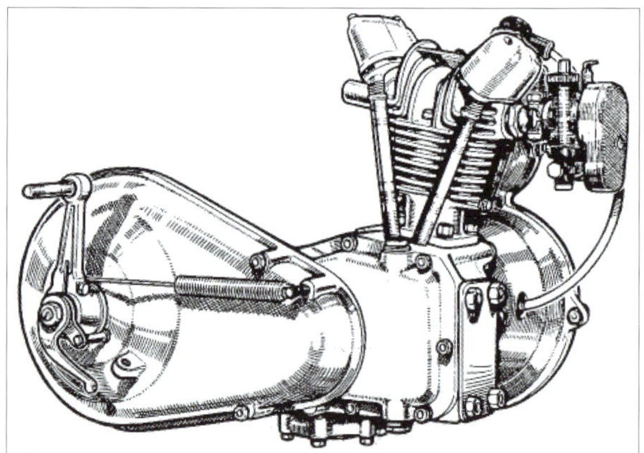

BOISSETTE - 303, rue du Faubourg St-Antoine à Paris XIe

E. Boissette, constructeur, peu après 1900. La marque n'est connue que par la photo ci-dessous.

Sans cette photo, la marque Boissette serait oubliée aujourd'hui. (Photo Jean-Marcel Darlot, courtoisie Jean Darlot)

BOIVIN - 35, cité des Fleurs à Paris XVIIe

Construit une bicyclette à moteur à pétrole de Dion & Bouton dès 1898, laquelle participe à Paris-Dieppe et Paris-Trouville. La marque est encore citée en 1902.

BOLIDE - 10, rue Emile-Allez à Paris XVIIe

SA des Automobiles Léon Lefebvre & Cie, de 1899 à 1910. Ateliers à Pantin. Nous ignorons si Bolide construisit des motos ou seulement des moteurs pour motos.

BONHOMME - 39, rue St-Ferdinand à Paris XVIIe

Une moto Bonhomme pilotée par Ricard participa au Critérium du Quart de Litre en 1903.

BONIN - 17, avenue de la Motte-Picquet à Paris VIIe

Emile Bonin, constructeur de 1905 à date indéterminée. *La Vie Automobile* du 12 août 1905 donna une description assez détaillée de la moto Bonin qui se distinguait par son moteur refroidi par eau, par l'emploi d'un embrayage Bozier et surtout par une position de conduite extravagante, la selle étant en arrière de l'axe de la roue arrière. Bonin construisait aussi la moto L'Idéal.

Conserver le cap en ligne droite sur une Bonin ne devait pas être chose facile tant la position de conduite est défavorable.

BONNET - 53, rue du Bois à Levallois-Perret

C. Bonnet, constructeur de motocyclettes en 1905 et 1906 sous la marque Impérial. Voir à ce nom.

BONNET & JUMEL - 58, rue Claude-Vellefaux à Paris Xe

La société en nom collectif *Bonnet & Jumel* est fondée en février 1904 pour construire bicyclettes, motos, tricars et automobiles. Elle produit ses motos sous la marque Gallia (voir à ce nom) mais court sous son nom.

Tariau et la Bonnet & Jumel avant le départ des 1 000 km du MCF, en novembre 1903 ; officiellement, la marque n'existe encore pas !

Une moto à moteur Bolide a survécu ; les carters du moteur sont en bronze. (Photo FAJ)

B

▸▸ Le cyclo Bonney qui participa au Tour-Cyclotouriste en 1950 : moteur VAP 4 en porte-à-faux, réservoir-poutre et fourche télescopique ; dessin de Daniel Rebour.

▸▸ Bicyclette à moteur Bordes en 1902, puis moteur Bordes adaptable sur bicyclettes en 1903, comme ici, rien ne changea d'une année à l'autre côté mécanique. L'illustration est de qualité car elle est extraite d'un catalogue imprimé par Draeger Frères. (Doc. coll. D. Tille)

▾ Tariau sur la Bonnet & Jumel version 1904. Cadre et réservoir ont été modifiés et la hauteur de selle nettement réduite. (Photo J. Beau)

Dès octobre 1904, la raison sociale devient *Bonnet & Guyonnet* ; un nouveau changement survient en avril 1905 : c'est désormais *Bonnet, Guyonnet et Canonne*. En juin 1907, l'entreprise ne construit plus de motos mais lance une nouvelle marque de cycles, Daring. Canonne se retire fin 1910 et la raison sociale devient *Bonnet & Guyonnet* : elle le reste jusqu'en 1930, mais change d'adresse en 1912 : 54, rue d'Hautpoul à Paris XIXe. Enfin, *Bonnet & Guyonnet* reviennent à la moto au printemps 1928 avec la marque Daring : voir à ce nom.

Durant la période *Bonnet & Jumel*, des motos à moteur maison participent avec succès à deux épreuves d'endurance : Tariau obtient une médaille d'argent aux 1 000 km du MCF disputés en novembre 1903 (quatre mois avant la fondation de l'entreprise !) et une médaille d'or dans Paris-Bordeaux-Paris couru en avril 1904.

BONNET & ZECHT - 14, rue de la Véga à Paris XIIe

En février 1904, la société *Mantez et Bonnet* devient *Mantez, Bonnet et Zecht* ; dès l'année suivante, elle se transforme à nouveau en *Bonnet & Zecht*, avec siège social à l'adresse susdite. Selon l'Annuaire Général de l'Automobile édition 1905, Bonnet & Zecht construisent alors les motocyclettes Peerless… dont nous ne savons rien. La société *Bonnet & Zecht* est dissoute fin juillet 1907.

BONNEY - 133, rue de Rome à Paris XVIIe

Ancien coureur cycliste dans l'équipe Dilecta, M. Bonney devint constructeur de cyclomoteurs de 1950 à 1954 environ. Il a monté des Vap 4 et des Cucciolo.

BORDES - 17, rue du Débarcadère à Paris XVIIe

Société des moteurs Bordes. On entend parler pour la première fois de la motocyclette Bordes début février 1902 dans *La Nature*… qui ne parle que d'un poids record de 24 kg seulement. A la mi-juin, *Cycle et Automobile Industriels* refuse de dévoiler le nom du constructeur du moteur Bordes mais indique l'adresse susdite… qui est celle d'Albert Chaigneau, connu depuis décembre 1901 pour une moto portant son nom. En juin, le poids de la bicyclette à moteur Bordes en ordre de marche est passé à 28 kg et la puissance est annoncée : 1 ½ HP.

Dès le début de 1903, l'appellation Bordes n'est plus utilisée que pour le seul moteur « détachable pour toutes bicyclettes », vendu 400 F avec ses accessoires.

BOUDIN & MICHELET - 1, rue de l'Eglise à Vincennes

MM. Boudin et Michelet, constructeurs de tricycles et de tandems à pétrole en 1900. Les tandems étaient « brevetés S.G.D.G » mais nous n'avons pu trouver trace d'un brevet au nom de l'un ou l'autre des associés.

En bas de page, la moto d'entraînement à moteur Bourdiaux qui permit au coureur cycliste Contenet de battre le record du monde de l'heure en 1903.

Ci-dessous : à gauche, Boudiot sur moto Boudiot avant le départ de la course Paris-Bordeaux-Paris 1904 ; à droite, Demeester sur la moto Bourdiaux de 1901, à moteur bicylindre longitudinal.

(Toutes photos J. Beau)

B

BOUDIOT - A Maisons-Alfort, sans autre précision

Ets Victor Boudiot. Deux motos Boudiot à moteur maison participèrent en avril 1904 à la course Paris-Bordeaux-Paris, pilotées par Boudiot lui-même et Gablin.

BOURDIAUX - 91, rue Péronnet à Neuilly s/Seine

Albert Bourdiaux est sans doute le premier à avoir installé en moteur bicylindre longitudinal sur une moto. Une photo prise par Jules Beau le 17 novembre 1901 montre Léon Demeester, qui sera pilote officiel Griffon à partir de 1902, sur une moto ainsi motorisée, avec de petites roues et une transmission par chaîne. Cette bicylindre donnée pour 3 HP participera, entre autres, à la course de côte de Gaillon, mais sans résultats probants.

La seconde réalisation de Bourdiaux sera bien plus efficace ; c'est une énorme moto d'entraîneur avec un moteur Albert Bourdiaux bicylindre en V à admission automatique et une transmission directe par courroie plate. Le 5 juillet 1903, elle permettra au coureur cycliste Contenet de battre son propre record du monde de l'heure à 78,360 km/h, laissant le deuxième, Tommy Hall, loin derrière avec 73,6 km/h.

B

BOURDIAUX Ph. & DELALANDE - 103, rue Saint-Maur à Paris XIe

Constructeurs en 1900 et 1901 d'un « moteur à ailettes rapportées » breveté S.G.D.G. Nous n'avons pas trouvé de brevet à ces noms.

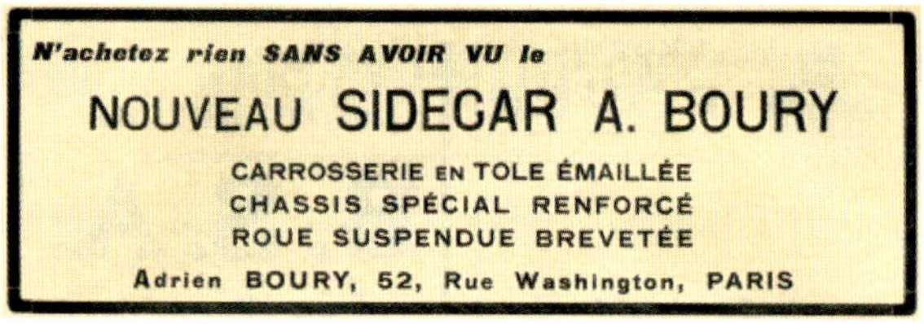

▸ *Publicité pour le side-car Boury parue dans* Moto-Revue *n° 69 daté du 1er février 1921.*

BOURY - 52, rue de Washington à Paris VIIIe

Adrien Boury, constructeur de side-cars en 1921.

BOYER Albert - 14, boulevard Saint-Germain à Paris XIe

En 1899, Albert Boyer fait construire sur ses plans un tandem d'entraînement à moteur Sphinx 1 ¾ HP ; fin mai, son engin tourne durant un quart d'heure à plus de 60 km/h au vélodrome de Vincennes. Trois mois plus tard, Albert Boyer présente une « motobicyclette » dotée d'un moteur de Dion & Bouton 1 ¾ HP disposé verticalement au-dessus de la roue arrière ! Elle dépasse aussi 60 km/h, cette fois au vélodrome du Parc des Princes.

▾ *Noé Boyer, au guidon, et un certain Gras, en passager, posent sur un quadricycle Phébus de 1898. La marque Phébus est inscrite sur le rebord du siège du passager.* (Photo J. Beau)

BOYER Noé - 30 puis 64, avenue de la Grande Armée à Paris XVIIe

Noé Boyer & Cie, constructeurs. Il semble bien que Boyer n'ait présenté sous son nom des tricycles et quadricycles qu'en 1897. Dès le Salon du Cycle de décembre 1897 et jusqu'au début de 1905, l'entreprise commercialise ses produits, à moteur de Dion & Bouton ou Aster, sous la marque Phébus. Voir à ce nom. La société change de commanditaire en mars 1902 et devient *S.A. des anciens Ets Boyer & Cie* ; cette SA sera dissoute le 17 février 1905.

Noé Boyer fut aussi impliqué au sein des *Ets G. Dupont et Noé Boyer*, installés au Plessis-Trévise, qui produisirent en 1900 des cycles et motocycles sous la marque Libéria ; voir à ce nom.

BOZIER - 12, avenue de Madrid à Neuilly-sur-Seine

M. Bozier, constructeur ; devient *SA des Automobiles Bozier* à l'adresse susdite, puis 57, rue Denis-Papin à Puteaux. De 1898 à 1923 environ.

La principale activité de Bozier fut la construction de transmissions à deux vitesses adaptables sur les tricycles, quadricycles et voiturettes de toutes marques, surtout à moteur de Dion ou Aster.

▸▸ *Dispositif Bozier monté sur un tricycle de Dion & Bouton.*

Le dispositif Bozier comprend un réducteur épicycloïdal, un embrayage à cône (pas toujours très progressif !) et un frein à sangle de bon diamètre, donc assez efficace ; sa commande était assurée par un levier unique, avec point mort au centre et engagement du rapport choisi couplé avec l'embrayage. Largement dimensionné, l'ensemble était robuste et fiable.

La production du Bozier fut relativement importante car elle se poursuivit jusqu'en 1907 ou 1908, grâce aux commandes de divers constructeurs de tricars, dont Austral.

Après une longue période durant laquelle on n'entend plus parler de Bozier, la marque réapparaît au début des années vingt avec un intéressant groupe auxiliaire 100 cm³ deux-temps qui inclut — ce n'est assurément pas un hasard — un embrayage et deux vitesses.

B

Schweitzer sur tricar Austral équipé d'un Bozier. La scène se passe au pesage du Concours de tricars du journal L'Auto, le 10 septembre 1905. Schweitzer va remporter l'épreuve. (Photo J. Beau)

Le groupe auxiliaire Bozier des années vingt.

BRENNUS - 50, rue des Boulets à Paris XIe

G. Blumm, constructeur de motocycles en 1900.

BREUIL - 35, av. de la Grande Armée à Paris XVIe

Constructeur de 1902 à au moins 1904. La marque Breuil se fait connaître le 12 octobre 1902 en signant le meilleur temps de sa catégorie à la course de côte de Gaillon (1 km à 10 % de pente, départ lancé) en 1'32", soit un peu plus de 39 km/h, chiffre fort respectable à l'époque pour une cylindrée qui n'est que de 239,5 cm^3.

Breuil 1904 et son moteur devant le pédalier.

Pour la saison 1904, la moto Breuil propose deux machines bien modernisées : moteur en avant du pédalier,

Breuil 1903 et son moteur à l'intérieur du cadre.

B

▸ L'élégante à chapeau et tournure (ou « faux-cul ») a choisi « la meilleure motocyclette » : le recto du prospectus Breuil pour la saison 1904 manque sans doute un peu de modestie, mais la scène n'est pas sans charme.

▸▸ Beau « crevé » des 100 et 125 cm³ Briban.

▾ Publicité Briban de 1955 : le marquage SABB est apparu.

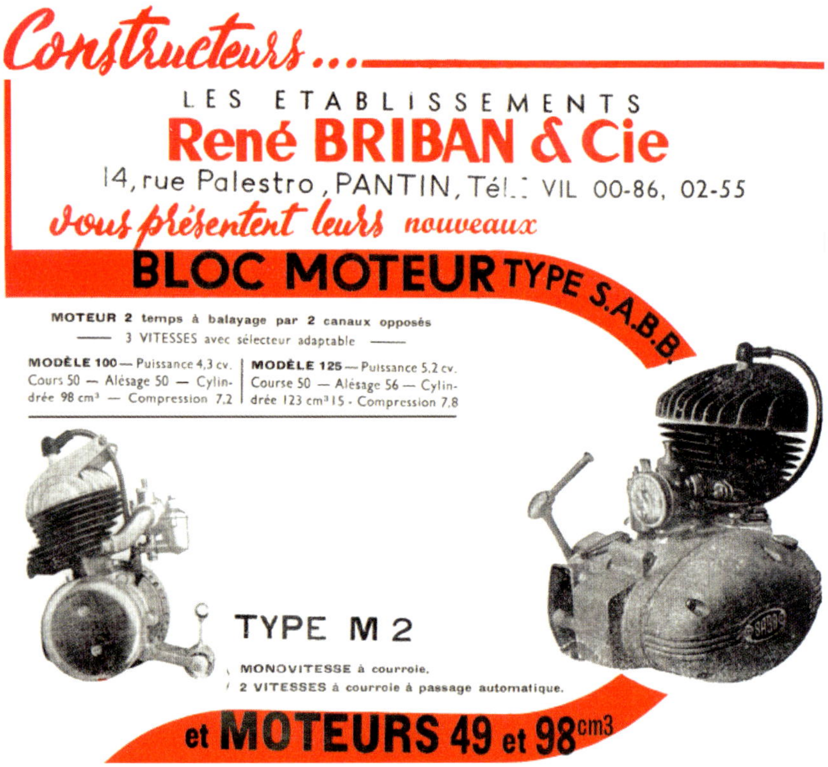

fourche élastique et même frein avant ; l'une conserve la cylindrée utilisée à Gaillon en 1902, l'autre bénéficie d'une cylindrée légèrement majorée : 269 cm³.

BRIBAN - 14, rue Palestro à Pantin

Ets René Briban puis *René Briban & Cie*, enfin *Briban S.A.* L'entreprise de serrurerie fondée en 1910 par René Briban père aurait fabriqué son premier moteur en 1930.

La construction en série de moteurs pour deux-roues — en 50, 100 et 125 cm³ — commence en 1952 sous la marque Briban. Les clients sont alors surtout de petits assembleurs (Arliguie, Cointot, Ducheron, Goéland, Le Chemineau, Le Dauphin, Moineau, etc), séduits par des tarifs très attractifs : en 1954, un bloc-moteur Briban 125 à trois vitesses coûte moins cher qu'un 50 Cucciolo à deux vitesses !

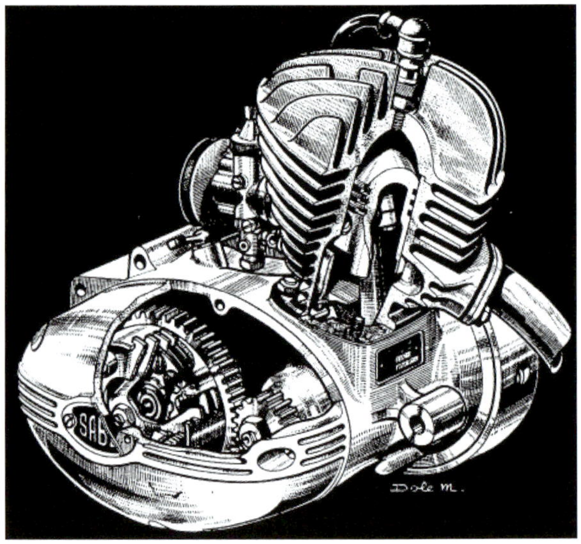

A partir de 1955, les 100 et 125 cm³ sont marqués Sabb. En 1955 également, René Briban fils succède à son père et oriente rapidement l'entreprise vers la motoculture avec des motorisations Briban, mais aussi Bernard et surtout Briggs & Stratton.

La marque poursuit aussi la production de groupes électrogènes de haute réputation, équipés de moteurs flat-twin « maison » à soupapes latérales en 500 et 700 cm³. Ils furent très utilisés par l'aviation (groupes de démarrage pour les hélicoptères Alouette) et même pour des expéditions polaires. La fin d'activité de Briban SA survient en 1987.

BRIERRE - 239, boulevard Pereire à Paris XVIIe

E.J. Brierre, Perrenoud & Gansewinkel, constructeurs de tricycles, quadricycles et voiturettes de 1898 à 1902.

BRILLANT - 22, rue Béranger à Paris IIIe

Félix Brosse, constructeur à l'adresse susdite, puis 26, rue de la Fontaine au Roi à Paris XIe. Constructeur de cycles réputés dès 1892, Brosse construisit des motos à partir de 1903. Un exemplaire survivant est équipé d'un Zedel dont la position dans le cadre est telle que cela ne semble pas être la motorisation d'origine. Les deux autres Brillant que nous connaissons sont équipées de moteurs marqués Brillant dans la fonderie des carters. Félix Brosse cède son affaire en 1910 aux frères Devaux.

BRISSARD - 11, rue Colonel Oudot à Paris XIIe

H. Brissard & Fils, ingénieurs-constructeurs présentent un moteur au concours de *La Locomotion Automobile* en 1899.

BROOKLYN - 106/108, rue de la Jarry à Vincennes

Ivan Court et Henri Carpio, « association en participation ». Service commerciaux à l'adresse susdite; ateliers à Romainville. Activité connue de 1932 à 1934 ou 1935.

En 1931, Ivan Court conçoit, sans demander de brevet d'invention, un cadre en tôle emboutie pour motos jusqu'à 250 cm3. Pour sa réalisation, il s'associe avec Henri Carpio, carrossier et fabricant de side-cars installé à Romainville.

Une gamme allant de la BMA 100 cm3 à la 250 Sport est présentée au Salon d'octobre 1932; les cadres incorporent alors le réservoir. Cette gamme ne reçoit que des moteurs deux-temps, Train ou LMP; les motos sont équipées de boîtes Staub.

L'étanchéité du réservoir incorporé étant aléatoire, le cadre est modifié courant 1933 pour recevoir un réservoir séparé. La gamme s'enrichit alors d'une 250 à moteur JAP latéral, la T43. La crise économique qui sévit fera très vite disparaître la marque Brooklyn.

BROUSSET - A Paris, sans plus d'informations

Brousset présent un moteur léger de motocyclette au Salon de 1902, moteur qui a les honneurs de la presse de l'époque. Il est possible que Brousset soit à l'origine de la marque de cycles « Etoile » et que son moteur ait équipé le prototype de la « Moto-Bécane ». Si tel est le cas, Brousset aurait cédé son affaire à N. Saint-Germain en 1905.

BRUNET - Adresses multiples

Albert Brunet; marques « Etoile » et « Moto-Bécane ». Les adresses sont 4, 27, 29 et 31 rue des Archives et 29, rue des Blancs-Manteaux à Paris. Voir à Moto-Bécane.

Brooklyn T2 ou T3 modèle Salon 1932, puis Brooklyn T43 à moteur JAP.

Le moteur Brousset de 1902 donne le plus bel exemple possible de ce qu'est une « soupape d'échappement en chapelle ».

Brillant 1904 à moteur maison. *(Photo et collection J. Colomb)*

Comme d'autres marques en France, Brooklyn fit appel à un pont, situé à New-York celui-là, pour son emblème.

Couverture du catalogue d'Albert Brunet: en 1909, les cycles Etoile en sont à leur troisième dirigeant, la « Moto-Bécane » à son second.

B

BRUTUS - 23, rue Germain Pilon à Paris XVIIIe

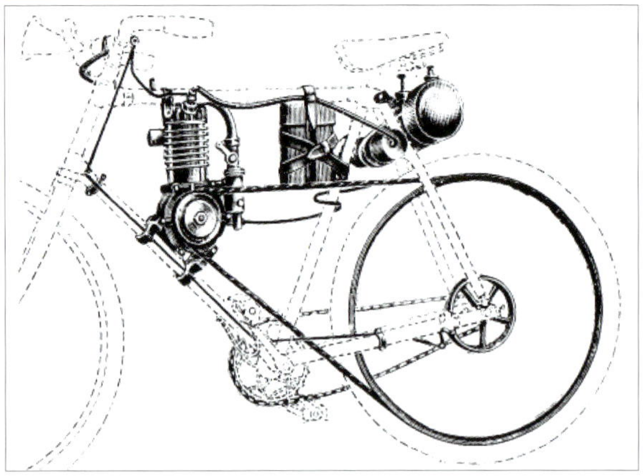

▸ *Bicyclette à pétrole Brutus de 1902 (Doc. M. Pernot)*

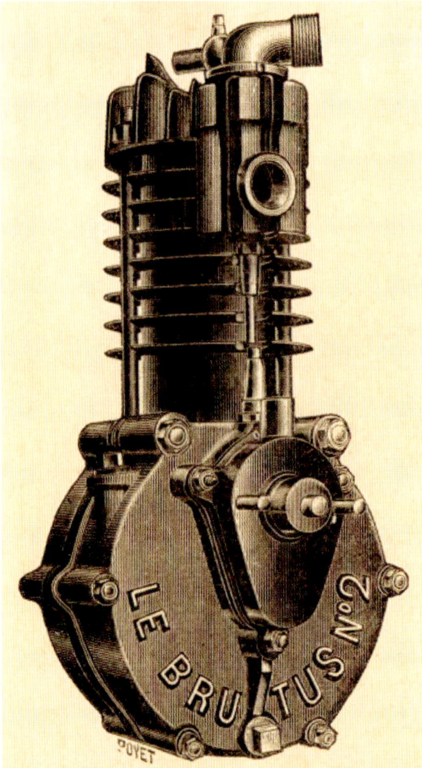

▾ *Le Brutus n° 2.*

Louis Leclercq, ingénieur-constructeur de 1900 à l'été 1903. Moteurs pour motos de 1 à 8 chevaux. Un moteur Brutus pesant 8 kg et délivrant 1 ¼ HP équipait la moto « La Tortue » construite en 1900 par M. Savariaux.

En 1902, Leclercq lance les Brutus dits n° 2, déclinés en 1 ¼ et 1 ½ HP et salués par la presse spécialisée pour la qualité de leur construction et de leur finition. Ils ne s'imposèrent pas pour autant sur le marché et Louis Leclercq céda son affaire en juillet 1903 à un certain Cambon qui poursuivit l'activité au moins jusqu'à fin 1905.

BUCHET - 170, avenue Daumesnil à Paris XIIe

Moteurs Buchet, d'abord à l'adresse susdite, puis 15 et 49, rue Greffulhe à Levallois-Perret.

Elie-Victor Buchet est sans nul doute le plus fameux des motoristes du début du XXe siècle. Fils de marin, il naît à Nantes en 1860. Dès 1885, il fait partie de ceux qui conçoivent les premières applications pratiques de l'électricité : moteur, lampe à arc. Nantais comme le comte de Dion, il s'intéresse au tricycle à pétrole qui est alors — de très loin ! — le véhicule à moteur le plus diffusé au monde. Mais son moteur, quoique l'un des meilleurs qui soit, ne « respire » pas de façon idéale par la faute du montage des soupapes en chapelle et d'une chambre de combustion à la forme irrégulière, peu propice à la bonne propagation du front de flamme parti de la bougie d'allumage.

Le 5 août 1899, Buchet dépose une demande de brevet d'invention pour un moteur dont les soupapes sont parallèles et placées tête en bas au-dessus du cylindre. L'admission est automatique, l'échappement culbuté. Les soupapes sont de plus gros diamètre que dans la disposition « en chapelle » et le moteur « respire » bien mieux. La chambre étant circulaire et plus compacte, l'inflammation du mélange air/essence est plus rapide et plus régulière. Tous ces facteurs favorables permettent d'obtenir une puissance très supérieure à régime égal.

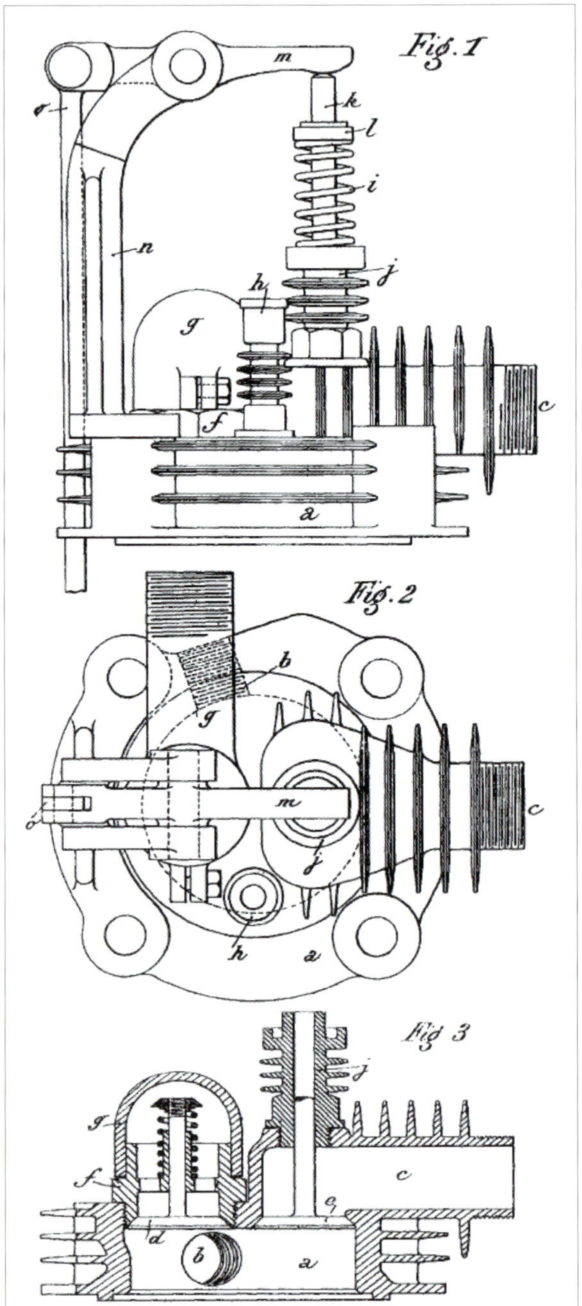

▸▸ *Dessins extraits du brevet Buchet du 5 août 1899 : ils montrent bien les progrès accomplis en matière de compacité et de régularité de forme de la chambre de combustion, mais aussi en matière de circulation des flux gazeux. Le rendement des moteurs allait progresser de manière considérable.*

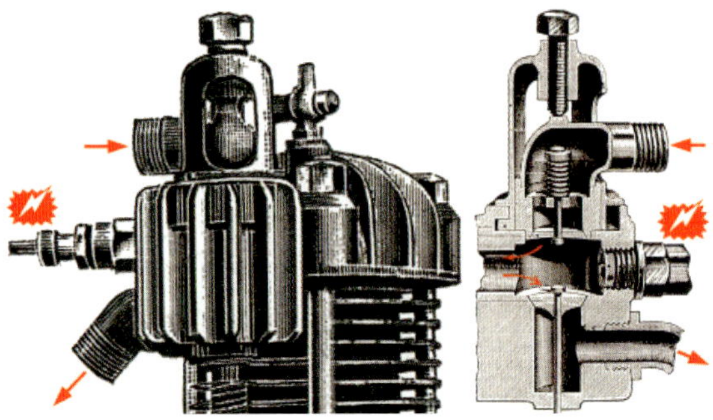

▸ *Aussi bon qu'il ait été, le moteur de Dion & Bouton ne « respirait » pas facilement : ces illustrations montrent bien que les flux d'admission comme d'échappement étaient très torturés et que la position de la bougie ne permettait vraiment pas l'inflammation rapide de l'air carburé. La disposition des soupapes brevetée par Elie Buchet va révolutionner le rendement des moteurs.*

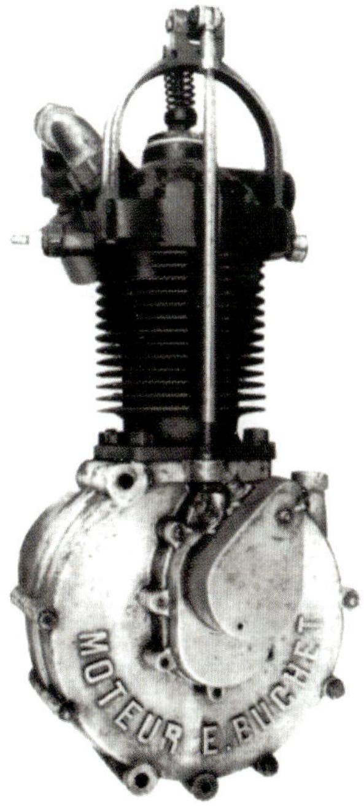

B

Victor Rigal et son tricycle à moteur Buchet bicylindre vus le 17 novembre 1901 à la course de côte de Gaillon.

En haut à gauche, première version du Buchet pour moto, avec cylindre fixé par quatre écrous. A côté, Buchet semi-culbuté avec clapet d'admission oblique et ensemble cylindre/culasse maintenu par deux tirants. (Photo Daniel Tille)

Dans un premier temps, Buchet applique cette disposition à une culasse adaptable… aux moteurs de Dion & Bouton; son efficacité est prouvée par Osmont qui devient recordman du monde de l'heure avec un moteur ainsi transformé. Dès le début de 1900, sont proposés des moteurs Buchet complets: ils sont à peu près imbattables et Victor Rigal s'empare du record des 100 km à près de 66 km/h. En avril, Baras sur tricycle Perfecta à moteur Buchet couvre Paris-Roubaix (262 km) à presque 69 km/h. La renommée de Buchet est au zénith en trois mois! Ce n'est que justice: il vient de faire progresser le rendement du moteur à explosion comme nul autre avant lui.

Bien qu'il construise d'énormes bicylindres (jusqu'à plus de 4 litres!) pour les tricycles de course, Elie Buchet perçoit vite que l'escalade des cylindrées conduit à une impasse et que l'avenir appartient aux motos, plus légères et plus maniables. Il réalise aussitôt un premier moteur à cylindre borgne qui reprend la distribution à admission automatique et échappement culbuté, qui vient de prouver sa supériorité; ce moteur ne semble pas avoir été commercialisé. Le 26 avril 1902, Buchet présente un nouveau moteur de cylindrée modeste (239 cm^3, soit 66 x 70 mm), cette fois à culasse détachable fixée par deux tirants. Ce quart-de-litre fera école et sera très vite suivi de plus gros monocylindres et de bicylindres de même conception générale. On note cependant deux montages possibles pour la soupape d'admission: elle peut être soit parallèle à celle d'échappement soit légèrement oblique.

Hélas, Elie Buchet meurt d'une septicémie le 29 octobre 1902. Le « bureau d'études » de l'entreprise poursuit cependant ses recherches: il est dirigé par Victor Rigal, assisté d'Alessandro Anzani, qui est délégué chez Buchet par Alcyon pour y travailler sur la carburation. Leur travail aboutit à la présentation, en septembre 1904, d'une vaste gamme de monocylindres culbutés à soupapes parallèles commandées par un arbre à cames placé à l'avant du carter, parallèlement à l'embiellage: 331, 345, 454, 511 et 567 cm^3. Le 9 octobre, deux de ces moteurs Buchet s'emparent des deux premières places du Critérium du Tiers de Litre, la plus disputée de toutes les épreuves sportives françaises: Anzani sur Alcyon-Buchet précède Giorgis sur Buchet.

En 1905, la gamme s'élargit avec trois bicylindres en V culbutés, en 500, 900 et 1 020 cm^3; chaque cylindre

Armbruster sur Buchet tiers de litre.

B

demeure fixé par deux tirants, mais la distribution basse est désormais logée sur le côté droit des moteurs. Très puissants, comme ils vont le démontrer lors des courses sur vélodrome, ces nouveaux bicylindres culbutés sont jugés trop brutaux en usage sur route et n'ont guère les faveurs des pilotes qui leur préfèrent, pour quelques années encore, les anciennes versions à admission automatique. En revanche, au Critérium du Tiers de Litre 1905, qui demeure l'épreuve de vitesse reine, les monocylindres Buchet culbutés occupent cette fois les trois premières places : Thomas et Anzani sur leurs Alcyon devancent Naso sur sa Magali. Le bureau d'études a bien travaillé !

Mais Ambroise Farcot, qui dirige « Moteurs Buchet », ne fait rien pour exploiter ces superbes résultats : dès 1906, il s'oriente vers l'aviation et surtout vers l'automobile ; sans succès. En 1908, l'entreprise change de mains, devient UB. C'en est fini de Buchet et de la moto.

Bicylindre Buchet encore à admission automatique, mais à clapets parallèles aux soupapes d'échappement. Des lumières pratiquées dans la paroi des cylindres assurent un échappement complémentaire en fin de course, évitant toute contre-pression nuisible à l'ouverture des clapets d'admission. *(Cliché Llorca ; courtoisie M. Pernot)*

BURBURY - 50, rue de Rennes à Paris VIe

Ets L. Roussin, fabricant de side-cars sous licence anglaise de 1912 à 1920. Gros constructeur avant la première Guerre Mondiale, L. Roussin proposait une gamme étendue avec des caisses en bois et contreplaqué ou bien en vannerie d'osier ou de rotin.

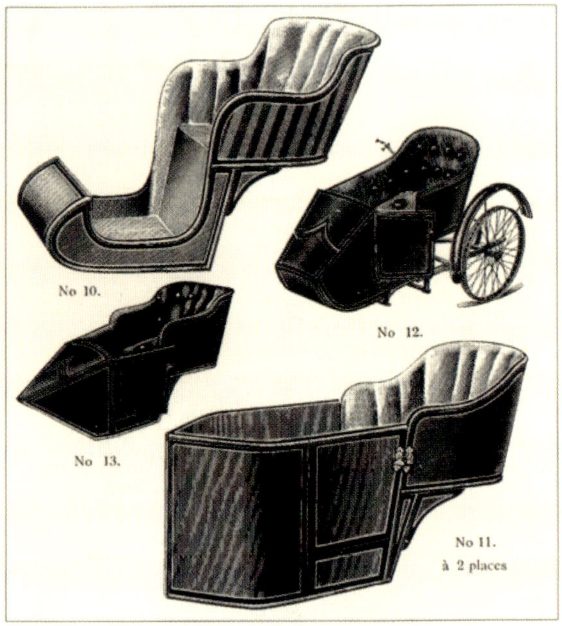

Quatre des très nombreux modèles Burbury en 1913.

BUT - 15, place de Villiers à Montreuil

Avec l'appui de Bernard Houzé, Eric Offenstadt conçoit et réalise la 500 HO, présentée au Salon d'octobre 1977. Elle fait sensation avec son originale fourche à roue tirée et son moteur presque entièrement français.

La jeune chaîne de grands magasins But s'intéresse au projet et donne son nom à la moto en échange d'un gros budget. En 1978, la 350 But est confiée à un pilote presque débutant, Jean-Claude Hogrel, qui essuie les plâtres d'une mise au point rendue très délicate par le trop grand nombre d'innovations mises en œuvre simultanément ; le bilan est douloureux : quatre casses et deux chutes.

En 1979, les motos But passent aux mains d'Olivier Chevallier qui ne les utilise pas car il les juge non compétitives. La 350 s'illustre pourtant une fois en Championnat du Monde grâce à Hervé Guilleux qui termine quatrième du GP de France 1979 après une longue bagarre avec Walter Villa, champion du monde en titre ; Olivier Chevallier est à un tour… Guilleux remporte une victoire avec la But en 1979, à Jerez, hors championnat du monde. Faute de budget — But s'étant retiré — et de fiabilité, Guilleux n'obtient aucun résultat en 1980 et l'aventure s'arrête là.

Pilote talentueux pendant presque une décennie, tant sur deux roues que sur quatre, Eric Offenstadt coiffa une nouvelle casquette à partir de 1975, devenant concepteur. Le voici chauffant sa dernière réalisation complète, la But.

CAMILLE FOUCAUX - 130, rue de Bagneux à Montrouge

Société *Construction Moderne de Cycles Camille Foucaux.* De 1948-1949 à 1955-1956. Constructeur de cyclos et cyclo-tandems à moteurs Cucciolo, Vap 4, Vimer ou VLT. La marque a aussi catalogué un tandem classé en catégorie vélomoteur car il utilise un moteur Sachs 98 cm^3.

Cyclos Camille Foucaux : à gauche à moteur Vimer, de 1950 ; ci-dessous à moteur Cucciolo, de 1955.

CARPIO - 52, rue de la Fraternité à Romainville

Ets Henri Carpio – Constructeur de side-cars de 1929 à 1939. Carrossier de son métier, Carpio construisit, outre les cadres des motos Brooklyn, des side-cars en général très classiques. La seule originalité connue est l'existence d'une malle arrière amovible pouvant équiper le Carpio de Grand-Tourisme.

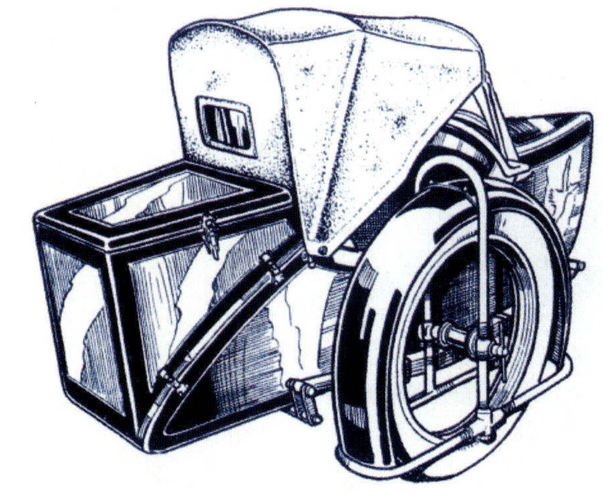

Side-car Carpio à malle arrière amovible ; il date du début des années trente.

CARREAU - 93, avenue des Ternes à Paris XVIIe

J. Carreau, constructeur. Il commercialisa à partir de 1902 et au moins jusqu'en 1904 des motos de cylindrées très variées : de 150 cm^3 environ jusqu'à 330 cm^3 sur les modèles de route, et jusqu'à environ un litre et demi pour la course. Les cadres des motos de série Carreau faisaient appel à des composants d'origine BSA. Deux motos Carreau participèrent au Critérium du Tiers de Litre en 1904, sans résultat.

Carreau « Modèle n° 2 Luxe » de 1903, avec moteur de Dion & Bouton 2 ¾ HP. Elle était capable de 65 km/h.

Carreau « Modèle n° 1 Grand Luxe » de 1903. Avec son petit de Dion & Bouton de 1 ½ HP seulement, elle revendiquait 45 km/h en palier.

Carreau « de course et d'entraînement » ; le client pouvait choisir la puissance de son moteur dans une fourchette allant de 2 ¾ à 16 chevaux.
Il est amusant de constater que l'auteur des trois photos de motos Carreau ne disposait que d'un manche à balai pour maintenir leur équilibre !

C

▸▸ *Le logo de Céèl et deux des side-cars de la marque en 1923.*

▴ ▸ *Deux des quatre moteurs CD catalogués en 1907-1908. Ci-dessus, le 2 ¾ HP latéral (75 x 80 mm) ; ci-contre, le 3 ½ HP bicylindre en V à admission automatique. Les carters sont en fonte.*

▾ *Un pédalier et une adresse : nous n'avons rien de plus sur la marque Cécile !*

CD - 35 à 39, rue Garnier à Neuilly-sur-Seine

CD, pour Cycles Deauville, marque déposée en 1903 par Edmond Gentil.

A l'origine, la marque est installée à l'adresse susdite, qui est aussi celle des Ets Gentil et d'Alcyon, et ne désigne que des cycles. Fin 1906, elle déménage aux 11 et 13 de la rue Charles-Vellefaux à Paris X^{e} ; elle est alors utilisée pour des moteurs dont les carters portent les lettres CD ; ils sont identiques aux Alcyon, mais vendus légèrement moins cher : à titre d'exemple, le 2 HP à admission automatique est proposé à 360 F en CD et à 380 F en Alcyon. Il ne semble pas que la commercialisation de moteurs CD ait dépassé 1908.

CÉCILE - 59, rue de Châteaudun à Paris IXe

Constructeur non identifié. La marque serait apparue en 1899. Le seul élément survivant qui atteste de son existence est un pédalier marqué Cécile, mais nous ne disposons d'aucun élément probant pour affirmer que cette pièce provient d'une moto et non pas d'un cycle.

CÉÈL - 13, rue Guersant à Paris XVIIe

Ets Cachemaille et Lessieux, puis Cachemaille seul. Les Ets C & L se spécialisèrent dès 1920 dans la fabrication de diverses pièces adaptables pour les Harley-Davidson

des surplus militaires américains. Ils construisirent aussi sous la marque Céèl des caisses de side-car en tôle se montant sur le châssis d'origine Harley. Cette activité se poursuit au moins jusqu'en 1926.

CEMEC - 53, avenue Herbillon à Saint-Mandé

Centre d'Etudes de Moteurs à Explosion et Combustion. Au moment de sa création, il est basé rue des Prés à Bièvres, qui n'est pas dans le département de la Seine. Mais le siège social de CEMEC sera bientôt transféré au 53 de l'avenue Herbillon à Saint-Mandé.

Le CEMEC naît fin 1945 et va prendre la relève du CMR. Ce dernier reconstruisait des motos BMW sur la base de machines récupérées lors de la débâcle allemande et de pièces détachées abandonnées par l'occupant dans ses ateliers de maintenance. Cette source d'approvisionnement étant épuisée, le CEMEC va

Quoique descendante directe de la BMW R12, la 750 CEMEC L7 était entièrement construite en France.

fabriquer entièrement la L7, une 750 latérale basée sur les BMW R12 et R71. La production commence en 1948 et se poursuit encore en 1954 quand le CEMEC, en difficulté financière, est racheté par Ratier. Entre-temps, le CEMEC avait commencé l'étude d'une 600 culbutée qui deviendra la Ratier C6S.

CENTAURE - 205, rue de Flandre à Paris XIXe

Léante-Louis Flinois, constructeur, de 1899 à 1907. Le moteur de la moto Centaure de 1899 est placé derrière la selle; il entraîne la roue arrière par une courroie via un galet-tendeur à commande manuelle, tendeur qui fait fonction d'embrayage. Cette disposition fut protégée par le brevet d'invention français 290674, délivré le 8 juillet 1899.

Dès 1902, Flinois place plus classiquement son moteur dans le cadre, fixé sur le tube pédalier-direction et incliné vers l'arrière, avec courroie croisée.

Lors de diverses épreuves sportives de 1903, on voit Flinois au guidon d'une Centaure au moteur désormais installé devant le pédalier; lors du Critérium du Quart de Litre, Flinois et sa Centaure terminent sixièmes et avant-derniers de leur série. Mais la mévente sévit déjà: à la mi-février 1903, Flinois annonce qu'il solde douze moteurs Centaure 1 ¾ HP neufs, modèle 1902.

En 1903 toujours, Flinois obtient un brevet d'invention pour un embrayage à friction fonctionnant sans ressort de pression. Ce type d'embrayage devient, en compagnie d'inverseurs pour canots automobiles, l'activité principale de l'entreprise. Un changement de raison sociale et d'adresse survient en 1905: c'est désormais Flinois & Bonnel, 15 bis, boulevard de la Révolte à Neuilly- sur-Seine. Il semble que les derniers moteurs Centaure/Flinois soient marqués F.L. La société Flinois & Bonnel est dissoute le 15 septembre 1907.

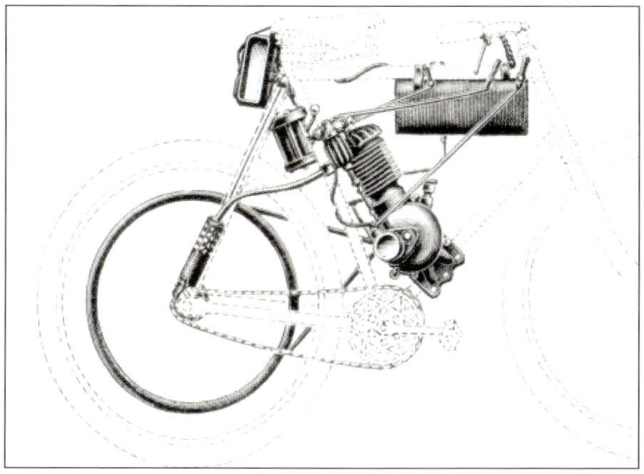

Centaure (Flinois) de 1902.

CENTAURE - 19, rue Michel-Lecomte à Paris IIIe

Société ACDE (Alain Carré Design Etudes). En 1991, pour promouvoir une ligne de vêtements qu'il vient de créer, le *designer* Alain Carré fait concevoir la moto Centaure par Claude Fior. Il s'agit d'un pur exercice de style, sans aucune intention de commercialisation: c'est ainsi que la construction exclut l'usage de toute matière plastique, à l'exception, bien sûr, de la bulle de carénage. La fourche à deux triangles superposés est signée Fior, le moteur est un 750 Honda V4, la boîte est à commande électromagnétique, par deux boutons au guidon: l'un pour monter les rapports, l'autre pour les descendre.

Empêtré dans une affaire judiciaire avec la Française des Jeux, Alain Carré n'eut pas le temps de tirer parti de cette Centaure, deuxième du nom.

Centaure (ACDE) de 1991.

C

▸▸ *La puissance de 2 HP indiquée pour la CFC est supérieure à la moyenne de celle que l'on connaît sur les rares motos de 1902 ; elle sous-entend une cylindrée de l'ordre de 250 cm^3. (Doc. coll. Bourdache)*

▴ *L'épouvantable qualité du papier et de l'impression de* Cycle et Automobile Industriels *laisse tout de même voir la rusticité de la moto présentée par Albert Chaigneau en décembre 1900. (Doc. coll. M. Pernot)*

▾ *Ce dessin montre que le Motocar Cerreti était bien conçu ; la transmission finale utilise un renvoi sur l'axe du bras oscillant ce qui assure une tension constante à la chaîne finale.*

CERRETI - 204, bd Saint-Denis à Courbevoie

Au départ, *Ets Revelle & Cie* au 8 de la rue Marie-Stuart à Paris IIe ; accessoiristes connus pour des silencieux, tan-sad et repose-pieds marqués Cerreti. Puis, à partir de mai 1929, *Ets Cerreti & P. Valen*, même activité à l'adresse susdite. La marque Cerreti est présente dans cet ouvrage, pour avoir construit une moto carénée, le Motocar Cerreti, présenté au Salon d'octobre 1929.

Sans doute inspiré par la Monotrace stéphanoise, le Motocar Cerreti en est l'interprétation moderne : léger châssis en tubes minces étirés, suspension intégrale, moteur 500 LMP à culbuteurs suivi d'une boîte Sigmund à trois rapports, répartition des masses apparemment bien étudiée, constance de la tension de la chaîne finale de transmission assurée, équipement provenant des meilleures marques, aérodynamisme de bon aloi. Mais en dépit de tous ces bons arguments le Motocar Cerreti ne connaîtra aucun succès commercial ; son constructeur fit pourtant preuve de persévérance en le présentant au Salon deux années de suite avant de disparaître courant 1932.

Annoncé au Bol d'Or 1930 avec son concepteur en personne au guidon, le Motocar Cerreti ne prit finalement pas le départ à la suite d'un différend avec l'organisateur, Eugène Mauve. Ce différend portait sur la catégorie dans laquelle serait aligné l'engin. Cerreti voulait courir en catégorie moto 500 cm^3 tandis que Mauve n'acceptait le Motocar qu'en catégorie « Voitures Sport 750 cm^3 », arguant de la présence de quatre roues : celles de la moto et les deux petites roues stabilisatrices servant au moment du démarrage et à celui de l'arrêt. Chacun campa sur ses positions et force resta évidemment à l'organisateur : le Motocar Cerreti ne put participer à l'épreuve comme « moto ».

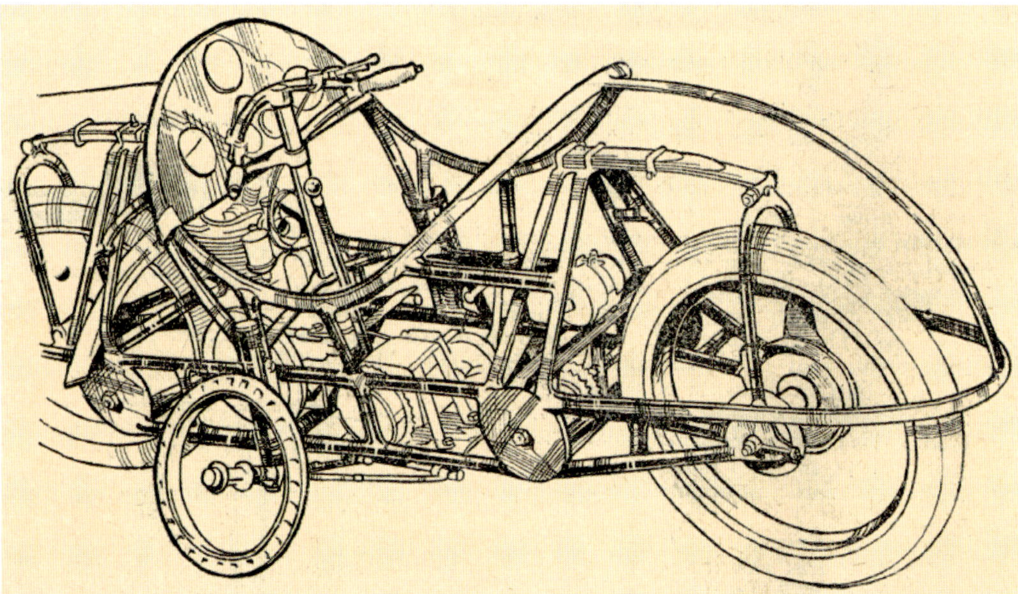

CFC - 6, rue Francœur à Paris XVIIIe

Compagnie Française des Cycles et Automobiles. Bourdache signale la construction en 1901-1902 d'une moto à moteur Onfray ; et fournit le document que nous publions ! Hélas, on ne sait rien de plus sur cette marque.

LA MOTOCYCLETTE C. F. C.

La Motocyclette de la Compagnie Française

La C. F. C. de la Compagnie Française des Cycles est à moteur de 2 chevaux placé au milieu du cadre.

CHAFFAL - 21, rue Godot-de-Mauroy à Paris IXe

Chaffal, Chaffal & Gillet. De nombreuses incertitudes subsistent à propos de ce Chaffal. Le toujours bien informé Bourdache se pose la question de savoir s'il n'aurait pas été le premier associé et financier de René Gillet avant 1903. C'est possible car ledit Chaffal présente une motocyclette au Salon de 1902. On retrouve Chaffal seul quelques années plus tard, en 1907, installé à l'adresse susdite.

CHAIGNEAU - 17, rue du Débarcadère à Paris XVIIe

Albert Chaigneau, présente en décembre 1901 une motocyclette 1 3/4 HP portant son nom ; cette machine cède la place à la bicyclette à moteur Bordes dès 1902, puis à la moto Manon en 1903. Voir à ces deux noms.

CHAINTREAU - 87, rue de Pantin à Noisy-le-Sec

Ets E. Chaintreau, d'abord installés à l'adresse susdite, puis au 53 bis de la rue d'Alsace à Clichy. Constructeurs de moteurs et motocycles à partir de 1900.

CHAISE - 34, 36 et 53, rue Auguste-Lançon à Paris XIIIe

Ets *Chaise & Cie* puis *Omnium Métallurgique & Industriel.* Constructeur de moteurs pour l'aviation, la motocyclette et l'industrie, de 1928 à 1939.

Ancien chef d'atelier chez le motoriste d'aviation *Le Rhône*, Maurice Chaise fonde son entreprise en 1921 et travaille d'abord comme sous-traitant des arsenaux, avec un

bel équipement en machines-outils. Ce n'est que six ans plus tard qu'il présente ses premières réalisations pour la moto : des blocs-moteurs 350 et 500 cm^3 à arbre à cames en tête et boîte trois vitesses, lancés au Salon d'octobre 1927. Ce sont là des moteurs très bien construits : carters moulés en coquille, pompe à huile à engrenages noyée, culasse hémisphérique, dimensionnement généreux de tous les organes ; le seul anachronisme concerne la boîte, à pignon baladeur.

En mai 1928, Maurice Chaise vend son affaire à l'un de ses collaborateurs, Claude Bajard. Mais moins d'un an plus tard, début 1929, Bajard apporte *Chaise & Cie* à *l'Omnium Métallurgique et Industriel*, une SA qui se propose de construire des moteurs pour l'aviation privée naissante. Aussitôt après sortent trois deux-temps en 175 et 250 cm^3 et trois blocs-moteurs à culbuteurs en 250, 350 et 500 cm^3 ; fiables et d'un prix très abordable, ces derniers connaîtront un très large succès commercial en dépit d'une boîte toujours obsolète. La production de l'OMI pour la moto s'élargit encore fin 1929 avec un 100 deux-temps monovitesse et avec un bloc-moteur 500 V4 culbuté à refroidissement par air forcé et boîte à trois vitesses, qui ne dépasse pas le stade du prototype.

Puis la créativité de Chaise décroît beaucoup : en dix ans, la marque ne lance que cinq nouveaux moteurs. En octobre 1932, c'est le spectaculaire 750 V4, extrapolé du 500, qui ne sera construit qu'à moins de dix exemplaires. A la même date, naît un 125 bloc-moteur deux-temps à transmission par arbre, qui va équiper la très éphémère Dollar B1. Un an plus tard, une nouvelle version du 100 deux-temps, dotée de deux vitesses, n'est proposée que de manière très confidentielle. En 1936 enfin, en pleine crise économique et sociale donc, Chaise lance ses élégants blocs-moteurs 350 et 500 à cylindre incliné, carter-réservoir et boîte quatre vitesses, qui semblent bien avoir été conçus par

Le Chaise à ACT, 350 ou 500, dans une Dollar K ou L de 1928 ou 1929.
(Document collection B. Cordier)

Le 350 Chaise à quatre vitesses apparu en 1936 ; ci dessous, il équipe une Dollar R36.

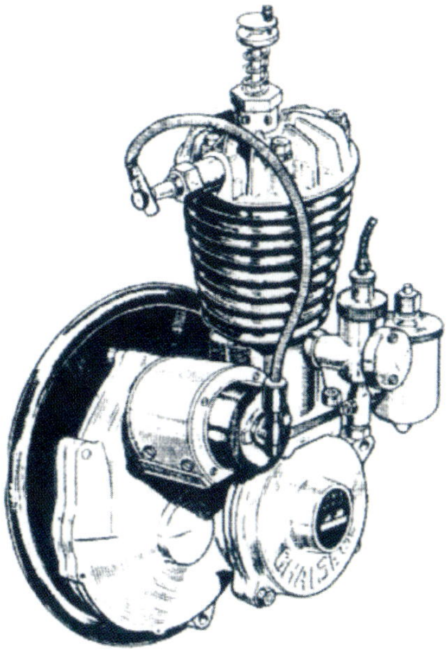

Le plus petit de tous les moteurs Chaise est ce 100 cm^3 monovitesse.

Le 500 Chaise V4 n'équipa qu'une seule moto, la Majestic du Salon 1929.

C

▸ *La disposition en V des quatre cylindres du 750 Chaise permet un vilebrequin court, donc rigide ; pour autant, le constructeur n'a pas tiré tout le parti possible de cette architecture peu commune : l'ensemble moteur/boîte demeure fort long. (Moto collection G. Gruschwitz)*

▴ *Le dernier utilisateur du bloc-moteur 350 Chaise à 4 vitesses fut Follis, en 1953.*

▸ *Le dessin du bloc-moteur 125 Chaise à deux vitesses et transmission par arbre n'est pas des plus élégants ; mais il renferme nombre de solutions techniques très intéressantes, dont un pédalier incorporé automatiquement débrayable et équipé d'un frein par rétropédalage.*

▾ *Le tricar Chanon modèle 1906 tel qu'il fut présenté dans* La Vie Automobile *du 23 décembre 1905, qui donnait le compte-rendu du Salon. Même avec un amortisseur sur l'immense couronne arrière, la transmission par chaîne directe devait être d'une grande brutalité. (Document courtoisie Musée Henri Malartre)*

Pierre de Font-Réaulx ; ils ne seront construits qu'à moins de mille unités.

L'OMI et ses moteurs Chaise ne survivront pas à la deuxième Guerre mondiale ; les quelques moteurs 350 à quatre vitesses en stock seront achetés par le constructeur lyonnais Follis qui les proposera en 1953 dans une moderne partie-cycle de sa conception.

CHANON - 22, rue Duret à Paris XVIe

Ets H. Gaubert. Cette marque construisit essentiellement des tricars de 1905 à 1909, équipés de moteurs Villemain (Puteaux) refroidis par air ou eau. Très présents en course, ces tricars étaient rapides et souvent victorieux. Il fut également construit au moins une moto Chanon à moteur Villemain refroidi par air : menée, précisément, par un certain… Villemain, elle participa en 1905 au Critérium du MCF et aux épreuves de vitesse pure de Dourdan, obtenant des résultats honorables.

CHANTEMÈDE (ou CDM) - 47, avenue de la République à Paris XIe

On ne sait que peu de choses sur cette marque mal définie. Nommée à l'époque tantôt Chantemède (sans doute la marque de la moto elle-même) tantôt CDM (marque du moteur), elle semble apparaître en 1903. En tout cas, cette année-là deux de ces machines sont au départ des 1 000 kilomètres du Motocycle-Club de France. Cette épreuve fractionnée en six étapes consécutives, du 10 au 15 novembre 1903, est ouverte aux motos de série d'une cylindrée comprise entre un quart de litre et un tiers de litre, à raison de deux motos par marques au maximum. Une Chantemède est engagée dans chaque

Firmin et sa Chantemède lors des 1 000 km du Motocycle-Club de France en novembre 1903. Venue de fonderie, la mention « CDM Paris » figure sur le demi-carter gauche.

cylindrée : 1/4 de litre (66 x 73 mm) et 1/3 de litre (72 x 80 mm). La Chantemède menée en cette occasion par Firmin se signale par un cadre à l'architecture très inhabituelle. La marque Chantemède n'est plus jamais citée au delà de 1903 alors que CDM existe encore en 1906.

CHAPLAIT - 116, avenue Jean-Jaurès à Clamart

Jusqu'en 1951, la marque Chaplait ne se consacra qu'au cycle, avec une équipe de coureurs professionnels dite Chaplait-Hutchinson. Au Salon d'octobre 1951, elle présente deux tandems (moteurs Cucciolo ou Mosquito) et des cyclos à moteur Le Poulain « Cyclobloc ». En 1953, la gamme s'enrichit de deux autres cyclos (« Aiglon » à moteur Cucciolo et « La Hurette 53B » à moteur Le Poulain « Junior ») et d'un vélomoteur léger « Grand Raid » doté d'un Le Poulain « Cyclobloc » 85 cm³. En 1955, « La Hurette » reçoit un moteur Mistral monovitesse. Les derniers motorisés de Chaplait datent du Salon d'octobre 1958, avec toute une gamme de cyclos à moteur Itom, SER ou VAP, allant de l'utilitaire à fourche rigide au grand luxe à suspension intégrale, mais aussi avec deux vélomoteurs légers avec moteur SER 65 cm³ à deux vitesses, avec ou sans suspension arrière.

Cyclo Chaplait « La Criquette » de 1952, avec m teur Le Poulain « Cyclobloc »

CHARLES-GÉRALD - 74, rue du Commerce à Paris XVe

S.A. des Ets Charles Gérald. La marque apparaît dans *Moto-Revue* le 20 décembre 1923 avec une 175 deux-temps à moteur LPL et boîte séparée à deux vitesses. Mais elle se fait surtout connaître à partir de 1927 par une abondante publicité en faveur d'une 473 cm³ (78 x 99 mm) deux-temps dotée d'un fort spartiate bloc-moteur à deux rapports. L'unique queue du vilebrequin (l'embiellage est en porte-à-faux) porte deux pignons de transmission primaire de diamètre différent, qui engrènent avec deux couronnes dentées ; au point mort, ces couronnes tournent folles sur l'arbre de renvoi ; un levier direct commande le verrouillage sur cet arbre de l'une ou l'autre couronne.

En 1927, Charles Gérald commercialise également une 250 et une 350 pour lesquelles nous ne sommes pas parvenus à trouver la moindre information. En 1928, la 175 change de motorisation au profit d'un Chaise, toujours deux-temps. La marque Charles Gérald disparaît vraisemblablement courant 1929.

La « 500 » Charles Gérald fit l'objet d'une intense publicité dans *Moto-Revue* début 1927, mais rien n'indique qu'elle ait connu un quelconque succès commercial.

La marque du moteur qui équipe la moto Charles Gérald de Périn au Circuit d'Auvergne 1928 nous est totalement inconnue ; nous pensons qu'il s'agit d'un 350 LPL, mais sans preuve formelle ! (Photo André Marcel, collection S. Basset)

C

▲ *Quadricycle Chenard & Walcker 4 HP porteur du n° de série 105 ; son moteur est un 528 cm³ : 82 x 100 mm. Ce modèle apparaît au catalogue 1900 mais n'est présenté au Service des Mines que le 31 août 1901. Le dimensionnement du train arrière est impressionnant.*
(Photos D. Breugnot. Collection A.C.O. Musée des 24 heures du Mans)

CHENARD & WALCKER - 7, rue de Normandie à Asnières

Ernest Chenard & Henry Walcker, ingénieurs-constructeurs. Ernest Chenard, né en 1861, est attiré par la mécanique et, ses études terminées, travaille comme dessinateur technique aux Chemins de fer de l'Ouest. En 1898, il fonde à Asnières une entreprise de fabrication et vente de bicyclettes. Henry Walcker, né en 1873, mène de brillantes études et entre à l'Ecole des Mines en 1895. C'est alors qu'il rencontre Ernest Chenard et les deux hommes s'associent en 1899.

L'entreprise poursuit la production de cycles et y ajoute aussitôt celle d'avant-trains pour transformer les tricycles en quadricycles. Les premiers motorisés porteurs de la marque Chenard & Walcker, en 1899, sont des tricycles Créanche à moteur de Dion & Bouton (1 ¼ ou 1 ¾ HP), construits à Corbie (Somme) équipés à Asnières de l'avant-train Chenard. Une étape est franchie en 1900 avec le lancement d'un quadricycle à moteur maison 4 HP. La marque s'attaque à l'automobile en 1901 avec une voiturette deux cylindres suivie en 1902 d'une quatre cylindres. L'honnête succès de ces premières autos entraînera aussitôt la disparition du quadricycle.

CHOUBERSKY et RICHARD-CHOUBERSKY - 18, rue du 4 septembre à Paris IIᵉ

Raison sociale inconnue ; outre l'adresse susdite, existe aussi celle du 20, rue Jules-David à Paris 20°.

▸▸ *Affiche pour les « patins-bicyclette » Richard-Choubersky, signée PAL, soit Jean de Paléologue, illustrateur réputé.*

Nous n'avons pu établir un lien probant entre le tricycle et le tandem à moteur Choubersky de 1899 et un certain Charles de Choubersky qui s'est suicidé huit ans plus tôt, en 1891. Cet ukrainien, ingénieur des chemins de fer, s'installe à Paris dans les années 1880 et invente, entre autres choses, une « armoire-lavabo » (brevetée) et un poêle à roulettes transportable dans un appartement, d'une pièce à l'autre. On peut considérer que Charles de Choubersky était alors un *designer* à la mode, un peu à la manière d'un Philippe Stark, et faisait fortune en vendant fort cher ses inventions dans trois luxueux magasins à Paris. En revanche, nous pensons avoir trouvé une explication à

la réunion des deux noms Richard et Choubersky : Richard est le nom de famille du directeur de la société « Le Foyer Français » qui fabriquait les poêles Choubersky, si faciles à vendre en dépit d'un prix très élevé. Sans doute M. Richard décida-t-il, après la mort de Choubersky, de continuer à exploiter son nom, très connu, en l'appliquant à d'autres produits coûteux mais à la mode. On trouve ainsi la marque Richard-Choubersky sur une publicité de juillet 1899 pour un tricycle : même avec un dessin très sommaire, on reconnaît une motorisation de Dion & Bouton, dans une partie-cycle originale. On la trouve aussi sur une affiche assez connue qui vante les mérites de luxueux patins à roulettes à grandes roues : châssis numérotés en aluminium et chaussons en très beau cuir. Mais au bilan final, ce ne sont là que peu d'informations sur une marque qui reste mystérieuse.

CHRISTOPHE - 152, avenue de Malakoff à Paris XVIe

Cycles Christophe : marque commerciale d'Automoto sous laquelle furent vendus divers modèles du constructeur stéphanois de 1924 environ à 1959.

Elle porte le nom du coureur cycliste Eugène Christophe, né à Malakoff en 1885, mort à Paris en 1970. Il se fit connaître en 1910 en remportant Milan-San Remo dans des conditions hivernales dantesques : froid, vent et neige. La suite de la carrière de celui qui était devenu « le vieux Gaulois » fut marquée par une succession de bris de fourche sur le Tour de France : dans le Tourmalet en 1913 (avec réparation de ses mains) alors qu'il était deuxième, puis en 1919 alors qu'il était en tête, enfin une troisième en 1922.

Les finitions, superbes, des motos Christophe sont en général différentes de celles des Automoto.

CICCA - 153, rue de Noisy-le-Sec - Les Lilas

Compagnie Industrielle et Commerciale du Cycle et de l'Automobile, Société Anonyme. Accessoiriste de forte notoriété depuis le milieu des années vingt, puis constructeur du groupe auxiliaire « Le Vélorêve » de 1949 à 1951. Voir à ce nom.

CLAUDE DELAGE - 12, rue Honnet à Clichy

Cette marque, sans rapport avec les automobiles Delage, apparaît en 1922 avec une 125 à moteur Madoz latéral placé au-dessus d'un réducteur. En 1923, une boîte deux vitesses remplace le réducteur et le Madoz est aussi proposé en 175. Par la suite la gamme comprend surtout des 175 et 250 deux-temps à moteur LPL, mais aussi de fort coûteuses 350 et 500 quatre-temps à la motorisation inconnue. En 1926, Léon Batifort sur Claude-Delage remporte la catégorie 250 aux Coupes de l'Armistice. Une superbe 250 à moteur Anzani à ACT naît en 1927, un an avant la disparition de la marque.

CLÉMENT - Adresses et raisons sociales multiples

Gustave-Adolphe Clément naît en 1855 à Pierrefonds dans l'Oise. D'origine modeste, il commence à travailler comme apprenti dans une serrurerie. Il se perfectionne dans ce domaine, effectuant un Tour de France de compagnonnage à partir de 1872. En 1878, il commence à construire des cycles à Paris XVIIe, 20 rue Brunel près de la porte Maillot. En mars 1894 son affaire devient *Société des Vélocipèdes Clément*. Sa production acquiert vite une immense renommée : en 1899, Adolphe Clément figure déjà sur la liste des jurés qui vont attribuer les prestigieuses médailles de l'Exposition Universelle.

Moderniste, perspicace, visionnaire, Adolphe Clément s'intéresse au pneumatique que vient d'inventer Dunlop et en achète la licence pour la France dès 1890. Cela va faire sa fortune. Le premier motorisé Clément apparaît en 1895 : c'est un tricycle à moteur de Dion & Bouton.

En 1896, Clément s'associe avec un groupe financier franco-anglais dirigé par Lord Chetwynd-Talbot pour

◂◂ *Publicité pour le tricycle Richard-Choubersky parue dans* La Vie Illustrée *n° 41 du 27 juillet 1899. (Doc. collection Bourdache)*

▾ *Ce tandem à moteur central de Dion & Bouton serait un Richard-Choubersky : nous ne pouvons le confirmer.*

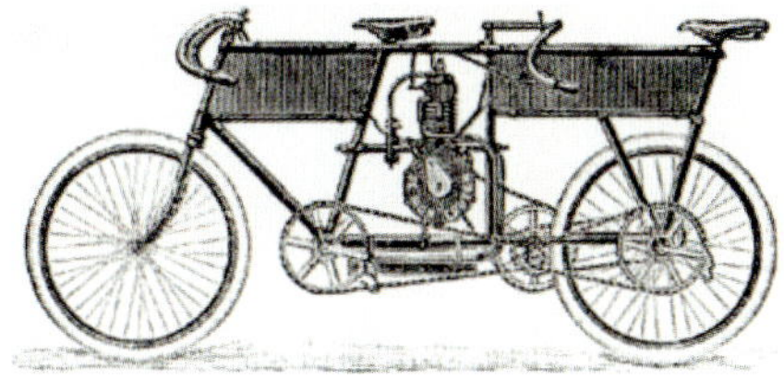

◂ *175 Claude Delage 1923 avec sa boîte placée en-dessous du moteur Madoz. Le pédalier est joliment porteur du nom du constructeur. (Photo Bourdache)*

▾ *Carte postale Christophe datant très probablement de 1924 : ce serait l'année de naissance de cette sous-marque d'Automoto. (Courtoisie J. Goyard).*

racheter à Alexandre Darracq et Jean Aucoc les *Ets Gladiator*, constructeurs réputés de cycles installés au Pré-Saint-Gervais, à côté de Paris. Suite à cette acquisition, naissent deux sociétés distinctes :

- la Société, de droit français, *des vélocipèdes Clément, Gladiator et Humber*, encore dite *Clédiaber*, au capital impressionnant de 22,5 millions de francs, avec usines au Pré-Saint-Gervais et à Tulle. Le nom Humber disparaîtra rapidement dans l'intitulé qui devient *Société Française des cycles Clément & Gladiator Ltd.*

- la Société, de droit anglais, *Clément-Talbot Ltd*, émanation de *The British Automobile Commercial Syndicate Ltd* qui commercialise outre-Manche la production de la société française.

L'association entre Adolphe Clément et Lord Talbot éclate en 1903. Dès lors plus rien n'est simple et le nom de Clément se retrouve à partir de 1904 dans diverses entreprises entretenant des rapports souvent houleux entre elles. En se retirant de *Clément & Gladiator*, Adolphe Clément perd le droit d'utiliser le nom de Clément pour des voitures et perd même sa marque de fabrique. Mais il récupère ses apports initiaux sous la forme de deux usines : celle de métallurgie lourde à Charleville-Mézières (d'où est originaire le chevalier Bayard), construite en 1896, et celle du 33, quai Michelet à Levallois-Perret, immense et ultra-moderne, car son édification, commencée en 1898, ne s'est achevée qu'en 1901.

Disposant, donc, d'un superbe outil industriel, il fonde aussitôt les *Automobiles Bayard*, qui deviendront *Voitures Bayard - A. Clément, constructeur* puis *Automobiles Clément-Bayard*. L'entreprise élargit bientôt

La couverture du catalogue Clément 1903, le dernier de la période où Adolphe Clément est à la tête de la marque de cycles et motocycles.

L'usine Clément de Levallois-Perret en 1902 : édifiée sur dix hectares, elle occupait 1 200 ouvriers dès 1903.

La marque de fabrique Clément dont Adolphe Clément sera dépossédé en 1903.

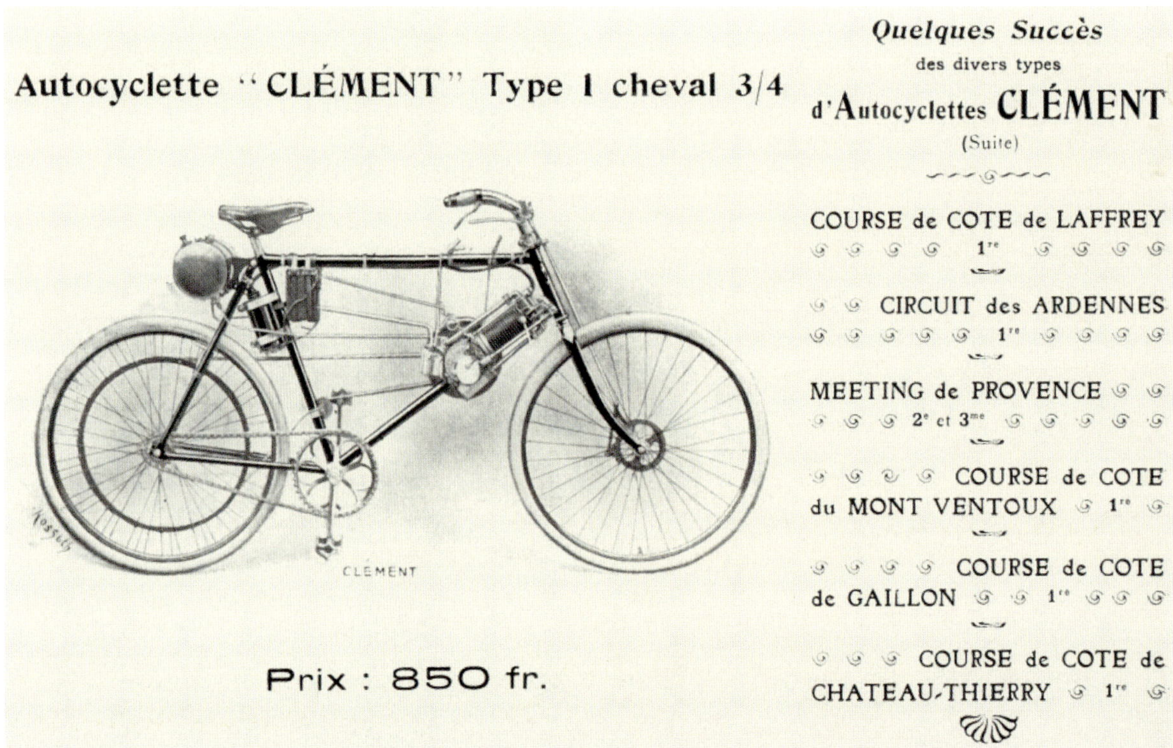

Quelques-uns des succès sportifs de Clément en 1902. Chose rare à l'époque, l'argumentation est honnête puisqu'il est bien précisé que ce palmarès a été obtenu par « les divers types d'Autocyclettes ». En pratique, ces victoires ont été acquises soit avec la bicylindre en V soit avec la quatre cylindres en V. L'Autocyclette monocylindre 1 ¾ HP type A fut la plus grosse vente de Clément.

Gros plan sur le haut-moteur d'un Clément bicylindre en V : admission automatique et échappement culbuté. (Collection J.M. Raffy)

Deux modèles Clément de 1903 : en haut, la 1HP type B ; en dessous, le quadricycle 2 ¾ HP refroidi par eau.

son activité à la construction de ballons dirigeables mais sort mal en point de la première Guerre mondiale (l'usine de Mézières a été pillée et saccagée par les allemands) et achève d'être ruinée par la Loi d'avril 1920 sur l'impôt de guerre. Elle est rachetée début 1922 par André Citroën qui avait grand besoin de l'usine de Levallois-Perret.

Là s'arrête l'histoire de Clément, du moins telle que nous la définissons : limitée à la période 1878/1921, sous

Durant toute l'année 1902, l'Autocyclette Clément bicylindre type C fut l'arme absolue en course en catégorie « moins de 30 kg » car son constructeur était parvenu à monter un moteur de 424 cm³ de cylindrée dans une machine qui ne dépassait pas ce poids, carburant compris ! Comme on le voit sur cette photo prise à la course de côte de Gaillon le 12 octobre 1902, tout fut bon pour y parvenir : pas de freins ni de repose-pieds remplacés par un simple bout de bois enfoncé à force dans la boîte de pédalier, selle et sacoche de la batterie copieusement ajourées, etc.
A son guidon, Derny, pilote officiel, fit une véritable razzia dans toutes les disciplines : courses de côte, avec, en particulier, une victoire au Mont-Ventoux ; vitesse pure avec un record du monde (90,452 km/h sur le km lancé aller et retour) à Dourdan le 16 novembre 1902. Quant à la vitesse de pointe de cette grosse bicyclette motorisée, elle fut mesurée le lendemain à 124,138 km/h, mais dans un seul sens. Imaginez le courage nécessaire pour atteindre pareille vitesse sur pareil engin…

C

Dourdan, 5 novembre 1902. Adolphe Clément (casquette et barbe) pose à côté de la Clément V4 tenue par son pilote, Holley. Ce V4 n'est pas l'accouplement de deux moteurs de type C. L'angle des cylindres est plus ouvert (apparemment 45° au lieu de 31,5°) et les cotes sont différentes : 75 x 85 mm (soit 1 502 cm³) au lieu de 60 x 75 mm sur le bicylindre.

L'Autocyclette bicylindre type C. Pour la petite histoire, le Santos-Dumont n° 9 est un ballon dirigeable, le premier à avoir été piloté par une femme. C'était le 27 juin 1903 : la jeune et ravissante cubano-américaine Aida de Acosta fit, seule à bord, le trajet aller et retour entre Neuilly Saint-James et le terrain de polo de Bagatelle, au Bois de Boulogne, où elle se posa sans encombre. Simultanément, Santos-Dumont effectuait le même trajet au sol, sur un vélo.

la direction d'Adolphe Clément en personne puis de son fils Maurice, à partir de 1914. On verra à l'entrée suivante, celle de *Clément-Gladiator*, qu'il existe une autre histoire Clément, à laquelle Adolphe Clément ne participe pas.

Quels sont les motocycles véritablement *Clément* dans cette histoire fort complexe ? Seul le tricycle de 1895 est un pur produit Adolphe Clément, réalisé avant toute alliance avec quiconque. Nous considérons cependant comme *Clément* tous les motocycles construits jusqu'en 1903 inclus, date du départ du fondateur de la marque ; et cela même s'ils sont déjà, en termes juridiques, des produits *Clément-Gladiator*, marqués indifféremment Clément, Gladiator ou Phébus.

Sont donc de « vrais » Clément à nos yeux tous les tricycles et quadricycles catalogués, le dernier l'ayant été en 1903. Le sont aussi les monocylindres apparus à partir d'octobre 1901, les bicylindres en V lancés l'année suivante et, bien évidemment, la très exceptionnelle quatre cylindres de course. En 1903, et même 1904, les motos Clément virent leurs ventes dopées par les exceptionnels résultats obtenus en course par Derny sur la 3 HP

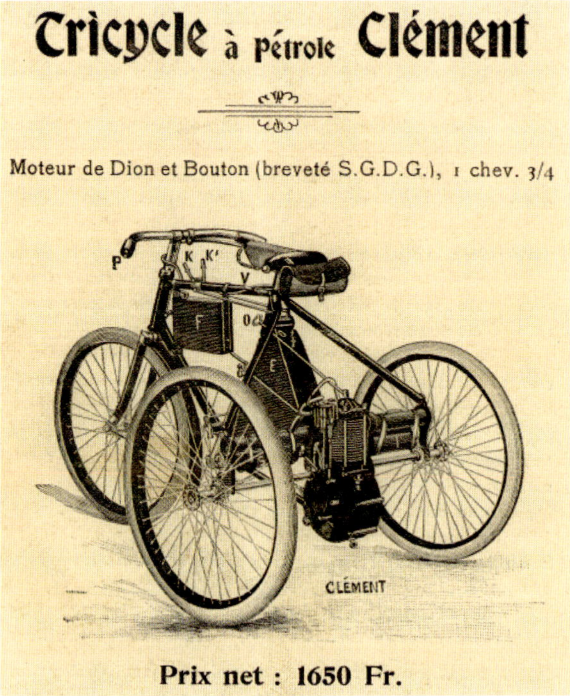

« Extrait de la page 4 du catalogue Clément de 1898. Curieusement, il montre un tricycle équipé d'un moteur de Dion & Bouton 1 ¾ HP en version 1897, avec les soupapes parallèles et non pas opposées comme elles le sont normalement en 1898. Seuls le cadre et la fourche sont fabriqués par Clément.*

bicylindre en V ; elles furent même exportées en Angleterre où elles devenaient des Clément-Garrard. Pour autant, la production de « vrais » motocycles Clément n'est pas très importante : il ne saurait en être autrement puisqu'elle s'arrête en 1903, juste avant l'envolée du marché de la moto dont vont profiter Griffon et Peugeot.

CLÉMENT-GLADIATOR - 5, rue François Henri et 76, Grande Rue - Le Pré Saint-Gervais

A partir de 1904, la société *Clément-Gladiator,* d'où Adolphe Clément est désormais absent, commercialise sa production de cycles, de motos et d'automobiles soit sous la marque Clément soit sous la marque Gladiator, soit encore sous celle de Phébus, publiant des catalogues séparés pour des modèles identiques !

En 1904, les motos Clément, Gladiator et Phébus sortent toutes de l'usine du Pré-Saint-Gervais ; et toutes, sauf la 2 ½ HP Gladiator, sont encore munies de moteurs Clément. En revanche, dès l'année suivante la bicylindre 3 HP type C disparaît et il ne reste plus qu'une seule Clément à moteur maison, la 1 ¾ HP. A ses côtés, l'on voit apparaître deux motos à moteur Zedel 2 ¾ HP, soit à admission automatique soit à soupapes latérales. La même gamme est reconduite en 1906, mais élargie avec deux bicylindres à moteur Givaudan à admission automatique, en 3 ½ et 5 HP. La production de motos cesse en fin d'année.

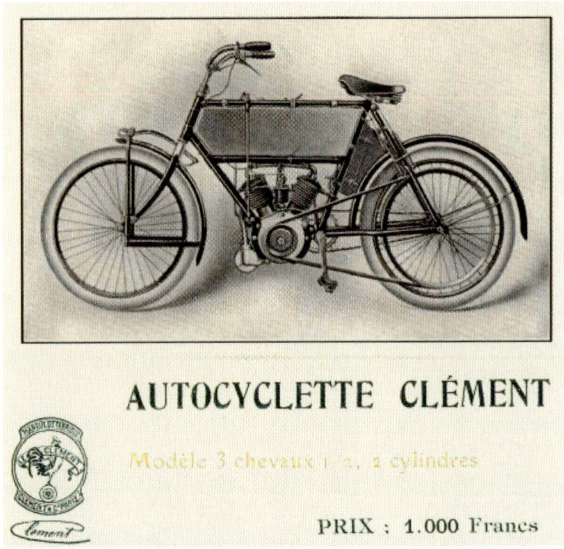

‹ *Une bicylindre est de retour chez Clément en 1906, après un an d'absence ; elle reçoit un moteur Givaudan proposé en deux cylindrées.* (Courtoisie Daniel Tille)

En proie à des difficultés financières en 1906, la société *Clément-Gladiator* se divise cette année-là en deux sociétés indépendantes : d'une part la *Société Anonyme Française des Cycles Clément et Gladiator*, qui produit cycles et motos, d'autre part la *Société Française des Cycles et Automobiles.* Cette dernière sera absorbée en 1909 par le constructeur automobile Vinot-Deguingand ; jusqu'en 1920, il poursuivra, dans son usine de Puteaux,

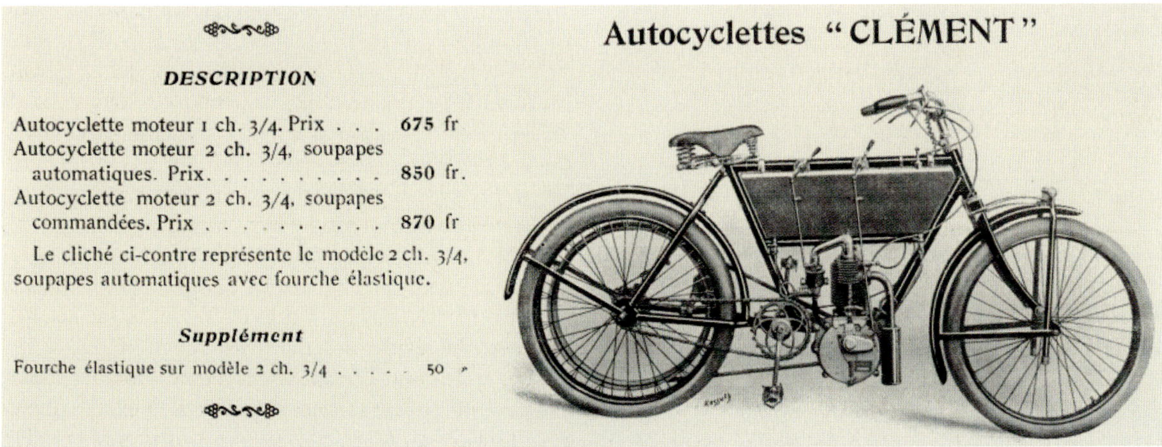
Autocyclettes "CLÉMENT"

DESCRIPTION

Autocyclette moteur 1 ch. 3/4. Prix . . . 675 fr
Autocyclette moteur 2 ch. 3/4, soupapes automatiques. Prix. . . . . 850 fr.
Autocyclette moteur 2 ch. 3/4, soupapes commandées. Prix . . . . 870 fr

Le cliché ci-contre représente le modèle 2 ch. 3/4, soupapes automatiques avec fourche élastique.

Supplément

Fourche élastique sur modèle 2 ch. 3/4 . . . . . 50 »

‹ *Première apparition, en 1905, de motorisations qui ne sont pas signées Clément. Les deux nouveautés, des 2 ¾ HP, reçoivent des mécaniques Zedel.*

▲ *Empruntée au catalogue Clément de 1913, voici l'Autocyclette 4 HP à moteur MAG 500 cm³. Le constructeur préconisait chaudement son emploi avec un side-car.*

▸▸ *Woodhouse sur sa 500 Clément à moteur de course culbuté MAG type 2C7TT. Il vient de remporter le Circuit de la Sarthe, disputé le 4 août 1913. (Photo ROL)*

▼ *Comment résister à l'envie de poser pour la photo sur une aussi belle machine que cette 4HP Clément ? (Photo collection O. Longueville)*

la production parallèle de ses propres voitures et des voitures Gladiator.

En 1906, le président du Conseil d'Administration et le directeur général de la *Société Anonyme Française des Cycles Clément et Gladiator* sont les anglais Harvey Ducros et Greame Fenton, tandis que MM. Vinot et Deguingand sont administrateurs. En 1912, quand survient le retour à la moto, le directeur technique est Lucien Vinot. Ce retour s'effectue avec une nouvelle Autocyclette, quasi réplique de la 350 Motosacoche suisse : la partie-cycle est certes francisée mais demeure très ressemblante à celle de la machine helvétique, tandis que le moteur bicylindre en V MAG à soupapes latérales et le système de changement de vitesses par double chaîne primaire arrivent tout droit de Genève. Ces machines sont toujours marquées indifféremment Clément ou Gladiator et toujours assemblées au Pré-Saint-Gervais. En 1913, une 500 de même conception s'ajoute à la 350. Rien ne change en 1914.

Bien construites, dotées d'un moteur fiable, finies avec grand soin, ces Autocyclettes vont connaître un excellent succès commercial, efficacement appuyé par un engagement sportif d'importance. Les Clément ou Gladiator à moteur MAG engagées dans les courses de vitesse sont dotées de moteurs culbutés dérivés des moteurs de série : les 350 2C6TT et 500 2C7TT vont écumer avec succès les courses de 1913 et 1914, presque toujours menées par des pilotes anglais, tels Woodhouse ou les Fenton père et fils. La 500 fait un retour éclair au catalogue Gladiator de 1919, mais elle n'est, à l'évidence, que l'utilisation des

stocks de 1914 ; petit détail, cette 500, vendue 1 650 francs en 1914, est proposée en 1919 à… 3 000 francs !

Durant la première Guerre mondiale, l'activité de Clément-Gladiator est encore un peu cycliste mais plus du tout plus motocycliste : entre mars 1916 et novembre 1918, l'entreprise produit près de 180 000 fusils-mitrailleurs CSRG 1915 (Chauchat-Sutter-Ribeyrolles-Gladiator). Et après la fin du conflit elle répare et modernise ceux de ces FM qui ont survécu à la guerre : le parc des rescapés est conséquent puisque la production totale de cette arme avait été de 225 000 exemplaires.

Tel le Phénix, Clément-Gladiator renaît à la moto après six ans d'absence, au Salon d'octobre 1926, avec la 350 type N, une machine à très forte personnalité. Comment expliquer ce retour à la moto après des années d'absence ? Il est assurément dû à une forte diminution de l'activité d'armurerie ; en effet le FM CSRG 1915, exagérément sensible à la poussière et à la boue, venait d'être remplacé par le FM « 7,5 mm modèle 1924 », fabriqué en série à partir de 1925 à la Manufacture d'Armes de Châtellerault et entré en service actif en 1926. Homme avisé et d'expérience, l'ingénieur Paul Ribeyrolles, directeur général de Clément-Gladiator depuis 1914, ne pouvait douter que l'entreprise allait très vite perdre le marché militaire de la maintenance des CSRG 1915 et se retrouver sans travail.

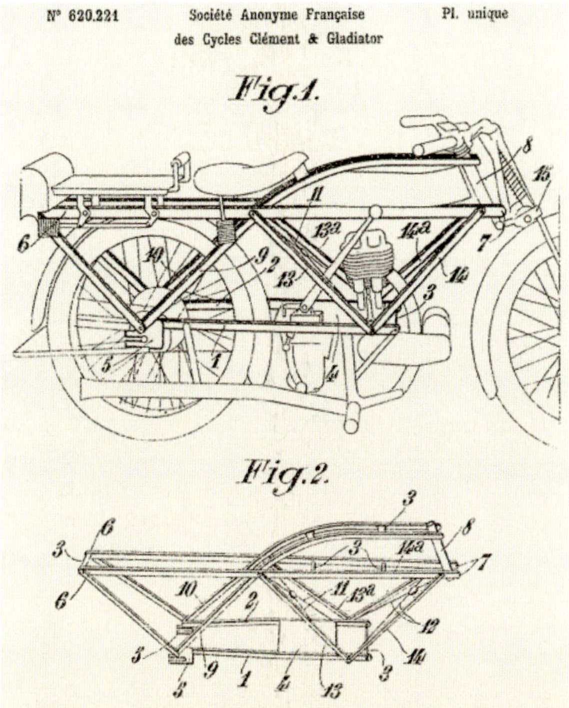

Paul Ribeyrolles, ingénieur des Arts & Métiers sorti de l'école de Châlons-sur-Marne, s'était fait connaître dès 1900 en dessinant pour Darracq une voiturette monocylindre qui allait connaître un vif succès commercial. Mais il est surtout connu comme concepteur des Darracq de course, dont celle avec laquelle Victor Hémery battit, le 28 décembre 1905, le record du monde du kilomètre lancé à 174,757 km/h ; son moteur était un V8 de 22,5 litres de cylindrée développant 200 ch à 1 200 tr/min.

Véritable ingénieur et vrai patron, Ribeyrolles vit dans un retour à la moto une opportunité de donner du travail à Clément-Gladiator. Dès le 12 août 1926, il déposait au nom de l'entreprise une demande de brevet concernant un cadre triangulé de sa conception, brevet qui allait lui être délivré le 15 janvier suivant. Entre-temps le Salon avait ouvert ses portes : la Clément-Gladiator type N y était présente, modestement motorisée par un 350 JAP à soupapes latérales à magnéto avant et munie d'une boîte Sturmey-Archer à trois vitesses. Par la suite, le type N allait être décliné en cinq versions, toutes équipées de moteurs JAP : les N « Touriste » à moteur 250 ou 350 latéral sont équipées d'une pompe à huile manuelle semi-automatique et d'un « porte-bagages

En haut : dessins du brevet demandé par Clément-Gladiator en août 1926 pour un cadre qui allait être celui du type N. La principale revendication portait sur le parallélisme entre les longerons inférieurs 1 et 2 et les longerons supérieurs 7.

En bas : voici la gamme complète des Clément N telle qu'elle figure au catalogue de 1929. Si la ligne du type N était « dans la norme » en octobre 1926, elle ne l'était plus en 1929 face à une concurrence qui était majoritairement passée au réservoir en selle.

Motocyclette CLÉMENT Sport & Supersport

Moteur JAP monocylindrique à 4 temps, soupapes commandées. — *Allumage* par magnéto à haute tension avec avance réglable par manette au guidon. — *Carburateur* semi-automatique à deux manettes. — *Graissage* automatique. — *Changement de vitesse* Sturmey 3 vitesses. — *Transmission* par chaînes. — *Embrayage* à disques multiples commandé au guidon. — *Mise en marche* par Kick Starter. — *Décompresseur* actionné au guidon. *Cadre* double poutre armée en acier profilé et embouti breveté S. G. D. G. — *Fourche* élastique articulée avec amortisseurs. — *Frein* de direction. — *Roues* de 650 avec pneumatique Cord 25×3, 4 plis. — *Garde-boue.* — *Guidon* inclinable. — *Selle* montage spécial. — *Double repose-pieds.* — *Béquilles* avant et arrière. — *Réservoir d'essence :* 7 litres ½ — *Réservoir d'huile :* 2 litres ½ — *Frein* dans le moyeu de la roue arrière commandé par pédale. — *Frein* dans le moyeu de la roue avant commandé par levier au guidon. — *Plaques de police.* — *Poids* 100 kilogrammes environ.

SPORT	3 HP. - 250 C. C. - moteur JAP à soupapes latérales, vitesse 70 kilomètres à l'heure environ.	4700 fr.
	4 HP. - 350 C. C. - moteur JAP à soupapes latérales, vitesse 80 kilomètres à l'heure environ.	5000 fr.
SUPERSPORT	3 HP. - 250 C. C. - moteur JAP à culbuteurs, vitesse 80 kilomètres à l'heure environ. . . .	5300 fr.
	4 HP. - 350 C. C. - moteur JAP à culbuteurs, vitesse 90 kilomètres à l'heure environ	5500 fr.

Il y eut au moins une Clément N de course à moteur JAP Racing. On vit à son guidon la très sportive Mistress Gwenda Stewart, une anglaise haute en couleur. Née en 1894, elle est déjà ambulancière au front pendant la première Guerre. Elle débute à moto sur une Ner-a-Car en 1921, bat des records mondiaux en 1922 sur une Trump-JAP fournie par son mari, le Colonel Neil Stewart, patron de la marque. Installé à Paris, le couple s'attaque avec succès à divers records de vitesse à Montlhéry, sur Rudge en 1925 puis sur 350 Terrot-JAP en 1926. Mrs Stewart passa ensuite aux records automobiles, toujours avec succès ; mais ceci est une autre histoire.

suspendu formant siège ». Les N « Sport », dépourvues de porte-bagages, sont équipées des mêmes moteurs, mais avec graissage par pompe mécanique; enfin les N « Supersport » sont identiques aux « Sport » à l'exception de leurs moteurs qui sont des culbutés. Toutes les N sont des motos légères, entre 100 et 110 kg. Les prix sont dans la moyenne du marché.

Comme si l'originalité de cette N n'était pas suffisante, Ribeyrolles étudie un nouveau modèle à la partie-cycle encore plus révolutionnaire: ce sera la « Berceuse ». Le 15 décembre 1927, il dépose en Angleterre, cette fois en son nom personnel, une demande de brevet améliorant la transmission finale par chaîne sur une moto dotée d'une suspension arrière oscillante; le brevet sera délivré trois mois plus tard sous numéro GB287030. Il sera aussi délivré par la Suisse et par l'Allemagne, mais il semble qu'il n'ait jamais été déposé en France. La suspension arrière dite « cantilever à élément de suspension unique » n'étant pas brevetable car utilisée depuis de nombreuses années, en particulier par NSU dès 1911, le brevet de Ribeyrolles ne porte que sur le maintien d'une tension de chaîne constante avec une telle suspension. Il va être appliqué sur la « Berceuse ». Même hors ce dispositif, la partie-cycle de la « Berceuse » n'a rien de banal: le cadre n'est pas réalisé en tubes mais en barres pleines et l'amortissement des suspensions avant et arrière est particulièrement soigné, avec un dimensionnement très généreux… et un poids qui l'est tout autant. La poutre centrale du cadre est un caisson qui sert de réservoir d'huile, lequel est encadré par le réservoir d'essence en deux parties.

Présentée au Salon d'octobre 1927, la « Berceuse » sera disponible courant 1928 en cinq versions, toutes à moteur JAP, 350 ou 500, latéral ou culbuté. En dépit de prix très réalistes, sa diffusion restera modeste. La « Berceuse » évoluera peu: en 1931, elle adopte un réservoir plus allongé et plus élégant et la gamme s'enrichit de trois versions Compétition à moteur JAP Racing, qui sont proposées à des prix vertigineux: 9 500 F en 250 et 350 cm³, 10 000 F en 500. La production s'arrête fin 1931.

Bien que de très mauvaise qualité, cette illustration extraite du dépliant 1931 est fort intéressante car elle montre une version « Compétition » dotée du nouveau réservoir.

Lourde, mais dotée d'une tenue de route que n'offrait absolument aucune moto à cadre rigide, la « Berceuse » se fit un beau palmarès. Dès 1928, le nordiste Renaud remporte le Circuit des Routes Pavées et le parisien Andréino la Coupe de l'Armistice… chacun avec une 250! Quand on sait quel était l'état — épouvantable — du tracé de ces deux épreuves, on imagine tout ce que suspensions et amortissement apportaient comme avantage aux deux pilotes. Ingénieur chez Soubitez, Hector Andréino était aussi un exceptionnel metteur

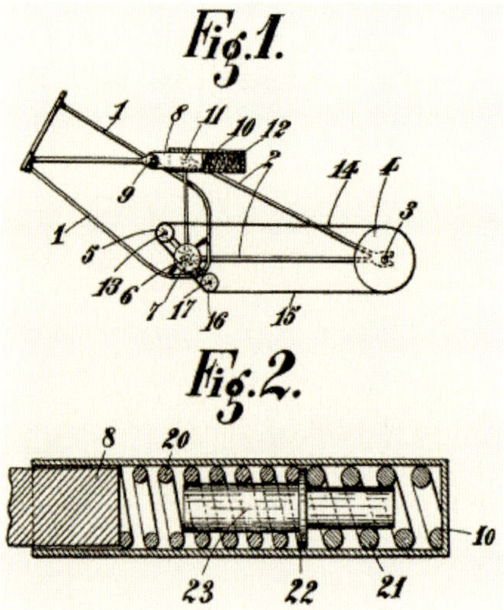

Les deux figures annexées au brevet anglais délivré le 15 mars 1928. La figure 1 montre bien la disposition de la suspension arrière, mais c'est le maintien du parallélisme des deux brins de la chaine qui est breveté.

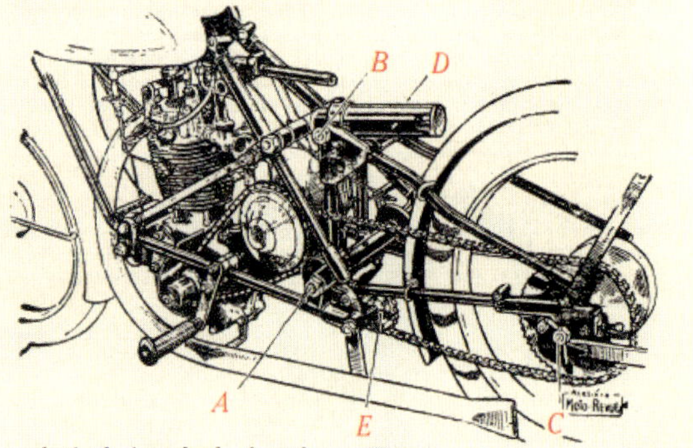

Détail de la suspension arrière et de la transmission à rendement intégral

(Brevetée S. G. D. G.)

DE LA

"BERCEUSE" CLÉMENT

A — Articulation de la fourche arrière montée sur amortisseurs réglables.

B — Point d'application de la suspension.

C — Axe de la roue arrière.

D — Cylindre guide enfermant les ressorts de suspension.

E — Pignon auxiliaire assurant le parallélisme des 2 brins de la chaîne et sa tension constante.

Cet extrait de la notice d'entretien de la « Berceuse » montre bien le détail de la réalisation de la suspension arrière et du dispositif qui maintient constante la tension de la chaîne.

Ultime avatar de la « Berceuse », voici celle d'Andréino en 1935, dotée d'un 500 Terrot RCP « 4 paliers ». La partie-cycle a été assez largement modifiée par le talentueux ingénieur, metteur au point et pilote. (Dessin Sidecar-Revue)

au point qui savait mieux que quiconque tirer le meilleur de n'importe quel moteur : il le démontra avec sa « Berceuse » achetée avec un moteur 250 JAP Racing, remotorisée une première fois avec un 250 Guzzi de course à ACT, puis une nouvelle fois avec des moteurs de course Terrot : indifféremment avec un 250 OCP ou un 500 RCP « quatre paliers » avec souvent changement de moteur entre deux courses.

Avec le 250 JAP, Andréino remporta, entre autres, des épreuves aussi diverses que le GP du Comminges (1929 et 1930, record battu), le Bol d'Or (en 1930, avec record battu de plus de 100 km ; en 1931 à nouveau, avec record battu également) ou la Côte de Doullens (1930, record battu).

Le 21 avril 1935, au kilomètre lancé de Nantes, avec chronométrage sur la moyenne des temps d'un aller et d'un retour, Andréino fut crédité de 154 km/h avec le 250 Terrot OCP et de 180 km/h avec le 500 Terrot RCP. Avec ce dernier, il signa même un meilleur chrono, avec vent favorable, à 193,548 km/h : il fallait vraiment que la « Berceuse » soit stable !

Contrairement à ce qu'il advient en général aux marques en fin d'existence, Clément, avec la « Berceuse », terminait sur un admirable chant du cygne : l'honneur du nom Clément restait sauf.

CMC - 130, rue de Bagneux à Montrouge

Construction Moderne de Cycles. Cyclomoteurs à moteur Cucciolo de 1951 à 1954.

CMR - 131, avenue de Neuilly à Neuilly-sur-Seine

Centre de Montage et de Réparation des Motocyclettes, de 1944 à 1946. Quand commence la Libération de la France, à la fin du printemps 1944, les forces de Gendarmerie et de Police utilisent principalement des

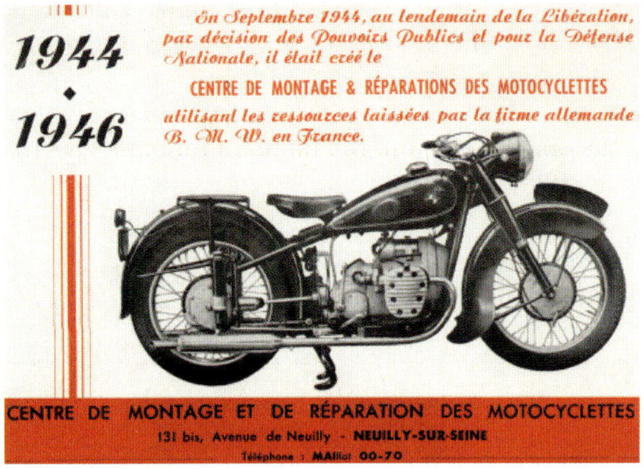

La gamme des « Berceuses » pour 1930.

Prospectus du CMR montrant une BMW 750 latérale R71 de fin 1946, déjà partiellement francisée : garde-boue, silencieux, phare, feu arrière, selle enfin, qui est une Mérat. La francisation totale était prévue pour 1947 sous l'appellation CMR. 71.

350 Berceuse compétition à moteur JAP Racing. Le réservoir est encore du premier modèle. Comme sur toutes les « Berceuses », la boîte Sturmey-Archer est inversée ; c'est ici une version course, sans kick. Le cache protégeant les ressorts et l'amortisseur de la fourche Clément a été supprimé.

C

motos BMW R12 abandonnées en grand nombre par l'armée allemande.

Fin 1944 est fondé le CMR qui assemble près de 400 machines à partir de pièces récupérées dans les ateliers abandonnés par l'occupant. Outre les 750 latérales R12, très majoritaires, quelques 600 R61 latérales ou R66 culbutées, enfin de rares 750 R71 latérales, le CMR assemble un modèle qui n'existe pas chez BMW et qui est baptisé R73 : c'est le résultat du montage d'un moteur 750 culbuté de R75 dans une partie-cycle de R71 à soupapes latérales. A la fin de l'été 1946, le CMR annonça son intention de produire en 1947 la 600 culbutée CMR.66 et la 750 latérale CMR.71, sosies des modèles de Munich, intégrant progressivement un maximum de pièces produites par l'industrie française en cours de redémarrage. Mais les pouvoirs publics ne soutinrent pas cette initiative, donnant la préférence au CEMEC qui allait lancer la L7.

CNC - 112, bd de la Chapelle à Paris XVIIIe

Comptoir National du Cycle, Ets Flechter ; d'abord à l'adresse susdite puis au 184 de la rue du Faubourg

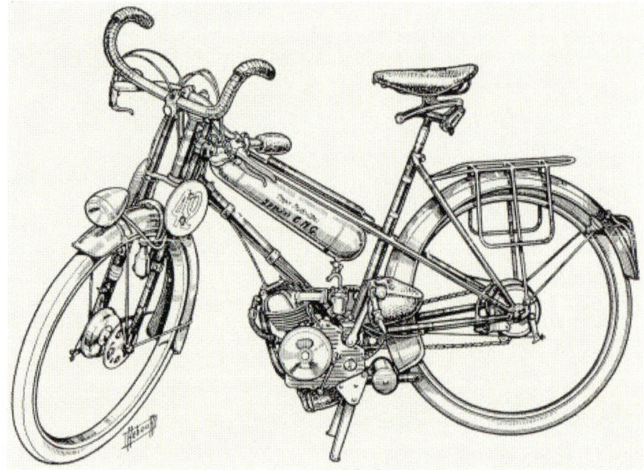

Saint-Denis à Paris X^e^. A partir de 1951, les Ets Flechter commercialisèrent sous la marque CNC une gamme de quatre cyclos, avec autant de motorisations différentes : type K à moteur Kid sur la roue avant ; type CU à moteur Cucciolo ; type LP à moteur Le Poulain et type V à moteur Vimer. Il semble bien que l'incursion de CNC dans le monde des motorisés fut brève, la marque se spécialisant dans le vélo de course sur mesure et obtenant 36 titres nationaux et 12 titres mondiaux… avec l'équipe cycliste d'URSS.

▸▸ Un « Paris-Nice des cyclomoteurs » fut organisé début mars 1951 et remporté par Galle sur un cyclo CNC à moteur Cucciolo. Voici le pilote et sa monture photographiés à l'arrivée à Nice (photo ERPE) et l'engin seul croqué par Daniel Rebour.

COINTOT - 89, rue des Poissonniers à Paris XVIIIe

Les frères Cointot construisirent de 1947 à 1955 un vaste éventail de cyclomoteurs tous équipés d'un moteur Cucciolo à une exception près : leur modèle le moins cher en 1955, dit Populaire, qui recevait un Briban. Toute la gamme haute des Cointot disposait de six vitesses : deux données par le bloc-moteur Cucciolo multipliées par les trois d'un dérailleur renforcé. L'arrêt de la production du Cucciolo fait disparaître les cyclos Cointot.

▸▸ En bas : comme CNC, la marque Cointot prit part au Paris-Nice 1951, elle aussi avec un moteur Cucciolo ; l'habituel pédalier était remplacé par un kick.

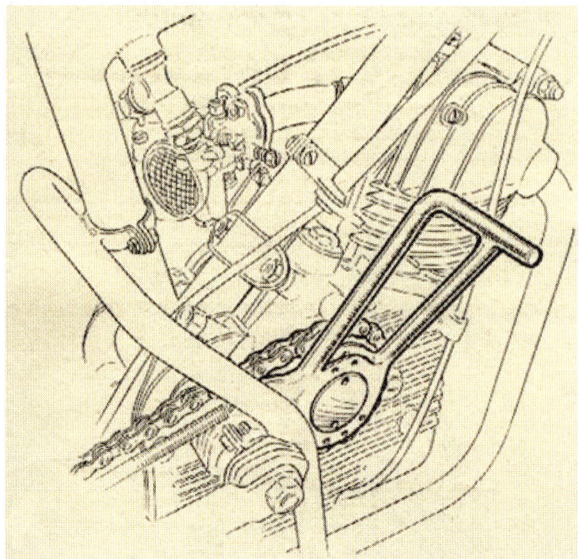

COLOMB - 222 à 226, rue Etienne-Marcel à Bagnolet

Ets Marius Colomb & Fils. Connus dans le monde du beau vélo et de la moto pour être importateurs Bianchi, les Ets Colomb tentèrent l'aventure du cyclomoteur de 1950 à 1954 avec des moteur VLT, Vap ou Le Poulain. Le haut de gamme chez Colomb est la « Motoclette Sport » qui possède un original réservoir-poutre.

COMEF - 41, rue Lafayette à Paris IXe

Constructions Mécaniques de France. En 1951 et 1952, cette entreprise produit sous licence suisse Comodo le moteur à galet Perrenoud. ▼ Voir à ce nom.

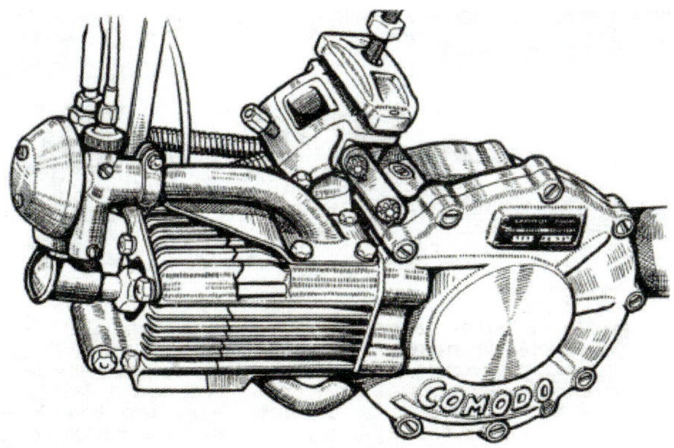

COMIOT - 87, bd Gouvion Saint-Cyr à Paris XVIIe

Dès 1896, Comiot achète à de Dion & Bouton des tricycles complets, à l'exception de la fourche, pour les revendre sous son nom avec sa propre fourche pour seul apport. Quoique mineure, la marque Comiot est connue partout dans le monde car circulent depuis au moins 25 ans des reproductions d'une fort belle affiche qui daterait de 1899. Le passage de Comiot dans le monde de la moto fut bref, mais la marque perdura dans la mécanique, devenant vers 1930 importatrice pour la France et ses colonies du matériel de motoculture américain Gravely (très réputé pour ses débroussailleuses forestières), activité qui était encore sienne à la fin des années cinquante.

CONTAL (MOTOTRI) - Raisons sociales et adresses multiples

Avertissement au lecteur : nous avons hésité sur le classement à la lettre C du « Mototri Contal » qui ne sort réellement des ateliers de Camille Contal que de

C

◀ *Due au réputé peintre, illustrateur et sculpteur suisse Théophile Steinlen (1859/1923) qui vécut à Montmartre à partir de 1881, l'affiche Comiot de 1899 est mondialement connue.*

◀◀ ▼ *A l'enseigne d'une caravelle, Marius Colomb et ses fils, Marcel et Jean, proposèrent la très onéreuse « Motoclette Sport » à moteur VLT 2 vitesses et suspension intégrale : télescopique à l'avant et oscillante à l'arrière.* (Courtoisie J. Goyard)

▼ *Couverture du catalogue Contal 1906.*

C

Le Mototri Contal en 1905 et 1906 : le cadre est entièrement fait de tubes.

1905 à 1908. Considérant que les successeurs de Contal, MM. Gaston Hamelin puis Gaston Rivierre, ont conservé le nom du constructeur, Contal, associé à la marque commerciale, Mototri, nous avons opté pour la lettre C.

En janvier 1905, Camille Contal est installé au 1, rue de Gravel à Levallois ; en octobre de la même année, il déménage ses ateliers au 5, rue Voltaire, toujours à Levallois. Courant 1905, il ouvre un magasin d'exposition au 64, avenue de la Grande-Armée à Paris XVIIe.

Quand Gaston Hamelin, ingénieur des Arts & Manufactures, succède à Camille Contal, fin 1908, il ne conserve pas ce magasin et transfère la production au 68 de la rue de Villiers, à Levallois encore. Début 1911 enfin, Gaston Hamelin cède à son tour le fonds de commerce et la marque Mototri Contal à Gaston Rivierre, qui était alors installé au 31 de la rue de Chatou à Colombes ; Rivierre exploita l'affaire jusqu'à la déclaration de guerre du 3 août 1914.

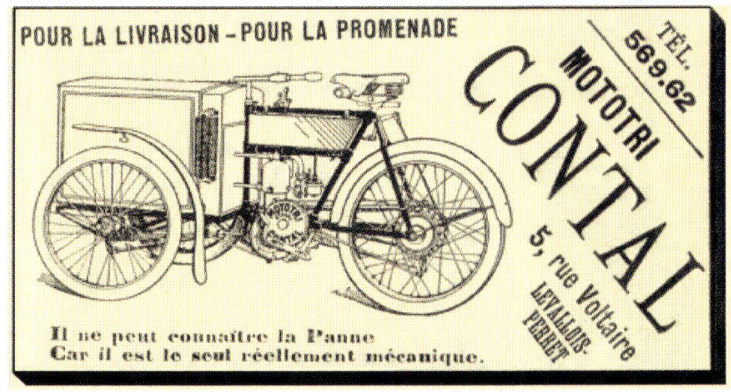

Camille Contal n'est certes pas « l'inventeur » du tricar, mais c'est lui qui en fit un engin moderne et efficace. Il détermina une architecture générale reprise par presque tous ses concurrents : moteur refroidi par eau, transmission finale par chaîne, direction de type automobile et non plus à cheville ouvrière. Conscient de la nécessité de disposer d'un embrayage et d'au moins deux rapports pour pouvoir tout à la fois démarrer en côte à pleine charge et maintenir une honnête vitesse de croisière en palier, il équipa la roue arrière d'un moyeu à deux vitesses et embrayage conçu et construit par Gaston Rivierre. Pour limiter le diamètre de la couronne arrière, il obtint aussi du motoriste Villemain (qui équipait déjà Chanon) qu'il installe sur le côté gauche des moteurs (80 x 86 mm, soit 432 cm^3) qui lui étaient destinés un réducteur à engrenages largement dimensionné ; enfin il ajouta deux radiateurs latéraux à un réservoir d'eau de très grande capacité.

Gaston Rivierre et son Mototri au Concours de tricars du journal L'Auto en septembre 1905. (Photo Jules Beau)

Place de la Concorde, 28 juillet 1905 : Gaston Rivierre, à droite, surveille l'un des deux Mototris Contal tout neufs qui vont participer au concours de véhicules industriels organisé par l'ACF. (Photo Jules Beau)

Encore inconnu fin 1904, Contal travailla vite car il parvint à présenter deux Mototris au « Concours de Véhicules Automobiles Industriels » organisé par l'Automobile-Club de France du 28 juillet au 8 août 1905. Un mois plus tard il en alignait trois (pour Villemain, le motoriste, Rivierre, concepteur du moyeu arrière, et Pillas) au départ du « Concours de tricars » organisé par le journal *L'Auto* le 10 septembre 1905. Disputé sur 100 kilomètres à moyenne imposée de 30 km/h, avec deux épreuves chronométrées (un kilomètre en palier départ lancé et un kilomètre en côte départ arrêté), ce concours compta 21 partants. Gaston Rivierre termina troisième à une poignée de secondes derrière les deux tricars Bozier… disposant, eux aussi, de deux vitesses; Pillas se classa cinquième et Villemain dix-huitième.

Construit en tubes en 1905 et 1906, le cadre du Mototri évolue en 1907 et reçoit des longerons inférieurs en tôle emboutie; la même année les radiateurs latéraux sont agrandis tandis qu'apparaît au catalogue, en option, un allumage par magnéto Eisemann à basse tension.

En dépit d'une production qui ne dépasse sûrement pas quelques centaines d'unités, la notoriété du Mototri Contal est mondiale car l'un d'eux, doté d'un refroidissement amélioré, figurait au départ de la légendaire course Pékin-Paris, le 10 juin 1907. Le succès ne fut pas au rendez-vous car ce Mototri était en énorme surcharge: près de 600 kg au lieu des 320 kg relevés lors du pesage du Concours de Tricars de septembre 1905 !

Mototri Contal version 1907 avec cadre mixte, en tubes et tôle emboutie.

De plus ce poids était très mal réparti, portant surtout sur l'avant: la motricité de la roue arrière s'en trouvait considérablement réduite. L'équipage formé par Auguste Pons, pilote, et Octave Foucault, passager, ne pouvait ainsi progresser que sur des sols très fermes. Or dès le début de la course, la boue fut de la partie et la progression difficile et très lente. Et quant vint le moment d'affronter les sables du désert de Gobi, que les voitures avaient franchi depuis longtemps déjà, Pons et Foucault étaient seuls et sans assistance aucune. L'équipage dut abandonner le Mototri en panne d'essence et fut bien près de mourir de soif, n'échappant à cette issue fatale qu'en rencontrant miraculeusement des nomades après deux jours d'errance.

En dépit de cet échec, la production du Mototri continua. Rien n'indique que Gaston Hamelin lui ait apporté une quelconque modification durant les deux ans de sa gestion. En revanche, Gaston Rivierre le modernisa un peu et fit même réceptionner aux Mines en mai 1913 une nouvelle version, dite type E; nous ignorons hélas en quoi elle se différencie des précédentes. En 1914, le Mototri Contal était le dernier survivant du genre « tricar » qui avait pourtant compté une vingtaine de constructeurs huit ans plus tôt.

L'emblème du Mototri Contal est pour le moins original. Celui-ci date de 1913.

Ces photos du Mototri Contal de Pons et Foucault lors de Paris-Pékin en 1907 montrent l'énorme charge présente sur l'avant. Les gouttières logées en position de garde-boue étaient destinées à permettre le passage des roues avant au-dessus d'obstacles genre fossés ou petits torrents.

CORRE - 54, rue de Villiers à Levallois-Perret

Agence Industrielle d'Automobiles Gustave Fouillaron, Jean-Marie Corre directeur. A l'adresse susdite et au 1 de la rue Chevallier, à Levallois également. En 1901, fondation de la *Compagnie Française des Automobiles Corre*, avec siège à Levallois puis à Neuilly-sur-Seine. En 1907, *Corre & Cie* quittent le département de la Seine.

Né en Bretagne en 1864, Corre est d'abord un coureur cycliste de très grand renom: il termine quatrième de Paris-Brest-Paris en 1891 et remporte la troisième puis la deuxième place dans Bordeaux-Paris en 1893 et 1895. Dès 1898, il pilote des tricycles de Dion & Bouton avec de fort beaux résultats, dont une victoire dans Bordeaux-Paris. L'existence de tricycles vendus sous la marque Corre n'est hélas attestée que par le document ci-contre: en dépit de son assez médiocre qualité, il semble bien que l'engin soit un pur produit de Dion & Bouton.

Tricycle de Dion & Bouton vendu par l'A.I.A. que dirigeait Corre.

COUPET & BERTIN - 20, rue du Centenaire à Puteaux

Georges Coupet et Emile Bertin étaient associés avec Gustave Evrard au sein de la société SIC lors de la création de la marque Dé-Dé en 1920. En avril 1923, Evrard quitte la SIC en conservant la marque Dé-Dé. Le 30 octobre 1923, Coupet et Bertin créent une nouvelle société dont l'activité annoncée est « cycles, motos et accessoires ». Nous ne connaissons que deux modèles de motos Coupet & Bertin, équipés de moteurs deux-temps Moussard : la 175 CB5, à boîte deux ou trois vitesses, réceptionnée par les Mines le 16 avril 1927, et la 250 CB14, à boîte trois vitesses, qui le fut le 11 mai 1928. Coupet & Bertin vendirent également la CB5 sous la marque Sydia.

En proie à des difficultés financières, les Ets Coupet & Bertin furent placés sous le régime du concordat le 20 décembre 1933 et auraient disparu peu après.

175 Coupet & Bertin type CB5 vendue sous la marque Sydia. (Courtoisie FMD)

CP - 10, rue des Ecoles à Gennevilliers

MM. Couégnas & Poisson puis Couégnas & Piault, constructeurs.

Le 24 mai 1926 à 15 heures, le drapeau à damiers s'abattait sur la ligne d'arrivée du Bol d'Or. En 350, il consacrait la très nette victoire d'une moto que nul ne connaissait auparavant : la CP à moteur bicylindre deux-temps Harrissard (construit, lui aussi, à Gennevilliers) et boîte Staub à trois vitesses. Menée par Renaud, un jeune pilote presque sans expérience, la 350 CP avait parcouru 1 460 kilomètres, terminé cinquième au classement général et battu dans sa catégorie des binômes aussi confirmés que Gaussorgues sur Monet-Goyon, Pierre sur DFR ou Vuillamy sur Harley-Davidson.

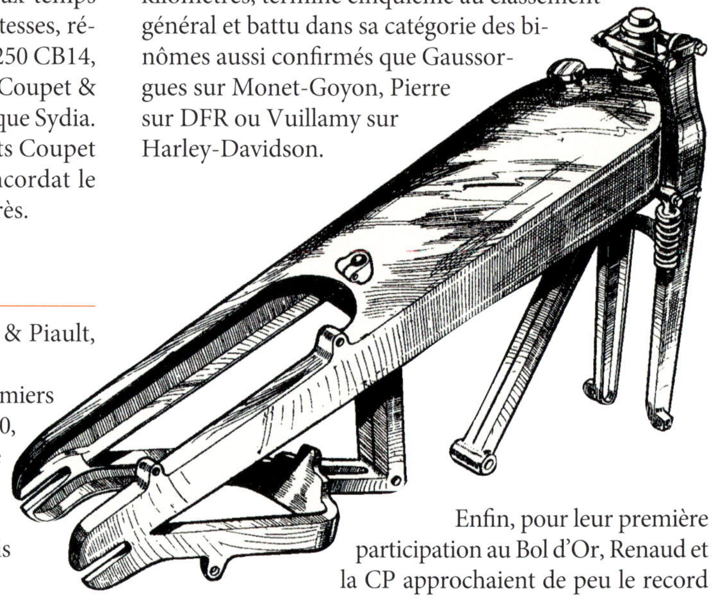

Le cadre et la fourche de la CP sont un beau et sûrement coûteux travail de chaudronnerie.

Enfin, pour leur première participation au Bol d'Or, Renaud et la CP approchaient de peu le record général de l'épreuve établi l'année précédente par Hufkens, pilote officiel de Gillet-Herstal.

Déjà remarquable par son moteur bicylindre, le seul aligné au départ du Bol d'Or sur une moto solo, la CP se signalait aussi par son cadre-poutre reliant en ligne droite la colonne de direction à l'axe de la roue arrière : le cadre *delta-box* n'est pas une invention japonaise !

Aussitôt après le Bol d'Or, *Moto-Revue* salua haut et fort cette nouvelle moto. Le bimensuel à couverture rouge eut encore l'occasion d'en parler en août après Paris-Les Pyrénées-Paris, que la CP termina sans pénalisation, puis début octobre après le GP de France du MCF disputé à Montlhéry : la 350 CP avait terminé à la fort respectable moyenne de 88,7 km/h. Tous ces échos très favorables et quelques publicités dans *Moto-Revue* permirent à Couégnas & Piault de trouver en peu de mois une entreprise disposée à construire la CP en série, sous licence.

Publicité CP parue dans Moto-Revue n° 197 du 1er juillet 1926. Nous ignorons tout de la 125 CP qui gagne en côte à Argenteuil et à Château-Thierry.

CP-ROLÉO - 64, rue de la Folie-Méricourt à Paris XIe

Léon Rollet puis *Ets Rollet & Cie*. L'entreprise fondée en 1897 par Léon Rollet pour construire des cycles se spécialise très vite dans l'importation de produits industriels depuis le Royaume Uni, où vit son frère Henri. Au catalogue de Rollet figurent en particulier les réputés roulements Hoffmann (aujourd'hui RHP), les pompes à vélo et garde-boue Bluemel's (toujours réputés aujourd'hui), les accessoires de graissage Enots, les carburateurs AMAL, l'outillage à main King Dick et les tailleuses d'engrenages Parkson.

Prospère, l'affaire traverse sans encombre la Première Guerre mondiale. Léon Rollet meurt le 1er juin 1922, six mois seulement après avoir transformé son entreprise en *S.A. des Ets Rollet & Cie*; son épouse Yvonne lui succède, secondée par leur fils Henri. Fin 1926, Rollet & Cie achètent à Couégnas & Poisson la licence de construction de leur moto à cadre en tôle, voyant en elle un produit supplémentaire à proposer aux agents qu'ils fournissaient en cycles. Et le 15 février 1927 déjà, *Moto-Revue* détaille une gamme de quatre motos devenues CP-Roléo : 175 et 250 monocylindres, 350 et 500 bicylindres ; toutes à moteur deux-temps Harrissard ; leur commercialisation réelle cette année-là ne dépassa pas quelques unités.

En revanche, la gamme CP-Roléo de 1928 est bien réelle, avec une 250 deux-temps et des 250, 350 et 500 à moteur LMP latéral ou culbuté. Un changement de motoriste survient en 1929 au profit de Staub et de ses robustes blocs-moteurs 350 et 500 utilisant cylindre et, sur les versions culbutées, culasse et distribution haute de fabrication anglaise JAP. Dès lors la gamme, qui a certes perdu quelque peu de son élégante « minceur » originelle, reste stable jusqu'en 1932 qui sera la dernière année de production.

Malgré des prix « tirés », les CP-Roléo étaient en général plus chères que les machines équivalentes des grands constructeurs et leur diffusion resta quasi confidentielle, d'autant que la marque ne disposait que d'un réseau commercial fort limité.

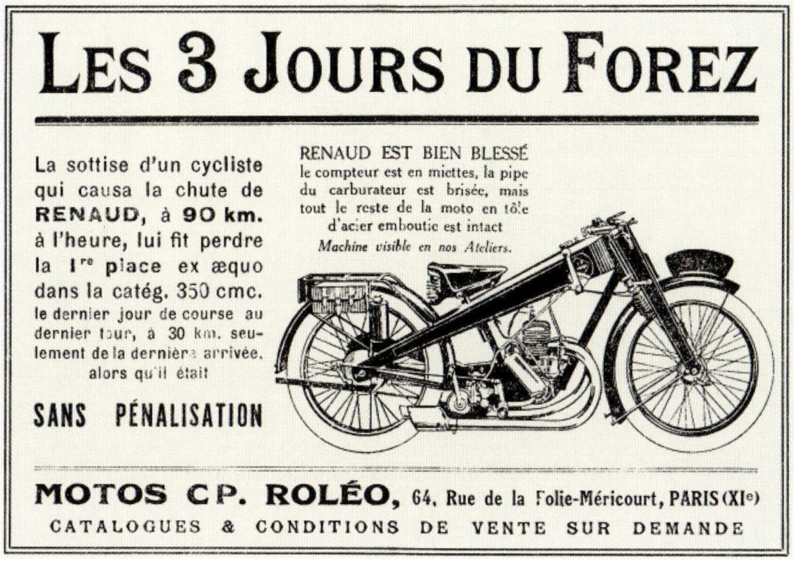

Glorieuses au Bol d'Or, les CP-Roléo s'illustrèrent aussi en régularité… sauf malchance.

350 CP à moteur Harrissard en version commerciale. Les minuscules silencieux devaient peiner à étouffer la sonorité puissante du bicylindre deux-temps.

350 CP-Roléo 1929 équipée du bloc-moteur JAP-Staub culbuté. Bien que cette mécanique soit considérablement plus lourde qu'un 350 Harrissard ou qu'un LMP suivis d'une boîte Staub, la rigidité du cadre demeure très satisfaisante.
(Collection P. Dogimont)

La 500 CP-Roléo à moteur LMP culbuté de 1928 ne manque pas d'allure !

CP-Roléo continua pourtant à engager des motos en course : régularité, endurance et même GP de France. Et c'est encore le Bol d'Or qui donna à CP-Roléo ses plus belles victoires : celle de Fournier, en 1928, en catégorie 350, assortie d'une deuxième place au classement général ; puis celle de Renaud à nouveau, en 1929, au guidon cette fois d'une 250 : il bat le record de la catégorie et établit au passage un nouveau record du monde des 24 heures pour cette cylindrée, à 63,396 km/h de moyenne.

CPC - 139, rue Lafayette à Paris Xe

Construction Parisienne du Cycle. Cyclomoteurs à moteur Le Poulain ou Cucciolo de 1951 à 1954.

CRÉANCHE - 2, rue du Souvenir à Courbevoie

Société des Automobiles L. Créanche. Usine à l'adresse susdite, mais la marque mentionne toujours l'adresse de son magasin d'exposition, rue de Brunel à Paris XVIIe : au numéro 33 tout d'abord, puis au 7 à partir de fin 1899.

Apparus en 1897, les premiers tricycles Créanche à moteur de Dion & Bouton sont produits par les *Ets Ph. Marot, Gardon & Cie,* sans doute à Corbie (Somme). Ils se distinguent des tricycles de Dion & Bouton par cadre, fourche, carter de pont et chaîne de pédalier sous carter.

Publicité Créanche extraite de L'Automobile théorique et pratique par L. Baudry de Saunier, édition 1899. (Document courtoisie Musée Henri Malartre)

Créanche ayant existé jusqu'en 1902 (dissolution le 9 juillet), les derniers tricycles ont été construits, comme les voitures de la marque, dans l'usine de Courbevoie.

CYCLEX - Adresses multiples

Eugène-Marius Gadoux, constructeur – 5, square du Thimerais à Paris XVIIe, puis 26, rue Bayard à Paris VIIIe, enfin 17, rue Ybry à Neuilly-sur-Seine.

Le 11 janvier 1947, Eugène Gadoux, « ex-technicien Hispano-Suiza » dépose avec Jacques Mouliot une demande de brevet d'invention pour un ambitieux moteur auxiliaire à galet à monter à l'arrière d'un cycle : ce n'est rien moins qu'un bicylindre de 96 cm^3, avec un

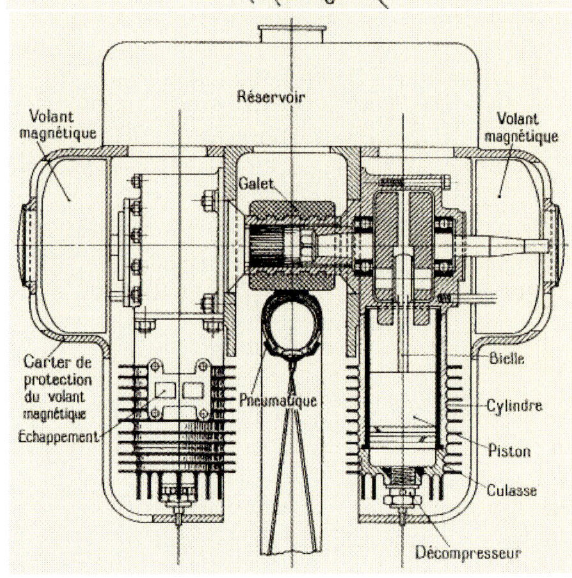

Le bicylindre Cyclex à transmission par galet tel que Daniel Rebour le dessina lors du Salon d'octobre 1947. En-dessous, la coupe montre bien qu'il fait appel à deux embiellages séparés et à deux volants magnétiques. Superbe et protégée par un brevet, cette réalisation ne nous apparaît pas très réaliste car bien trop coûteuse pour un groupe auxiliaire.

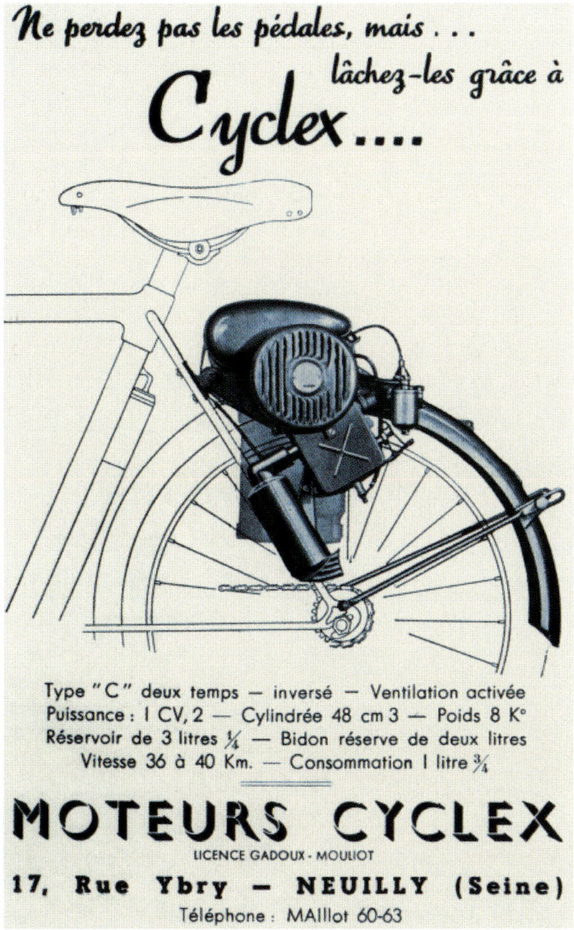

Le monocylindre Cyclex 48 cm³ type C. Il est boulonné à l'arrière sur un garde-boue renforcé en alliage léger qui est livré par le constructeur.

cylindre de chaque côté de la roue, orienté vers le bas et accompagné de son propre volant magnétique ; son montage transforme donc un vélo en un… vélomoteur.

De ce twin sera dérivé un plus raisonnable monocylindre de 48 cm³, pour cyclomoteur donc, avec refroidissement à air forcé et silencieux de bonne capacité. Les deux moteurs furent présentés au Salon d'octobre 1947 mais seul le monocylindre a été produit, assurément en très petit nombre.

Signalons, pour la petite histoire, qu'Eugène Gadoux déposa aussi le 2 février 1945 puis le 21 janvier 1946 des brevets pour un moteur à pistons ovales. Le deuxième lui fut délivré le 20 août 1948 : 31 ans avant l'apparition de cette technologie sur la 500 Honda NR…

CYCLOLUX - 8, rue de Richelieu à Paris Ier

Les Ets Darris présentent au Salon d'octobre 1949 un cyclo à galet sur la roue avant ; il utilise un moteur Le Poulain dont le cylindre est inhabituellement placé tête en bas sur le côté de la roue. Comme sur le Cyclex qui précède, le but visé est l'abaissement du centre de gravité. La production se poursuit jusqu'en 1952.

Très innovant, le Cyclorex se voulait avant tout un cycle à assistance mécanique. La complexité des dispositifs mis en œuvre exigeait une réalisation très soignée pour que la fiabilité soit au rendez-vous. Nous ignorons si elle le fut.

CYCLOREX - 44, rue de la Jonquière à Paris XVIe

Le Cyclorex fut présenté au Salon d'octobre 1947. Est-ce un véritable cyclomoteur ? Nous ne l'affirmerons pas ! Ne serait-ce pas plutôt un VAT, un Vélo à Assistance Thermique, pour reprendre, un peu différemment, le moderne vocable de VAE, Vélo à Assistance Electrique ? Car la véritable et grande originalité du Cyclorex tient au fait que son petit moteur deux-temps (33 cm³ seulement) ne participe à l'avancement que si l'utilisateur pédale. Comme sur un vélo électrique ! Et comme sur un vélo électrique encore, ce moteur délivre d'autant plus de puissance que l'utilisateur du Cyclorex pédale plus fort. Bien évidemment, le moteur thermique ne s'arrête pas lorsque le Cyclorex est à l'arrêt, à un feu rouge : il continue à tourner, obligatoirement au ralenti, embrayage automatique découplé. Le tout fonctionne sans commande des gaz au guidon, la dite commande étant automatique et liée à l'effort de pédalage. En descente, si l'utilisateur cesse de pédaler, le moteur revient au ralenti, le débrayage intervient et l'engin se retrouve en roue libre. Cerise sur le gâteau, le Cyclorex bénéficie des trois vitesses offertes par un dérailleur car le moteur transmet sa modeste puissance d'un tiers de cheval au niveau du pédalier !

Tout cela est obtenu via un pédalier particulièrement complexe : il comprenant un embrayage garni de caoutchouc et un fort ingénieux mécanisme faisant appel à deux courtes rampes hélicoïdales taillées dans un axe creux solidaire du plateau du pédalier, lequel sert aussi de plateau d'embrayage. C'est la réaction sur ces rampes du couple induit par le pédalage qui commande à la fois l'embrayage et l'ouverture des gaz.

A cause du cylindre inversé, il faut un œil exercé pour reconnaître le moteur Le Poulain sur le Cyclolux.

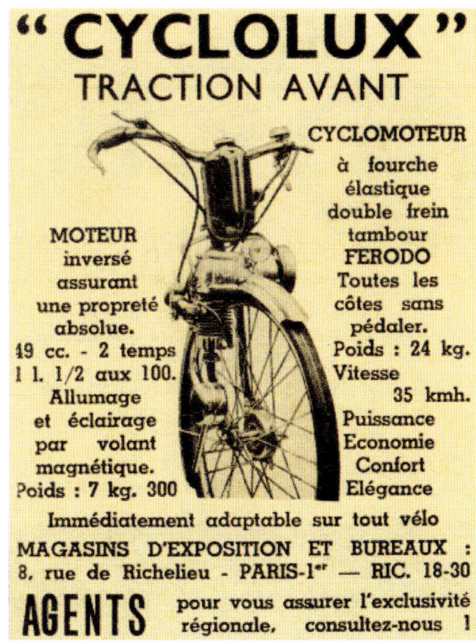

C

La devise du CYCLOREX :

“AIDE - TOI TON MOTEUR T'AIDERA”

Le magazine Science & Vie *consacra un long article au Cyclorex, expliquant en détail le mode de fonctionnement du pédalier et de l'embrayage.*

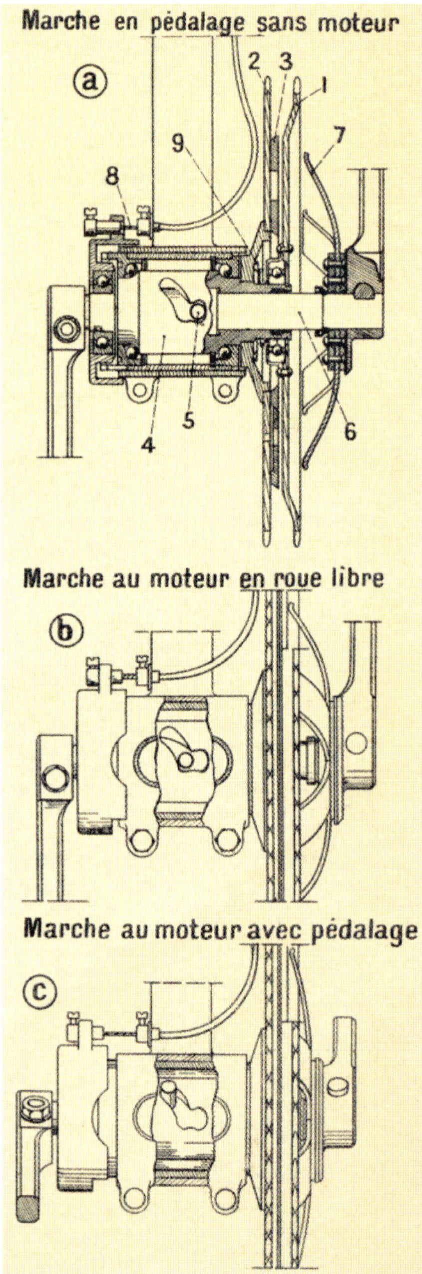

Cyclorex revendiquait une vitesse normale d'utilisation en plat, par un cycliste lambda, de 30 à 35 km/h avec seulement 1,3 litre de mélange aux 100 kilomètres, soit moins que la consommation réelle d'un VéloSolex… roulant moins vite. Le magazine *Le Cycle* de novembre 1947 précise même « que la vitesse peut aller jusqu'à 45 km/h et même plus selon le développement employé et la vigueur du cycliste ».

Quoique mis en avant par de nombreuses revues (*Le Cycle*, la *RTM* et même *Science & Vie* dans son numéro d'octobre 1948), il ne semble pas que le Cyclorex, assurément trop en avance sur son temps, ait connu un grand succès commercial ; il est encore mentionné en octobre 1948 puis disparaît de la presse de l'époque.

FIG. 2. — L'ACCOUPLEMENT AUTOMATIQUE AU PÉDALIER DU MOTEUR AUXILIAIRE CYCLOREX

Le moteur est monté sur le tube avant du triangle principal du cadre et transmet son mouvement par chaîne au plateau denté 1, parallèle au plateau de pédalier 2 qui porte un disque d'embrayage en caoutchouc 3. Ce plateau de pédalier est solidaire d'un axe creux 4 où est ménagée une double rampe hélicoïdale dans laquelle sont engagées les extrémités d'une broche 5, portée par l'axe du pédalier 6. En pédalage sans moteur (A), le plateau du pédalier est entraîné par la broche 5 logée dans les évidements de l'axe creux 4. Pour la marche au moteur (B et C), on déplace d'abord l'axe du pédalier vers la gauche ; sous l'effort du pédalage, la broche 5 s'engage dans les rampes hélicoïdales, ce qui entraîne l'axe du pédalier 6 vers la gauche et applique les deux plateaux 1 et 2 l'un contre l'autre, grâce au ressort d'embrayage en étoile 7 ; en même temps, la traction sur le câble 8 provoque l'ouverture des gaz proportionnellement à l'effort de pédalage. Quand celui-ci cesse, l'axe 6 revient vers la droite à sa position première, le ressort de débrayage 9 écarte les deux plateaux, la traction sur le câble 8 cesse provoquant la réduction des gaz et le moteur débrayé tourne au ralenti.

CYCLOTRACTEUR - 2, place Collange et 29, rue Baudin à Levallois-Perret

Compagnie Française des Automobiles de Place, constructeur. Le Cyclotracteur naît du rachat en 1919 par la CFAP de ses droits et brevets à Raymond Maucaire, l'inventeur, en 1913, du « tracteur amovible RM ». Il s'agissait d'un groupe auxiliaire à transmission par galet à monter au dessus de la roue avant d'une bicyclette.

Disposant d'importants moyens financiers, la CFAP industrialise rapidement une production restée jus-qu'alors artisanale. Le Cyclotracteur est présenté au Salon de décembre 1919 avec un moteur 108 cm^3 quatre-temps déjà bien désuet puisqu'il est encore à admission automatique ; il développe 1,5 ch et permet 30 km/h. Cette mécanique est montée sur un bâti articulé et une manivelle bien placée juste derrière le guidon permet de désolidariser le galet du pneumatique ; elle peut servir d'embrayage et de débrayage… si le conducteur l'actionne à bon escient.

Les ventes du Cyclotracteur sont correctes pendant deux ans mais l'outil de production est surdimensionné et le stock grandit dès le printemps 1922. La CFAP jette l'éponge à l'automne 1923 et les derniers Cyclotracteurs sont bradés à vil prix en 1924.

La caractéristique la plus notable du Cyclotracteur est son moteur 4T à admission automatique, une technique certes vieillotte mais qui a le mérite d'une grande simplicité et d'une réelle douceur de marche. La survivance d'assez nombreux exemplaires dans les collections d'aujourd'hui semble indiquer tout à la fois une production importante et une fiabilité de bon aloi.

D'Yrsan Dalifol Damas Daring Darlot Darris Daudon David Dax de Dion & Bouton Dé-Dé Deauville Deckert Déesse Degré Delaplace Deprez Derby Derby-Sport Derny Devinant DFR Diamon Diane Diem Diva Dixor DMS Dollar Doué Dresch Droulhiole DS DS-Malterre Ducheron Ducom Ducommun Duncan & Suberbie Durey Durif Dutemple Duten Dutheil-Chalmers

D

D'YRSAN - 111 bis, quai d'Asnières à Asnières

Raymond Siran, constructeur. Très connue pour ses cyclecars sportifs à 3 ou 4 roues, produits de 1923 à 1928, la marque d'Yrsan l'est beaucoup moins comme importatrice des moteurs Blackburne pour la France et pratiquement pas du tout pour ses motos. Pourtant, d'Yrsan écrivit — certes pas toujours tout seul — quelques belles pages du motocyclisme français du milieu des années vingt, avec des cylindrées allant de 100 à 350 cm³. En 1924, d'Yrsan catalogue une 100 monovitesse (50 x 50 mm) et une 125 (56 x 50 mm) à deux vitesses, équipées de moteurs Lutétia. Et c'est avec le 100 Lutétia que la marque se distingue aussi bien au Concours du Litre d'essence (victoire de Lézin qui couvre 130,1 km, soit une consommation de 0,768 l/100 km!) qu'aux records du monde, le petit deux-temps étant alors alimenté par deux carbus.

Le 11 octobre 1924, une semaine après son inauguration, l'autodrome de Montlhéry accueille sa deuxième épreuve. A cette occasion, l'anglais Dougal Marchant, engagé sur d'Yrsan-Blackburne, remporte, à plus de 140 km/h, la course des 500, disputée selon la formule de deux manches de 50 km et une belle de 10 km. En fait la soi-disant d'Yrsan-Blackburne était la monture personnelle de l'anglais, une 350 (mais oui, une 350 qui gagne face à toutes les « vraies » 500!), monture qui ne devait absolument rien à la marque d'Asnières, même pas les décalcomanies… absentes!

Dès 1925, fort de ces résultats porteurs de publicité gratuite, Raymond Siran ajouta à ses petites cylindrées deux-temps une gamme de trois motos à moteur Blackburne: une 350 et une 500 latérale ainsi qu'une 350 culbutée; toutes étaient de présentation très soignée, mais fort chères. Les ventes furent donc minces. De plus, d'Yrsan eut à affronter dès 1926 la concurrence des Terrot-Jap et des Magnat-Debon-Blackburne, fort bien construites et plus abordables: 5 300 F pour la 350 Terrot-Jap culbutée quand la 350 d'Yrsan-Blackburne culbutée était affichée à 5 900 F. Très investi dans la course automobile de haut niveau (24 heures du Mans par exemple), il semble que Raymond Siran ait abandonné la moto dès 1927.

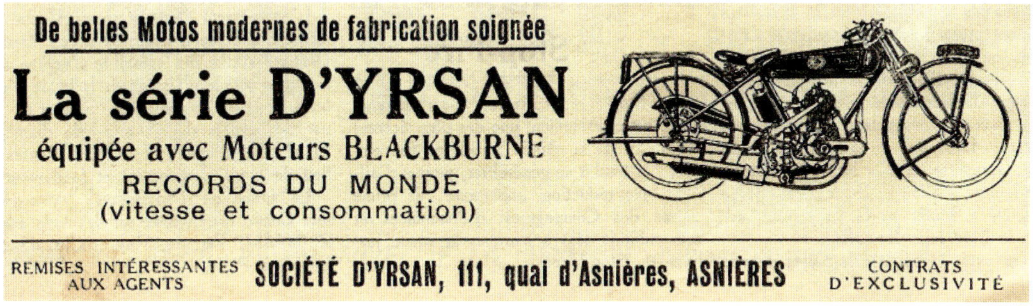

▲ *Publicité d'Yrsan parue dans la* Revue des Agents *le 25 février 1925. Même avec « seulement » un Blackburne latéral, la machine de manque pas d'allure. Parmi d'autres choses, la boîte Sturmey-Archer à trois rapports, le fort diamètre des amortisseurs de fourche et l'élégant silencieux tubulaire montrent une réelle volonté de bien faire.*

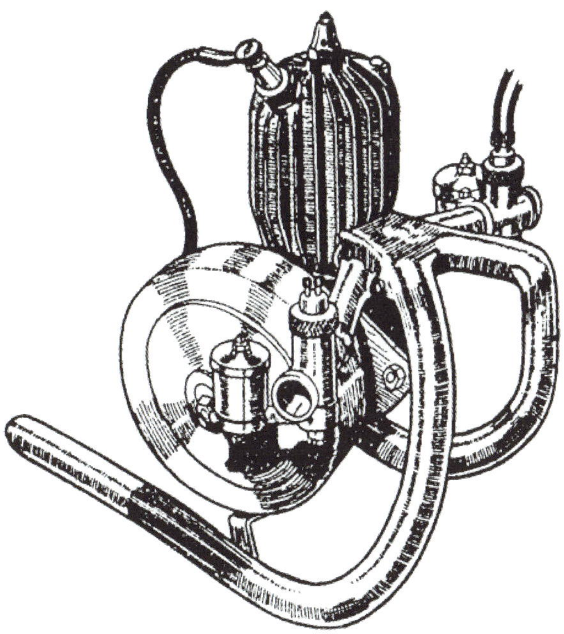

◀◀ *Le moteur Lutétia 100 cm³ à deux carburateurs de la d'Yrsan des records du monde.*

DALIFOL - 172, quai de Jemmapes à Paris Xe

Ets M. Dalifol & Cie – Bureaux et ateliers à l'adresse susdite. Magasin de vente au 22 de l'avenue de Neuilly à Neuilly-sur-Seine (Porte Maillot). Constructeur de la moto à vapeur Volta. Voir à ce nom.

DAMAS - 10, rue Barbès à Levallois-Perret

Nous ignorons si Damas est le nom du constructeur ou une marque de fabrique. La seule certitude concerne l'existence d'un moteur Damas qui fut exposé en juillet 1899 à Islington (banlieue nord de Londres) sur le stand Farman lors du Cordingley's Autocar and Motor-Cycle Show. Il semble bien que Damas soit aussi le constructeur des moteurs Le Sphinx, mais nous ne sommes pas parvenus à le vérifier. Bourdache signale la mise en faillite de Damas le 15 mars 1901.

▼ *Couverture du catalogue Dalifol 1896.*

D

DARING - 54, rue d'Hautpoul à Paris XIXe

Marque commercial des Ets Bonnet & Guyonnet. Déposée semble-t-il en 1906, cette marque ne s'applique qu'à des cycles jusqu'en 1927. En 1928, naissent des motos Daring 175 et 250 cm³ deux-temps, dont il est dit qu'elles peuvent être « montées à la marque des clients ».

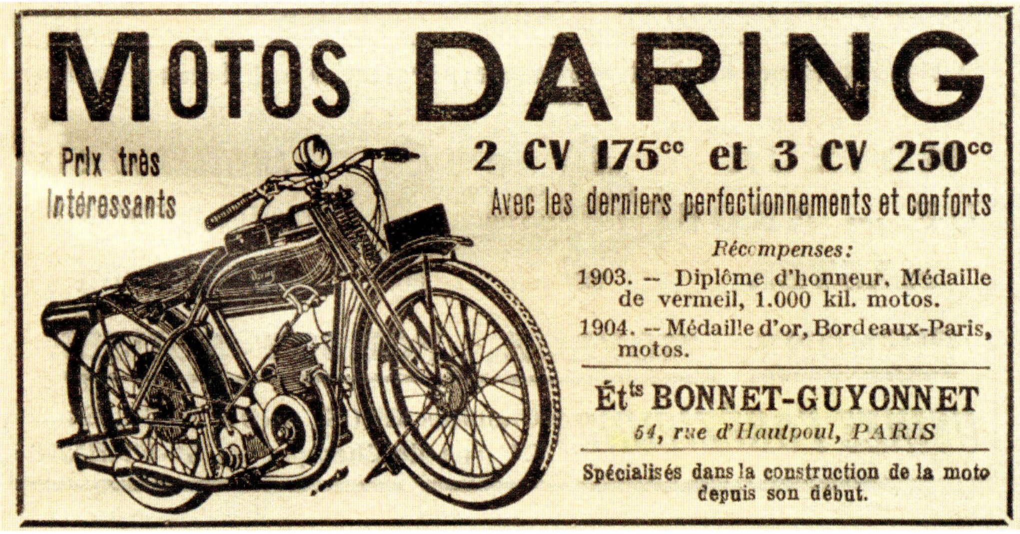

▲ *Une des nombreuses publicités Daring publiées entre 1928 et 1930; celle-ci date de juin 1929.*

Ces machines bénéficient de publicités répétitives et toutes identiques jusqu'en mars 1930. Puis l'on n'entend plus parler ni de Daring ni de Bonnet & Goyonnet.

DARLOT - 10, rue Barbès à Levallois-Perret

▼ ▶ *Les deux motos à moteur de Dion & Bouton construites par Jean-MarcelDarlot; celle de droite date sans doute de 1903; ci-dessous, la première qui date de 1901. (Photos archives familiales de Jean Darlot, fils de Jean-Marcel).*

Jean-Marcel Darlot, constructeur amateur.

Fils de (Jean) Alphonse Darlot, opticien qui fabrique depuis 1860 des objectifs photographiques de renommée mondiale, Jean-Marcel Darlot, naît en 1883. Il assemble sa première moto en 1901 à partir d'un moteur, d'un pédalier et d'une boîte à piles provenant d'un tricycle de Dion & Bouton. Le même moteur trouvera place peu de temps après dans une seconde machine au cadre et au réservoir bien plus modernes.

DARRIS - 8, rue de Richelieu à Paris Ier

Constructeur en 1950 et 1951 du cyclomoteur Cyclolux (voir à ce nom) à l'adresse susdite. Au moment du Salon d'octobre 1951, la publicité est encore à l'adresse de la rue de Richelieu, mais dès 1952, on trouve Darris au 104 de la rue de Castagnary à Paris XVe: c'est l'adresse d'Hurtu et le seul cyclo Darris n'est rien d'autre que le Hurtu CVM qui utilise le moteur suisse Motox… dont Darris était jusqu'en 1951 le distributeur pour la France. De là à imaginer que la Compagnie Darris n'est déjà plus, en 1952, qu'une marque parmi d'autres au sein de la nébuleuse Hurtu, il n'y a qu'un pas… que nous sommes prêts à faire.

▶▶ *Publicité Darris parue au moment du Salon d'octobre 1951; quelques mois plus tard la marque fera partie du groupe Hurtu.*

DAUDON - 27, bd de Rochechouart à Paris IXe

Cycles Camille Daudon. Spécialiste mondialement réputé du très beau vélo sur mesure, Camille Daudon était surnommé « le couturier du cycle » au début des années cinquante. Il n'en tenta pas moins l'aventure du cyclomoteur en 1950 avec le moteur Kid à galet sur la roue avant. Une de ses créations termina deuxième du Tour de France cyclomotoriste en 1951 aux mains de Lesaint; son cadre était fort original puisqu'aux tubes d'un cadre homme classique s'ajoutaient les deux haubans diagonaux d'un cadre dame; on peut tenir pour certain que ce cadre n'était pas lourd pour autant, car

Le cyclomoteur Camille Daudon qui termina deuxième du Tour de France cyclomotoriste en 1951 ; son cadre est très spécial.

réalisé, comme tous les hauts de gamme Daudon, en tubes Reynolds.

De 1951 à 1953, Daudon utilise des moteurs VLT et Cucciolo dans un cadre réduit à un gros tube-poutre servant de réservoir. En 1954 enfin, deux des cyclos Daudon passent au moteur SER.

En octobre 1954, Camille Daudon en personne s'attaqua au record de l'heure en catégorie moins de 50 cm³ avec un bloc-moteur SER à deux vitesses dans un cadre-poutre renforcé; il le hissa à 86,640 km/h, mais sans obtenir l'homologation car le moteur avait reçu une aide musculaire non négligeable.

Camille Daudon lors de son record de l'heure d'octobre 1954 sur le vélodrome de la Croix-de-Berny. Le développement de la piste en béton n'étant que de 333,33 m, Daudon bouclait presque 5 tours par minute !

DAVID - 6, rue Deguerry à Paris XIe

Manufacture de cycles P. David, puis David, Boudène & Cie, au 16 de la rue Oberkampf à Paris XIe, puis

Le papier en tête sur lequel P. David demanda en 1904 l'homologation de sa moto par le service des Mines.

Comptoir Modèle du Cycle et de de l'Automobile, adresse inchangée. Déjà connu pour ses cycles « La Légère », P. David se lança en 1904 dans la construction d'une moto qu'il présenta pour homologation au service des Mines en juillet. Nous ignorons si le projet fut mené à terme.

DAX - 6, impasse des Cailloux à Clichy

Robert Dahan et Pierre de Font-Réaux, constructeurs. Cofondateur de DFR fin 1919 avec François Désert, Pierre de Font-Réaulx est pilote de haut niveau et brillant technicien. En 1929, il se retrouve chez Dresch qui vient d'absorber DFR. Il y conçoit un cadre en tôle emboutie et divers moteurs dont le 500 bicylindre en ligne à transmission par arbre. Mais le manque de rigueur technique qui prévaut chez Dresch provoque son départ début 1932. Il s'associe alors avec Robert Dahan pour fonder la marque Dax, qui réunit harmonieusement la première lettre de Dahan et la dernière de Réaulx.

La première moto Dax est présentée dès le Salon d'octobre 1932 : c'est la 350 type A à bloc-moteur culbuté et simple échappement, fort bien accueillie tant par la presse spécialisée que par la clientèle, pourtant déjà rare à cause de la crise économique venue d'outre-Atlantique. La mécanique de la 350 Dax est très typée avec la distribution placée côté gauche et des carters très courts mais assez hauts ; le couvercle inférieur, refroidi par des ailettes, sert de réservoir d'huile. De ce modèle A sera dérivée la A dite « Sport » ou « Grand Sport »

La décalcomanie Dax.

D

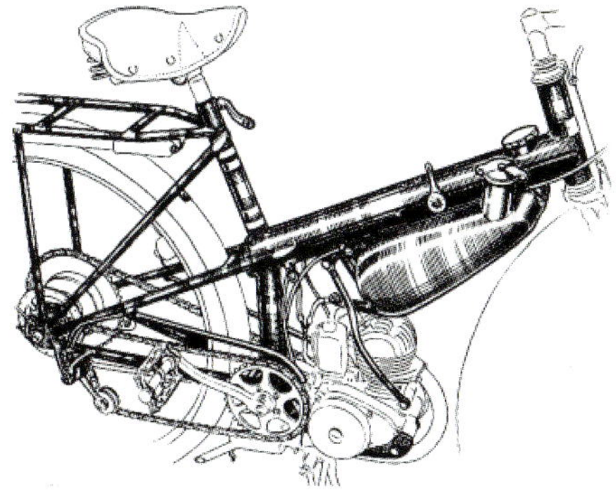

Le cadre-poutre de la plupart des cyclos Daudon de 1951 à 1953 ; ici, il reçoit un moteur VLT. Notez le réservoir additionnel.

D

▸▸ *En l'absence d'élément extérieur fournissant une échelle de grandeur, il est difficile de réaliser que ce moteur Dax n'est qu'un 100 cm³.*

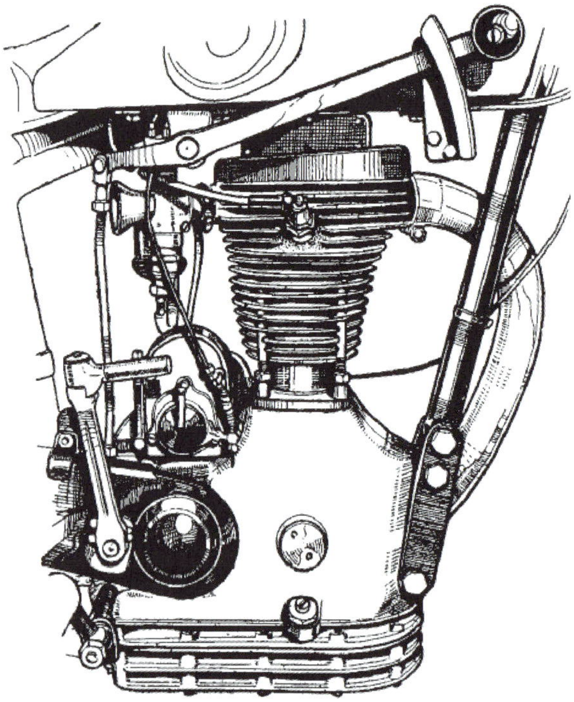

▸ *Le moteur de la 350 Dax type A simple échappement modèle 1933 est le seul à utiliser une magnéto. Par la suite, toutes les 350 et 500 Dax recevront un allumage batterie/bobine.*

▸▸ *Tout aussi court que ses prédécesseurs, le carter-moteur des Rafale est encore plus haut.* (Doc. courtoisie J.J. Coronel) *Le dessin au trait montre une 500 Rafale sommairement modifiée en 1949 pour courir en moto-cross.*

présentée en octobre 1933 et dotée d'une culasse double échappement et d'un allumage batterie/bobine.

En cours d'année 1934, Dax lance la 175 Utilitaire AU avec bloc-moteur deux temps à trois vitesses qui fait beaucoup moins parler d'elle. Puis sont présentées au Salon d'octobre 1935, la BMA type Baby et les 350 et 500 type Rafale, de même conception générale que la 350. Le 100 Baby est sans aucun doute la BMA la plus sophistiquée jamais construite en série; la plus moderne aussi avec cylindre (chemisé) et culasse en alliage léger, arbre à cames surélevé (pour réduire le poids des tiges de culbuteurs et par là favoriser les hauts régimes), culbuterie entièrement enclose et ressorts de soupapes en épingle.

Les 350 et 500 Rafale sont en quelque sorte une extrapolation de la 350 type A « Grand Sport », mais avec une boîte à quatre vitesses et des carters encore plus hauts, dans lesquels s'enfonce très profondément le fût du cylindre; comme sur le 100 Baby, l'arbre à cames est surélevé, la culbuterie est entièrement enclose et les tiges de culbuteurs passent dans un tunnel venu de fonderie sur le côté gauche du cylindre. La culasse standard est en fonte à double échappement, mais de Font-Réaux avait annoncé une culasse « simple tube » en alliage léger.

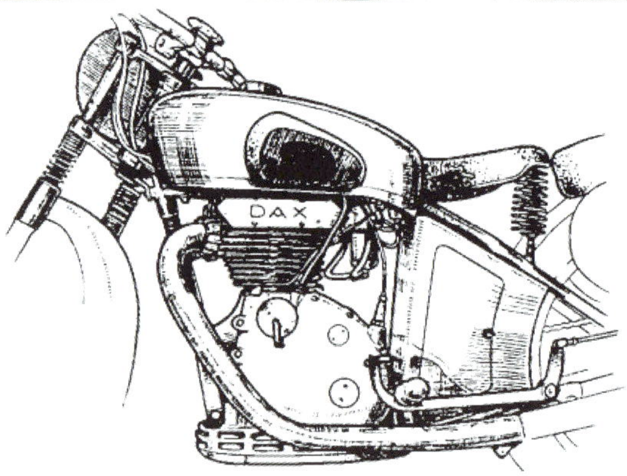

▾ *Le 100 Dax « Baby » a plus l'allure d'une petite moto que d'une BMA.*

Hélas, les grandes grèves de mai et juin 1936 vont condamner cette petite marque de qualité: Dax disparaît en cours d'année. Robert Dahan devient directeur commercial chez Motobécane et de Font-Réaux part chez le motoriste Chaise pour qui il va dessiner les 350 et 500 à quatre vitesses. En un peu plus de quatre ans, Dax aura eu le temps de produire une bonne centaine de 350, quelques dizaines de Baby et de 175 AU, enfin quelques unités de Rafale.

DE DION & BOUTON - Adresses multiples

De Dion, Bouton & Trépardoux, de 1882 à 1893, puis De Dion-Bouton, Ingénieurs-Constructeurs, de 1894 à 1903, pour ce qui est des tricycles, quadricycles et motos, à vapeur ou à moteur à explosion, seuls véhicules qui concernent le présent ouvrage.

Les adresses successives sont les suivantes : passage Léon à La Chapelle, en 1882 (chez Bouton) ; rue de Clignancourt à Paris XVIIIe (quelques mois seulement en 1893) ; 22, rue Pergolèse à Paris XVIe (brève location d'usine, à cheval sur 1893 et 1894) ; 20, rue des Pavillons à Puteaux à partir de 1894 (première usine construite) ; enfin 12, rue Ernest à Puteaux, deuxième usine dont la construction commence en 1899 ; elle sera progressivement agrandie jusqu'à la Seine pour avoir sa monumentale entrée principale au 36, quai National.

La production de tricycles et quadricycles à vapeur va de 1882 à 1887 ; à partir de 1887, il n'y a plus de motocycles à vapeur. La commercialisation de motocycles à moteur à explosion commence en 1895 et s'achève en 1903. Curieusement, Albert de Dion et Georges Bouton ne s'intéressèrent que peu, tardivement et très brièvement à la moto, sautant quasi directement à l'automobile. Les gros moteurs utilisés en course et sur les motos de stayers ne sont d'ailleurs pas spécifiques à cet usage : ce sont pour la plupart des dérivés de moteurs pour voiturettes.

◂ *L'ultime tricycle de Dion, en 1903, équipé d'un avant-train. Son moteur est un 402 cm³ (80 x 80 mm) à culasse refroidie par eau.*

◂◂ *Le comte Albert de Dion au guidon d'un tricycle modèle 1896/1897 ; il ne deviendra marquis qu'à la mort de son père, en 1901.*

◂ *La moto 1 ½ HP de Dion & Bouton de 1902 ne présente aucune caractéristique technique originale et elle est à peine plus puissante, à cylindrée égale, que le tricycle de 1896. Pourtant très novatrice pendant quinze ans, la marque n'a pas su (ou pas voulu) passer à la moto.*

Il exista cependant au moins trois modèles de motos construites par de Dion & Bouton. Le premier, dont le moteur est placé derrière le tube de selle, ressemble fort à une machine utilisée très occasionnellement en course par Osmont. Le deuxième, datant sans doute de 1902, reçoit un 211 cm³ (62 x 70 mm) donné pour 1 ½ HP monté, cette fois, dans le cadre ; nous ne sommes pas certain qu'il ait été réellement commercialisé. En revanche, le moteur 1 ½ HP fut catalogué séparément en 1903 au moins et trouva quelques clients.

▾ *Georges Osmont se prépare à disputer le kilomètre départ arrêté de Deauville, le 26 août 1902. Son tricycle à fourche Truffault a été pesé à 192 kg. Il est équipé d'un moteur 8 HP de 942,5 cm³ qui va lui permettre d'abattre la distance en 33 s 4/5, soit à 106,511 km/h de moyenne. Avec la piètre adhérence du revêtement et des pneus de l'époque, cela implique une vitesse finale de l'ordre de 130 km/h !*

D

▸ Cormier et son tricycle de course.

▸▸ Léa Lemoine sur un tricycle en 1897 et course féminine à Longchamp en 1899.

▾ Osmont et son tricycle 8 HP le 10 mars 1902 : il venait de couvrir 50 km en 33 minutes !

L'activité sportive fut intense chez de Dion & Bouton de 1896 jusqu'en 1902 et les tricycles ne laissèrent que des miettes de palmarès à leurs concurrents. Cela commence en septembre 1896 lors de Paris-Marseille-Paris : c'est le tricycle de Dion mené par Paul Viet (apparenté à Georges

Bouton et ingénieur motoriste à l'usine de Puteaux) qui vire en tête à Marseille, devant toutes les voitures; il faiblit un peu sur la route du retour mais termine tout de même troisième au général et bien sûr premier des motocycles. On citera encore le triplé des tris de Dion en juillet 1898 dans la course Amsterdam-Paris, la belle victoire de Degrais dans Paris-Roubaix en 1898 également (seule année où furent admis motocycles et automobiles), les six premières places monopolisées au Tour de France 1899, la très méritoire victoire de Georges Osmont dans Paris-Vienne 1902, seul rescapé de la catégorie motocycle, etc, etc. Outre ceux qui ont déjà été cités, les pilotes vedettes de la marque sont alors Bardin, Cormier, Gleize, Marcellin, Tart et Teste… côté hommes; car l'on vit aussi diverses représentantes du sexe dit faible au guidon de tricycles de Dion & Bouton: Melle Jouanny, Léa Lemoine, Néva ne sont que des exemples car on organisa même des courses qui leur étaient spécialement réservées.

Premier moteur à régime rapide jamais commercialisé en série, le monocylindre de Dion & Bouton ne cessa pas d'évoluer de 1895 à 1900: augmentation continue de la cylindrée (de 185 à 402 cm^3), modification à trois reprises de la disposition des soupapes, mise sous carter de la transmission, passage du carburateur à barbotage ou léchage au carburateur à pulvérisation, arrivée de la culasse refroidie par eau, etc. Précisons que le bicylindre 12 HP (1728 ou 1885 cm^3) n'a été monté que sur un ou deux tricycles de course.

Même si elle est très loin des chiffres irréalistes que fit circuler le constructeur, la production de moteurs de Dion & Bouton pour motocycles est considérable: après de laborieux recoupements, nous prenons le risque d'annoncer 14000 unités. Outre sa propre production d'engins complets, de Dion équipa une bonne centaine de marques à travers le monde. Le plus souvent, outre le moteur, il vendait aussi pédalier, pont, carburateur à léchage et boîte à piles… ce qui fait que l'allure générale reste la même chez chaque « constructeur » car il faut bien que les tubes du cadre respectent les angles prédéfinis par ces organes.

Tout s'arrête en 1903: de Dion & Bouton est passé à l'automobile. Et c'est en 1925 qu'apparaît la deuxième et dernière moto de série de la marque: un somme toute modeste 1 ½ HP 98 cm^3 (50 x 50 mm) deux-temps à transmission par chaîne, avec réducteur et embrayage. Mais l'entreprise est alors en grande difficulté et sera placée en liquidation judiciaire le 14 février 1927. Elle échappera à la disparition en vendant de nombreux actifs immobiliers et un concordat fut signé avec les créanciers le 19 décembre 1927. La branche cycles et motocyclettes fut cédée à Dilecta (Le Blanc, Indre) qui commercialisa d'ailleurs certains de ses propres produits sous la marque de Dion & Bouton. Dans ce cas, l'adresse officielle de la marque est au 113 de l'avenue Victor Hugo à Paris XVIe.

▲ *Le tricycle ci-dessus serait l'un de ceux ayant pris part à Paris-Marseille-Paris en 1896. Les différences sont nombreuses par rapport au tricycle que monte le comte, à commencer par un cadre renforcé et entièrement nickelé.* (Photo Jules Beau)

◄◄ *Marcellin en 1898 sur un tricycle à moteur de Dion & Bouton; l'engin est destiné à la course, si l'on en juge par le diamètre imposant du pédalier. Il semble bien que le cadre et le pont soient de fabrication Automoto.* (Photo Jules Beau)

◄ *Avec ce 100 cm^3 deux-temps de 1925, dépourvu de toute originalité technique et esthétique, la glorieuse marque de Dion & Bouton est retombée dans un triste anonymat. Dilecta, repreneur de la branche cycles et motos du constructeur de Puteaux, maintiendra à son catalogue ce modèle jusqu'en 1928.*

D

DÉ-DÉ - 50, avenue Marceau à Courbevoie

MM. Emile Bertin, Georges Coupet et Gustave Evrard, associés au sein de la Société SIC en 1920. Puis Evrard seul d'avril 1923 jusqu'en 1932 environ. A cette date approximative, la marque Dé-Dé est reprise par les Frères Eichel, sans changement d'adresse.

Tout indique qu'il n'y eut pas de production de motos Dé-Dé avant le Salon d'octobre 1923. De 1924 et 1926, les Dé-Dé furent toutes des 175 à moteur Moussard deux-temps : à courroie directe, à boîte 2 vitesses et transmission finale à courroie, enfin à boîte 3 vitesses et transmission finale à chaîne : un quasi modernisme en 1925 pour cette dernière dans cette petite cylindrée.

Tixier, 57, et Roudadoux, 56, posent sur les 175 Dé-Dé avec lesquelles ils ont participé à Paris-Nice 1926. Tixier écopa de 36 points de pénalisation tandis que Roudadoux, non pénalisé, obtenait une médaille d'or.

175 Dé-Dé 1925 à moteur Moussard. (Collection G. Langlois)

Déjà présent au Bol d'Or en 1924, Dé-Dé engage trois 175 au Bol 1925 : elles se classent deuxième, quatrième et sixième de leur catégorie. En 1927, la gamme s'élargit considérablement avec l'arrivée de deux 250 (Moussard deux-temps ou JAP quatre temps latéral) et de deux 350 : moteur JAP latéral ou culbuté.

Le Bol d'Or 1928 voit la victoire de Roudadoux sur 250 Dé-Dé, deux motos identiques terminant en troisième et quatrième position ; au classement général, Roudadoux est troisième devancé seulement par la 500 Gillet de Vroonen et la 350 CP Roléo de Fournier.

La fatigue se lit sur le visage de Roudadoux qui vient de remporter sur sa Dé-Dé la catégorie 250 au Bol d'Or 1928. Sa fort belle moyenne de 59,391 km/h lui a valu la troisième place au classement général.

Dé-Dé présente en 1929 une 350 dont la mécanique Moussard deux-temps double échappement est traitée en bloc-moteur à trois vitesses et suivie d'une transmission par arbre : même en l'absence de documents d'époque, c'est très certainement une Magda, donc un échange avec le constructeur angevin auxquels Evrard fournit ses cadres. D'ailleurs Evrard vend aussi des parties-cycle complètes à André et à Le Grimpeur, qui les équipent de mécaniques de leur choix.

La production Dé-Dé par les frères Eichel à partir de 1933 semble avoir été brève et limitée à des 100 et 175 cm³.

DEAUVILLE - 4 et 6, bd Bourdon à Neuilly s/S

Deauville et Cie, marque mère des Ets Gentil. Brièvement à l'adresse susdite, puis 11 et 13, rue Charles Vellefaux à Paris X^e^.

En 1903, Edmond Gentil est évincé par Peugeot de la direction de Griffon, dont il était pourtant le cofondateur. Il dépose en septembre de la même année les marques Alcyon (pour les motos), Deauville (théoriquement pour les cycles) et Action, pour les accessoires. Deauville, c'est une première pierre dans le jardin de Peugeot, désormais seul patron chez Griffon dont le modèle de course pour la saison 1903 s'appelle « Deauville ». La pierre suivante, ce sera la commercialisation,

Moto Légère Deauville 2 HP (249 cm³) à admission automatique de 1907-1908.

Deauville 2 ¾ HP 353,4 cm^3 de 1907-1908, à admission automatique. La marque commercialisait simultanément une 3 ½ HP de même cylindrée mais à soupapes latérales.

en petit nombre, de motos Deauville, identiques aux Alcyon à année équivalente, commercialisation qui perdurera jusqu'en 1908 au moins. Signalons enfin que la marque CD (Cycles Deauville) est assez souvent utilisée en lieu et place de « Deauville ».

DECKERT - Adresses multiples

Ets H. Deckert & Cie, motoriste – Quatre adresses connues dont le 63 rue Bayen à Paris XVIIe (bureaux) et les 18 bis et 20 de la rue Roger Bacon à Paris XVIIe (usine). Activité connue de 1898 à 1908 au moins. Les Ets Deckert se firent connaître dès 1898 en proposant des culasses adaptables refroidies par air ou par eau pour les moteurs de Dion & Bouton et Aster.

La date d'apparition des premiers moteurs Deckert n'est pas connue avec certitude, mais 1903 est vraisemblable. Dès 1904, la gamme est très étendue avec pas moins de dix moteurs, tous à admission automatique : six monocylindres allant du 2 ½ HP de 308 cm^3 au 7 HP de 864 cm^3 (100 x 110 mm) et quatre bicylindres de 10, 12, 14 et 15 HP, ce dernier d'une cylindrée de 3,451 litres avec 130 mm d'alésage et de course.

Moteur Deckert 7 HP de 1904. Il se distingue de la majorité de ses concurrents de l'époque par sa culasse détachable fixée par quatre colonnettes, et par sa sortie d'échappement orientée vers la droite

Les moteurs Deckert eurent leur heure de gloire sportive en 1904 lors du Critérium du Tiers de Litre. Ils équipaient en effet les motos Magali menées par Bac et Colomb, qui obtinrent de brillants résultats. Bac remporta la troisième série des éliminatoires et Colomb termina deuxième de la cinquième série. En finale, Bac termina septième, juste devant Colomb. Le tiers de litre Deckert de course équipant les Magali était « super-carré » (76 x 73 mm) et doté d'une culasse détachable.

La Magali de course à moteur Deckert et son pilote Bac photographiés en 1904 lors du Critérium du Tiers de Litre ; Bac allait remporter sa série. (Document courtoisie A. Touchet)

Des bicylindres en V Deckert équipèrent aussi, sans succès, les trois Magali qui prirent part en 1905 à l'épreuve éliminatoire destinée à sélectionner les participants français à la Coupe Internationale du MCF.

Outre les Magali et Mireille des Ets Gayon, Deckert équipa les motos Aurore (voir à ce nom), les premières Bernasse et certaines Albatros ; liste non limitative.

Bac sur Magali à moteur Deckert bicylindre en V avant l'éliminatoire de la Coupe Internationale du MCF, en 1905.

Culasse Deckert refroidie par eau, adaptable sur moteur de Dion & Bouton ; elle date de 1900.

D

▸▸ *Le premier scooter Delaplace, présenté en octobre 1948, se distingue par son moteur au-dessus de la roue avant. Comme on le voit, il a été remotorisé, car le moteur Comet n'est apparu qu'en 1954.*

▾ *La seule moto Degré connue, telle qu'elle fut découverte il y a 35 ans.*

▸ *Publicité Degré de juin 1906.*

▸▸ *Tout notre savoir sur le Derby-Sport…*

▾ *La BMA proposée en 1934 par Deprez était loin d'être une machine moderne.*

DÉESSE - 16, rue Halévy à Paris IXe

Marque sous laquelle MM. Duncan et Suberbie vendirent en France l'Hildebrand & Wolfmüller construite sous licence. Voir à Duncan & Suberbie.

DEGRÉ - 1, avenue du Roule à Neuilly-sur-Seine

M. Degré, constructeur. La date de réalisation de ses premières motos n'est pas connue mais nous la situons en 1903, d'après le moteur Minerva monté sur un exemplaire survivant, un 1 ¾ HP à admission automatique. Présenté au Salon de Londres fin 1902, ce 233 cm³ (65 x 70 mm) n'était déjà plus au catalogue du motoriste anversois en 1904. La marque Degré existe toujours en 1906 mais se cantonne aux fourches élastiques.

DELAPLACE - 14, rue Constantin à Vitry-s/Seine

Ets Delaplace & Cie, constructeurs sous leur nom à partir d'octobre 1948, puis sous la marque Horsy à partir d'octobre 1952. Voir à ce nom.

Le premier scooter Delaplace, présenté au Salon d'octobre 1948 et breveté début 1949, est du type

« traction », le moteur (on parle d'un Le Poulain, ce qui est douteux à cette époque, sauf s'il était à galet) étant placé au-dessus de la roue directrice. La production en série n'est pas établie et ce Delaplace pourrait bien être resté au stade du prototype.

DEPREZ - Adresses multiples

Nous avons trois adresses pour Deprez, motociste multimarques et accessoirement assembleur : celle du siège social au 24 de la rue Meslay à Paris IIIe et celles de ses ateliers sis à Courbevoie au 23 de la rue Auguste Bailly et au 187 bis de la rue Armand-Sylvestre.

Activité connue du début des années vingt jusqu'à 1934 au moins. En effet, Deprez proposait encore en 1934 une BMA passablement démodée, à transmission par courroie directe.

DERBY - 4, avenue Carnot à Paris XVIIe

Bien qu'elle se soit fort honorablement classée huitième au Critérium des Motocyclettes le 24 octobre 1901, cette Derby n'est pas française, mais anglaise. Et son adresse parisienne ne suffit pas à en faire une moto de la Seine. Fallait-il la citer ?

DERBY-SPORT - 81, rue Cambronne à Paris XVe

Un cyclomoteur Derby-Sport à moteur Vampire fut présenté au Salon 1951, avec deux freins à tambour et un carter de transmission en duralumin.

DERNY - Rue du Borrégo à Paris XIIe

Derny-Motor, Roger Derny & Fils, à l'adresse susdite en 1939, puis 49, avenue de Saint-Mandé à Paris XIIe jusqu'en 1954. Rachat en 1955 par Robert Fenwick et installation au 181 de l'avenue Général Bizot à Paris XIIe.

Coureur cycliste de notoriété entre 1895 et 1903, Roger Derny passe à la moto comme pilote officiel chez Werner en 1904, époque où un bon coup de pédale reste précieux pour seconder des moteurs peu puissants. En avril 1904, il reçoit d'ailleurs un diplôme de médaille d'or à l'issue du « Concours de Motocyclettes » organisé par l'Auto-Cycle-Club de France sur le trajet Paris-Bordeaux et retour.

Et c'est lors de Bordeaux-Paris cycliste, en 1938, que l'on entend à nouveau parler de Roger Derny. Père ou fils, on l'ignore, car le deuxième fils du pilote Werner se prénomme aussi Roger. Cette année-là sont homologuées de nouvelles montures pour les stayers de Bordeaux-Paris : une sorte de vélo très renforcé équipé d'un 98 cm^3 Zurcher monovitesse, le tout signé Derny. Cette « BMA spécialisée » s'avère fort pratique et le Derny d'entraînement type Bordeaux-Paris restera en service jusqu'en… 1975 ! L'industrialisation de l'engin débute en 1939, accompagnée d'une version « Cyclotandem ».

Les deux modèles civils, désormais pourvus d'un éclairage, et la version stayer réapparaissent après la guerre ; le tandem connaît un fort honnête succès commercial jusqu'au début des années cinquante tandis que la version monoplace continue à s'illustrer dans diverses épreuves de régularité.

Derny s'essaie au scooter en présentant au Salon d'octobre 1952 un engin totalement délirant : traction avant avec moteur placé sur le côté de la roue et carrosserie d'automobile ou plutôt d'auto-tamponneuse, aggravée de roulettes stabilisatrices ! L'échec commercial est total et la marque, bien qu'ayant élargi sa gamme aux cyclos, est en grandes difficultés financières.

Elle est rachetée fin 1954 par l'industriel Roger Fenwick, importateur des hélicoptères américains Bell, constructeur

En haut, le Cyclotandem Derny de 1939, encore sans éclairage.

En bas, Derny monoplace lors de l'étape grenobloise de Paris-Nice en 1951.

Le scooter Derny sur le stand de la marque au Salon d'octobre 1952. (Photo collection J. Goyard)

Les spectacteurs de Bordeaux-Paris virent les entraîneurs sur Derny pendant près de quarante ans, de 1938 à 1975.

D

La couverture du dépliant consacré au Derny « Taon » le présentait sous un aspect résolument sportif.

La sélection du Derny « Taon » par le Guggenheim Museum pour chacune des quatre expositions *The Art of Motorcycle* montre bien que la qualité du dessin de Roger Tallon est reconnue mondialement. Il est vu ici lors de l'exposition de Las Vegas.

175 DFR à refroidissement liquide, graissage séparé et boîte Picard à quatre vitesses : c'est une machine d'une grande modernité pour 1924.

des chariots élévateurs qui portent son nom et (pour peu de temps encore) directeur de l'usine Lambretta à Troyes. Aussitôt, Fenwick confie à Roger Tallon, designer déjà réputé, le soin de concevoir un cyclo-scooter économique qui sera construit chez Derny.

Mais Tallon dessine tout autre chose ! Ce sera le Taon 70 dont les prototypes sont présentés au Salon 1955, avec des moteurs Vap 50 cm³, SER 65 cm³ ou Lavalette 70 cm³.

Finalement le Taon de série, présenté au Salon suivant, est équipé du 125 AMC Isard deux-temps à trois vitesses. Superbement dessiné, stable, freinant bien, honnêtement véloce, le Taon aurait assurément connu le succès… si la jeunesse française n'avait commencé, en 1957, à partir en masse — et durablement — en Algérie. Perdant de ce fait la clientèle potentielle pour le Taon, désormais seul modèle à son catalogue, Derny ne pouvait survivre : la faillite fut prononcée le 6 mai 1958.

DEVINANT - 3 et 5, rue Jouvenet à Paris XVIe

M. Devinant, constructeur de motos et de tricars en 1906 au moins.

Publicité de Devinant dans *Cycle et Automobile Industriels* du 3 juin 1906.

DFR - 188, avenue de Neuilly à Neuilly-sur-Seine

Ets François Désert et Pierre de Font-Réaulx, constructeurs à l'adresse susdite de fin 1919 à 1928. Puis rachat par Henri Dresch et déménagement rue de Vouillé (n° 33 à 39 ter et 46) à Paris XVe, jusqu'en 1932-1933. Enfin, 98, rue Beaubourg et 11, rue Bailly à Paris IIIe, les motos étant alors produites par la MACAM (Manufacture d'Armes et de Cycles des Arts & Métiers, émanation de Dresch) sous l'appellation DFR-Macam.

François Désert, le directeur commercial, et Pierre de Font-Réaulx, le concepteur, présentent leurs premières motos à la Foire de Paris en 1920, équipées de moteurs Train 350 cm³ deux-temps. Ce lancement est aussitôt appuyé par un engagement sportif fréquent et souvent couronné de lauriers, avec de Font-Réaulx ou Vache au guidon. A l'évidence, les ventes démarrent bien.

La 350 DFR à moteur Train, vue en version 1921.

En 1924, DFR commence aussi à monter ses propres moteurs en 175, 250 et 350 cm³ : ce sont toujours des deux-temps, mais à graissage séparé et parfois même à refroidissement liquide. Beaucoup plus confidentiel est le recours à quelques moteurs anglais Bradshaw, de coûteux culbutés à refroidissement mixte air/huile ; mais il vaut à DFR nombre d'articles dans la presse de l'époque.

Une forte image sportive est attachée à DFR avant le rachat par Dresch : elle est riche de quatre titres de Champion de France « Tourisme », d'une victoire au Bol d'Or (en 1923), d'un record du monde du kilomètre lancé en catégorie 250 (en 1922), de multiples victoires en régularité et de beaux succès en vitesse et en côte. Les pilotes victorieux sont surtout Dubost et Pierre, lequel n'est autre que de Font-Réaulx, mais on peut aussi citer Boulangier, Perroud ou Vache.

Qu'elle soit SS32 ou SS33, la 500 bicylindre conçue chez Dresch par de Font-Réaulx est la dernière DFR.

Deux 350 DFR très différentes : en 1924, avec le brillant Bradshaw culbuté refroidi par huile ; en 1927, avec le paisible Voisin à soupapes latérales.

Le rapprochement avec Henri Dresch commence en 1926 ; pourtant, la production de modèles spécifiques se poursuit encore en 1927 avec une 250 à moteur LMP avec allumage par volant magnétique Safi, et, surtout, avec une nette orientation vers le quatre-temps avec trois modèles de 350 à moteur Voisin, latéral ou culbuté ; tous sont équipés de boîtes Picard quatre vitesses.

L'absorption de DFR par Dresch est totale en 1929, mais ses fondateurs conservent leurs fonctions respectives. Au Salon d'octobre 1930, apparaît une 500 bicylindre latérale à transmission par arbre entièrement conçue par Pierre de Font-Réaulx, qui sort à la fois sous le nom de Dresch et sous celui de DFR-Macam. L'ultime DFR sera la version culbutée de cette 500, dite SS32, apparue au Salon suivant.

Puis Pierre de Font-Réaulx, peu satisfait de la qualité de réalisation Dresch, confiné dans des concepts de construction économique qui ne le séduisent guère et surtout ne pouvant donner cours librement à ses idées créatrices… et novatrices, quitte la marque pour fonder Dax.

Le résultat le plus marquant obtenu en course par DFR n'est pourtant pas une victoire, mais bien une deuxième place : celle, obtenue de haute lutte face à une redoutable concurrence, par Pierre de Font-Réaulx au guidon d'une 250 à moteur Bradshaw culbuté et compresseur à palettes Cozette : c'était lors du Grand Prix de l'UMF, le 25 juillet 1925 à Montlhéry.

La 250 DFR avec moteur Bradshaw à compresseur Cozette, classée deuxième au GP de l'UMF 1925.

D

▼ Le monocylindre Gobé-Diard est un curieux moteur deux-temps à échappement commandé par une soupape.

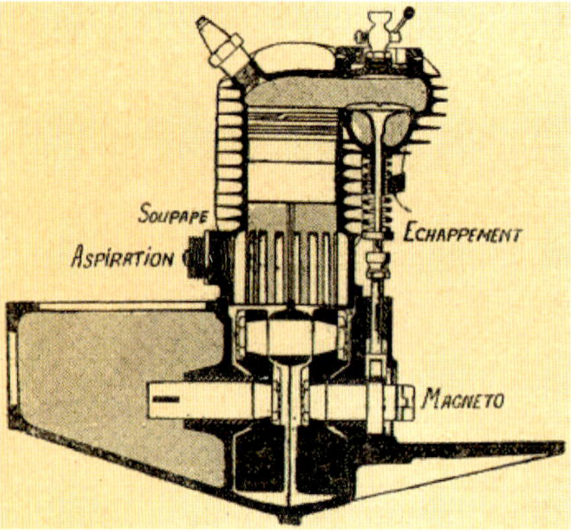

DGD - 38, rue Merlin à Paris XIe

Emile Desmoulins, ingénieur des Arts & Métiers, « constructeur » de l'hypothétique moto DGD.

Moto-Revue du 1er juin 1920 signale qu'à la Foire de Paris, la moto DGD était vendue 3 500 F en solo ou bien 4 600 F avec side-car. Mais en dépit de diverses publicités et de deux reportages, la DGD est toujours illustrée par le même dessin au trait. A-t-elle vraiment existé ?

▶ La moto DGD n'est connue que par ce dessin au trait, hélas peu explicite.

Les lettres DGD sont les initiales de Desmoulins et Gobé-Diard. Lequel est un aviateur qui présenta, pendant la première Guerre mondiale, un moteur rotatif 8 cylindres deux-temps monosoupape de 270 chevaux. C'est de lui qu'est dérivé le 6 ¼ HP Gobé-Diard monté dans la DGD. Puissance qui n'est ni réelle (elle serait de 10 ch à 3 000 tr/min) ni administrative, car la cylindrée de 324 cm³ (67 x 92 mm) correspond à 4 HP. L'admission est confiée à d'étranges lumières multiples verticales et l'échappement est commandé par une soupape latérale. On note aussi un espace mort très réduit dans le carter, bien rempli par les volants. Le vilebrequin est suivi d'un réducteur à engrenages et de deux embrayages à disques.

La conception de la transmission est surprenante : elle fait appel à deux arbres logés chacun dans un des tubes inférieurs de la fourche arrière — oscillante ! — qui transmettent, séparément ou simultanément, le mouvement, via deux couples de pignons d'angle, au moyeu arrière. Lequel est doté de deux trains planétaires. La première s'obtient en rendant moteur, via l'un des embrayages, l'un des arbres, la deuxième en rendant moteur l'autre arbre, via l'autre embrayage, la troisième en les rendant tous deux moteurs en solidarisant les deux embrayages. Simple, n'est-ce-pas ? Pour « aggraver » le tableau, le side-car proposé était dépourvu de suspension. Le comportement de l'attelage, avec suspension arrière sur la moto, devait être curieux…

DIAMON - 22, rue Chaussée d'Antin à Paris IXe

Ets René Bancal, constructeurs en 1930 au moins. Nous ignorons la nature de leur production.

DIANE - 41, rue Richelieu à Paris Ier

Marque commerciale des Ets Oblin Frères pour des side-cars produits de 1920 à 1924 environ.

DIEM - 28 et 30, rue du Borrégo à Paris XXe

Anciens Ets Diem repris, sauf erreur, par les Ets Malterre Frères, constructeurs des motos DS-Malterre. Vieille affaire de dinanderie fondée en 1886, les Ets Diem changent d'activité après la deuxième Guerre mondiale et passent à la fabrication de groupes moteurs amovibles.

Le 33 cm³ Diem, présenté en octobre 1946, est un monovitesse à embrayage, avec cylindre incliné et silencieux horizontal en aluminium aileté. Il est en partie construit sous licence de MM. Mayer Frères et Charles Larcher, détenteurs de deux brevets d'invention délivrés les 20 mai et 5 août 1946. En octobre 1948 naît le Diem type D, un 48 cm³ à deux vitesses, doté d'un refroidissement par turbine et d'un double échappement

▶▶ Vu de l'arrière, le Diem type D se fait remarquer par ses deux silencieux d'échappement tubulaires.

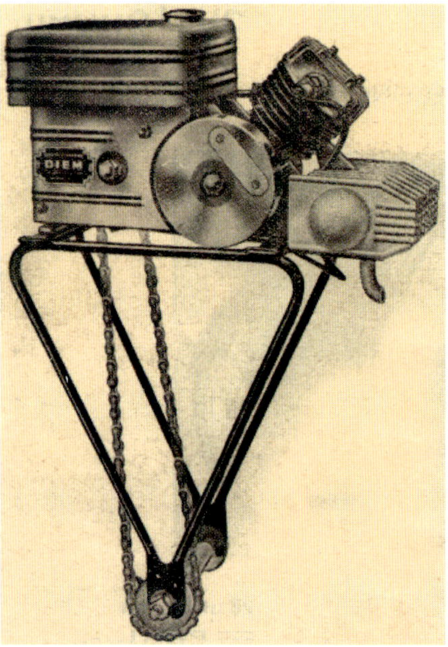

▼ Son silencieux aileté en alliage léger confère au Diem 33 cm³ une esthétique très particulière. (Doc. coll. J. Goyard)

▶ Prospectus Diem de 1947 présentant le 33 cm³ monovitesse. (Doc. coll. J. Goyard)

◀◀ Le Diem type D monté sur un cycle.

avec silencieux symétriques. Ce type D fut réellement produit pendant plusieurs années et Max End, qui en fit l'essai dans *Motocycles* du 15 avril 1950, se montra élogieux à son égard. Réputé performant, ce type D fut apprécié sur des tandems.

DIVA - 10, rue Emile-Allez à Paris XVIIe

Jules Zimmerman & Cie, constructeurs en 1903 selon Bourdache.

DIXOR - 84, Grande Rue à Villemomble

Marque commerciale des Ets Pendanx ; la production est assurée par la société FRAMCA, avec adresse au 21, Grande Rue à Villemomble également.

Cyclomoteurs à moteur Le Poulain en 1952 au moins.

◀◀ Cyclo Dixor à moteur Le Poulain « Cyclobloc » datant de novembre 1951.

DMS - 9, rue Mazarine à Paris VIe

Marque de moteurs appartenant aux *Ets La Mazarine* à l'adresse susdite. Mais est-ce vraiment une « marque de la Seine » ? Ce n'est pas certain, car Franck Méneret apporte la preuve de l'existence d'un moteur survivant dont la plaque d'identification mentionne « Moteur DMS - 50 cm^3 - 13, avenue Jules Ferry - Casablanca ».

▼ Pfohl RP41 de 1951, à moteur DMS.

Mais ce moteur n'est pas exactement le même, au niveau de la culasse en particulier, qu'un autre DMS parfaitement indiscutable car montré, absolument neuf, par une photo prise en 1951. Y a-t-il eu une série faite en France et une autre au Maroc ? Nous ne pouvons l'affirmer… Autre curiosité que la cylindrée du DMS, qui dépasse les 50 cm^3 puisque les cotes seraient de 40 x 40 mm, soit 50,3 cm^3. Le DMS a été monté sur les cyclos « Le Petit Bi », autre marque de *La Mazarine*, et sur les cyclos grenoblois Pfohl RP 41. La production semble durer de 1949 à au moins 1951.

▼ DMS sur un vélo Gnome & Rhône : la culasse est différente de celle montée sur le Pfohl. (Collection Renan Bullier)

◀ Plaque d'identification d'un moteur DMS construit à Casablanca. (Photo F. Méneret)

D

350 Dollar HSC 1927 à moteur Moser culbuté.

DOLLAR - Adresses et raisons sociales multiples

Marque commerciale utilisée à partir de 1923 pour les motos construites par les Ets Savava-Delachanal d'abord installés au 5 de l'avenue de la Liberté à Charenton, puis, à partir du printemps 1928, au 19 du quai de la Marne à Joinville-le-Pont. D'octobre 1930 à août 1939, cette marque est exploitée par l'Omnium Métallurgique & Industriel au 34 de la rue Auguste-Lançon à Paris XIIIe (siège social), la production n'ayant été que brièvement poursuivie à Joinville avant d'être rapatriée à Paris.

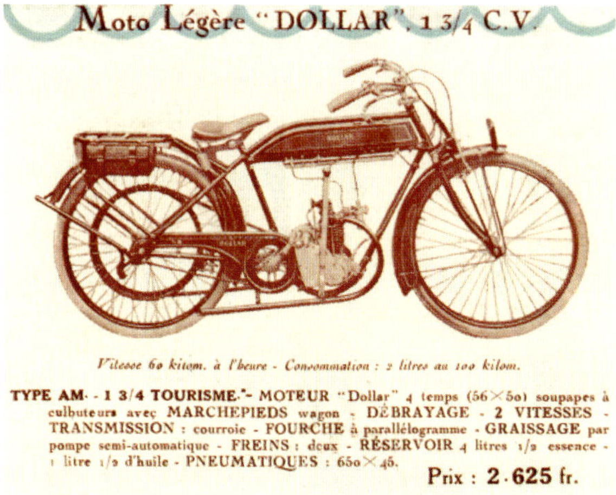

La 125 AM, première moto Dollar, dans la version commercialisée en 1926. Le descriptif du moteur est mensonger : ce n'est pas un Dollar mais un Moser.

La fidélité absolue à Moser dure jusqu'en 1927 inclus, avec disparition des 125 mais élargissement progressif de la gamme jusqu'à 350 cm³.

En 1928 apparaissent les premières Dollar à moteur Chaise en 175, des deux-temps à boîte séparée, et en 350 ou 500, des blocs-moteurs à ACT. La construction d'une belle et vaste usine à Joinville, mise en service début 1928, va permettre l'élargissement de la gamme dès le Salon. Aux 350 et 500 avec le Chaise à ACT s'ajoutent la première machine équipée d'un Chaise culbuté, la 250 type P, mais aussi deux modèles à moteur JAP latéral, 250 ou 350, et boîte séparée.

La 250 type P, première Dollar à moteur Chaise culbuté, fut livrée dès janvier 1929.

Les Ets Delachanal présentent leurs premières motos Dollar, des 125 à bloc-moteur Moser culbuté, au Salon d'octobre 1923 mais ne les commercialisent qu'un an plus tard. Au Salon d'octobre 1924 s'ajoutent deux 175, toujours à moteur Moser culbuté, mais à boîte séparée.

Publicité signée Géo Ham dans Moto-Revue *« Spécial Salon » d'octobre 1929.*

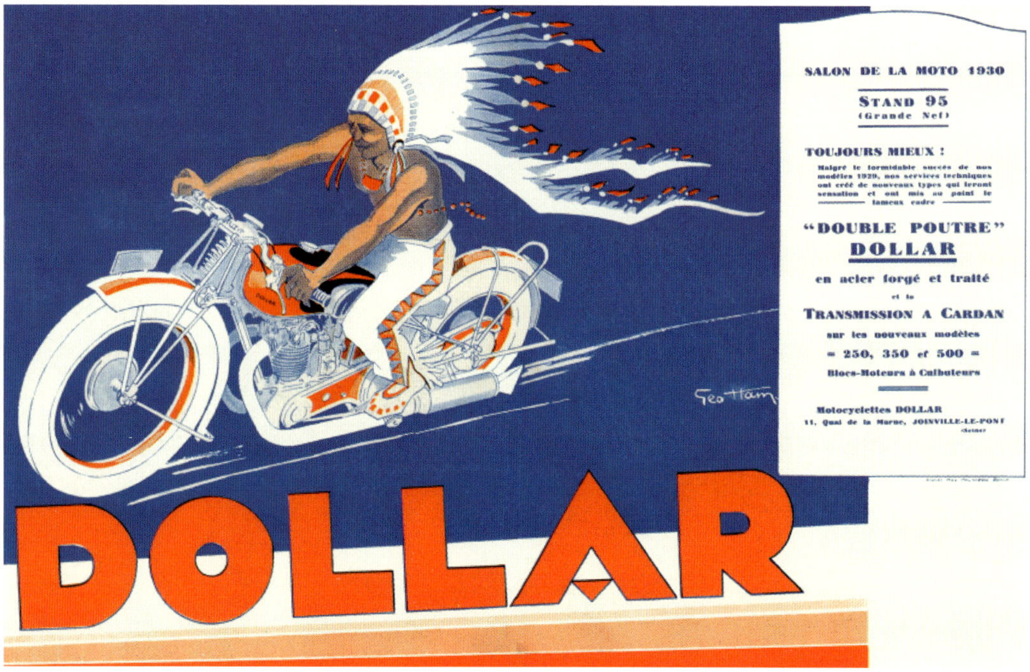

En 1930, les culbutées deviennent majoritaires, avec des Chaise ou des JAP ; en outre Dollar produit sous licence les Majestic conçues par Georges Roy. 1930 est la dernière année de production des Dollar par les Ets Delachanal, qui font feu de tout bois face à la crise économique : la gamme comprend désormais une douzaine de modèles, s'échelonnant de la modeste BMA à la prestigieuse 500 quatre cylindres en V à moteur Chaise culbuté ; un motoriste supplémentaire fait même son apparition : MAG qui équipe des 350 et 500 culbutées.

Cet effort pour satisfaire toutes les tranches de clientèle ne suffira pas à sauver l'entreprise. Lourdement endettés auprès de Chaise, leur principal motoriste, les Ets Delachanal sont absorbés par leur fournisseur et dès le Salon d'octobre 1930 la marque Dollar est produite par l'O.M.I. qui, bien évidemment, ne montera désormais plus que ses propres moteurs. Ayant ajouté la suspension arrière et la transmission par arbre à une offre déjà considérable, Dollar parviendra à se hisser, en 1931, au cinquième rang des constructeurs français.

Après le coup d'éclat du lancement de la 750 V4 en octobre 1932, Dollar stagne jusqu'en 1935, la seule

La 750 Dollar V4 deuxième version : celle du Salon d'octobre 1933. Tout l'échappement est différent de celui vu un an plus tôt.

La 250 type P4s de 1934 est l'un des modèles Dollar qui reçoivent les tubes relevés.

relative nouveauté étant l'apparition, en 1934, de versions à tubes d'échappement relevés. En outre, Dollar abandonne fin 1935 les BMA qui, pourtant, assurent du travail à ses principaux concurrents. L'arrivée, en 1936, des beaux blocs-moteurs 350 et 500 Chaise à cylindre incliné et boîte à quatre vitesses ne suffira pas à freiner le déclin de Dollar. Les grandes grèves et la situation économique n'incitent pas à l'achat de machines inévitablement coûteuses…

Dès la déclaration de guerre du 3 septembre 1939, le département moto d'OMI/Chaise ferme ses portes.

L'élégant moteur de la 500 S536 a été dessiné et conçu par Pierre de Font-Réaux.

Les femmes à moto sont encore rares dans les années trente. Celle-ci chevauche une R2, la version économique des 350, à simple échappement. Les flasques sur le garde-boue avant ne sont pas d'origine.

D

▸▸ *Gaston Doué avant le départ des 1 000 km du MCF, le 10 novembre 1903. Bien que privé de son marquage et doté d'une culasse refroidie par eau, son moteur est à coup sûr un Buchet.*

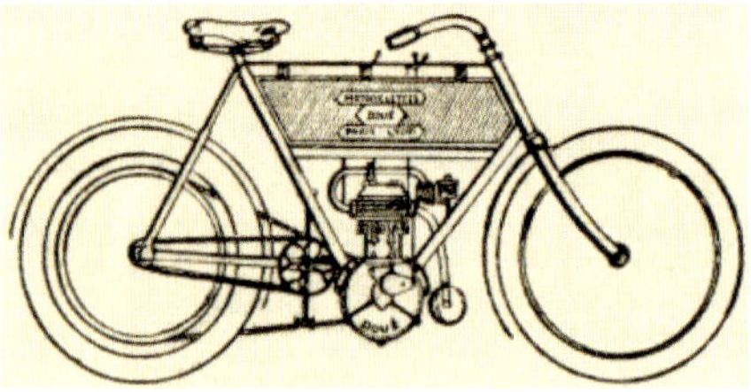

▴ *Extrait d'une publicité Doué parue en juin 1904. Le réservoir porte la mention « Motocyclettes Doué - Paris - Lyon ».*

▾ ▸▸ *Ces deux photos de Jules Beau montrent Gaston Doué à Château-Thierry le 28 septembre 1902 durant la séance de plombage (moteur Doué refroidi par eau), puis au départ de Paris-Bordeaux en avril 1904 (moteur Doué refroidi par air).*

DOUÉ - 21, rue de Strasbourg à Paris X^{e}

Ets V.A. Doué. En dépit de l'adresse susdite, qui figure sur un document d'époque et diverses publicités, on ne sait pas trop si Doué n'est pas plutôt une marque lyonnaise, dont le siège social pourrait bien être au 7 de la place de la Charité (aujourd'hui place Antonin Poncet) dans la capitale des Gaules. L'entreprise aurait été fondée en 1852.

Toujours est-il que l'on vit à diverses reprises Gaston Doué (un fils assurément, pas du genre souriant) au départ d'épreuves sportives. Dès septembre 1902, il est au guidon d'une fort intéressante moto à moteur Doué refroidi par eau. L'année suivante, il prend le départ des 1 000 kilomètres du MCF avec une moto, dite Doué, à la motorisation elle aussi peu banale : un Buchet dépourvu de marquage sur le demi-carter droit et doté d'une culasse refroidie par eau. Puis, en 1904, on trouve notre homme au départ de Paris-Bordeaux aux commandes d'un tricar Doué, doté cette fois d'un moteur beaucoup plus conventionnel : un 493 cm^3 (83,5 x 90 mm) à admission automatique et échappement latéral, refroidi par air. Il obtiendra une médaille d'argent.

En cette même année 1904, V.A. Doué recourt à la publicité pour faire connaître ses motos « Electra », disponibles en trois puissances : 2 et 2 ¾ HP monocylindres, 4 ½ HP bicylindre. Chaque puissance est proposée soit avec refroidissement à air et admission automatique, soit avec refroidissement à air et soupapes commandées, soit encore avec refroidissement à eau et soupapes commandées. Puis, soudainement, on n'entend plus parler de Doué au-delà de juin 1904.

DRESCH et DRESCHMOTOR Adresses et raisons sociales multiples

Il est important de souligner que ces adresses et les raisons sociales correspondantes ne sont pas toutes situées dans le département de la Seine ; leur mention paraît cependant indispensable.

- Ets Henri Dresch & Cie - 33 à 49, rue de Vouillé à Paris XVe. On voit aussi apparaître brièvement le n° 46 dans la rue de Vouillé.

- Général Motos Cycles – 33 à 49, rue de Vouillé à Paris XVe.

- Dresch-Clichy, agence commerciale – 131, avenue de Clichy à Paris XVIIIe.

- Dresch-Bastille, agence commerciale – 6, boulevard Richard Lenoir à Paris XIe.

- Dresch-MACAM (Manufacture d'Armes et de Cycles des Arts & Métiers) - 98, rue Beaubourg et 11, rue Bailly à Paris IIIe.

- S.I.A. de la Cour Dieu à Ingrannes (Loiret).

- S.A. Dreschmotor – Siège social au 116 du bd de Grenelle à Paris XVe; usine à Chamarande, RN 20 (Seine & Oise).

- S.A. Dreschmotor – De 1940 à 1948 - Siège social: RN 20 à Chamarande (Seine & Oise); usine 7, rue Braban à Etampes (Seine & Oise).

La complexité de l'histoire des motos Dresch est telle que nous ne ferons que la survoler. Né en 1900, Henri Dresch fait de brillantes études. A 26 ans, il décide de devenir constructeur de motos en s'appuyant sur une publicité abondante et imaginative et sur des prix de vente très attractifs. Pour cela, il prend successivement pied chez Le Grimpeur (alors dirigé par M. Ferniot) et chez DFR (voir à ce nom). La première moto marquée Dresch est la 175 type PS… qui n'est autre qu'une pure Le Grimpeur à moteur BC.

La première moto réellement construite par Dresch est la 250 MS 604 apparue fin 1928 et motorisée avec un 250 MAG semi-culbuté construit sous licence. Elle est la première à bénéficier d'une intense campagne publicitaire. Elle est suivie d'une 350 de même conception (MS 30) et d'une BMA, la Baby.

La génération suivante de motos Dresch est celle conçue et dessinée en 1928-1929 par Pierre de Font-Réaux, maintenu par Henri Dresch dans ses fonctions de directeur technique au moment du rachat de DFR. Ce sont toutes des machines dotées d'un cadre en tôle emboutie et d'une transmission par arbre; en 1930, elles sont déclinées en 250 et 350 monocylindres à soupapes latérales dites type « National » et en 500 bicylindre latérale, dite « Monobloc ». Deux ans plus tard, apparaît la 500 culbutée SS32 dont la production ne semble pas avoir duré plus de deux ans.

La situation économique s'étant considérablement dégradée, les modèles qui suivent visent le plus bas prix de revient possible: ce sont les 250 et 350 L, dites « Utilitaires », qui résultent du montage du monocylindre latéral à transmission par arbre dans une partie-cycle en tubes dérivée de celle des MS 604 ou MS 30. Ils seront loin de suffire à redresser des finances en très mauvais état: poursuivi par ses créanciers, Henri Dresch fonde diverses nouvelles sociétés, dont Dreschmotor, sans

Première à porter la marque Dresch, la 175 PS est une pure Le Grimpeur.

Publicité de 1930 pour les 250 et 350 « National ».

Le choix de coloris très inhabituels pour l'époque était en soi une véritable démarche publicitaire en faveur de la MS 604, première « vraie » moto Dresch.

Réunies pour une exposition de motos bicylindres, voici la 500 SS32 culbutée (collection Baster) et la 500 Monobloc (collection Donguy).
(Photo F.M. Dumas)

doute pour éviter une faillite intégrale, puis quitte même Paris. Dès lors, la publicité se fait très discrète et la production devient quasi confidentielle ; nous avons de bonnes raisons de penser que l'essentiel de l'activité à partir de 1934 se résume à la production de pièces détachées pour maintenir en état de marche l'important parc de machines vendues au cours des années précédentes. Le sens inné de la publicité propre à Henri Dresch n'avait pas été suffisant pour vaincre la crise économique survenue dès 1932…

Le stand Dresch au Salon d'octobre 1930 avait la forme d'une 500 Monobloc couchée sur le flanc : bel exemple de l'inventivité d'Henri Dresch en matière de publicité.

Telle le Phénix, la marque Dresch renaît au Salon d'octobre 1948 où est présentée la 350 Baltimore deux-temps. Traitée en bloc-moteur à trois vitesses, avec transmission par arbre, c'est une moto fort bien dessinée. Mais, les pré-commandes ayant été insuffisantes, elle ne dépassa pas le stade des trois prototypes construits.

La 350 Dresch Baltimore du Salon 1948 ne manquait pas d'allure.

DROULHIOLE - 35, rue Galliéni à Boulogne-s/S

Bernard Droulhiole, es-qualité, puis Groupe Droulhiole. Concepteur de cadres-coques utilisés en championnat du Monde.

En 1973, Bernard Droulhiole, 22 ans, était encore élève-ingénieur à l'ETACA-Paris et résidait à la Cité Universitaire de La Croix de Berny quand il conçut un premier cadre-coque pour recevoir une mécanique de course Yamaha. Après déménagement à Boulogne, il dessine les deux premières coques achetées par Sonauto, entre fin 73 et début 74, et mises en œuvre par la Moraco. Puis le Groupe Droulhiole a été créé le 1er avril 1974 (sic) au 8 de la rue Lambert à Paris XVIIIe. C'est là qu'a été dessinée la série suivante et qu'ont été lancés d'autre projets qui n'ont pas vu le jour. Le Groupe Droulhiole, qui a eu en tout et pour tout un seul membre, déménage le 1er janvier 1976 à Donzenac (Corrèze) et dès lors n'est plus « marque de la Seine ».

Bernard Droulhiole chez Formalu en 1973, pendant la réalisation de la première coque, la 73A.

La production totale de coques Droulhiole n'est que six unités, aujourd'hui toutes préservées et restaurées par Bernard Maingret, co-fondateur de la Moraco. L'inventaire est le suivant :

- Coque version 73A : un seul exemplaire, 73A1, dit « la Bleue » car peint en bleu foncé. Faite chez Formalu à Cachan. Capacité 15 à 16 litres ; poids : 4,2 kg. Moteur 250 Yamaha TD2 refroidi par air. Pince de frein AV Mignot copie Lockheed. Poids en ordre de marche mais

◄ *La coque 73A est vraiment très basse! Tant en statique, comparée à une Yamaha TZ, qu'en action, aux mains de son concepteur.*

sans carburant : 89,5 kg seulement ! Très basse, dotée d'un empattement court, la 73A1 ne pouvait convenir qu'à un petit gabarit comme Bernard Droulhiole, qui l'utilisa deux fois en 73, en mars à Chaumont pour une épreuve du Championnat de France et en mai aux Coupes Eugène Mauve à Montlhéry.

- Coque version 73B : deux exemplaires, 73B1 et 73B2. Faites chez Formalu. Deux renforts collés à l'Araldite furent ajoutés sur les flancs. Capacité 24 litres ; poids 7,35 kg. Moteur Yamaha TZ refroidi par eau. Pince AV Brembo P08. Poids en ordre de marche sans carburant : 102 à 103 kg. Ces coques 73B pesaient 12,5 kg de moins que le cadre tubulaire d'origine (auquel Yamaha restait fidèle) et offraient une capacité en carburant très supérieure, permettant de disputer un GP en catégorie 500 cm³ (avec un 350 à course augmentée) sans ravitaillement. Avec une classique fourche Marzocchi et des amortisseurs Koni, la partie-cycle à coque Droulhiole s'avéra fort efficace : en 1974, elle permit à Christian Bourgeois de terminer troisième du GP de France à Charade en 350 et à Patrick Pons de s'octroyer une sensationnelle quatrième place en 500 (avec une 352 cm³ !) au GP de Belgique à Spa derrière les « vraies » 500 de Phil Read et Giacomo Agostini et une autre 350 majorée, celle de Dieter Braun.

- Coque version 75Y : deux exemplaires, 75Y1 et 75Y2. Dessin différent des 73B. La première fut réalisée chez Formalu. La seconde sort de la Manufacture de Tournus ; elle n'a jamais reçu de motorisation à l'époque. La 75Y1 fut vendue en 1976 par la Moraco au Suisse Marti qui fit courir Philippe Bouzanne en catégorie 250 au Championnat du Monde. Bouzanne marqua à deux reprises 3 points (France et Italie) et termina 22ᵉ pilote mondial. Cette 75Y1 fut rachetée en fin de saison 1976 par Christian Bourgeois qui la fit équiper d'un moteur trois cylindres (350 ou 500 cm³) construit sur base de TZ par Alain Terrier de Sainte-Geneviève-des-Bois. C'est avec cette motorisation que Bourgeois détient le record absolu de la Côte Lapize.

- Coque version 400 cm³ : un exemplaire réalisé par le Centre Technique de l'Aluminium (émanation de Péchiney) à Paris XVᵉ. Moteur 360 Bultaco Frontera.

A l'exception de la 73A1, toutes les coques ont été usinées à Bourg-en-Bresse chez Joseph Duhem avec le concours de Jean-Louis Jeanninet, employé de la Moraco. Les coques 73B et 75Y étaient enduites intérieurement d'un revêtement étanche fourni par la société Le Joint Français. Les carénages (deux versions différentes) des 73B ont été réalisés conjointement par la société Acroplast (Alain Chantelat) et Bernard Maingret. Légères et dotées d'un maître-couple réduit, les 73B étaient très rapides : en février 1974, Christian Bourgeois fut chronométré à 254 km/h sur l'une des pistes d'essais de Michelin à Ladoux avec un moteur 350 TZ. Il utilisait, ce jour-là, un des tout premiers pneus arrière slick réalisés par le manufacturier auvergnat.

▲ La 400 cm³ photographiée au Salon de Paris sur le stand Motomod.

▼ *La 73B2 à Daytona en mars 1974. La Moraco ne l'avait apportée que pour la montrer. On voit à l'arrière-plan Bernard Maingret, chalumeau à la main : il passa l'essentiel de son temps à réparer et à renforcer les pots plats qui ne cessaient de se fendre et de casser…*

D

▸▸ *En 1926 déjà, le moteur de la 500 DS-Malterre ne compte plus guère de pièces Indian d'origine : cylindre, bielle, maneton, carters et queues de vilebrequin sont déjà de fabrication DS. En revanche, les cotes (79,4 x 100,8) restent celles du moteur américain car parmi les pièces Indian encore disponibles figurent les masses de l'embiellage.*
(Photo contemporaine : coll. D. Vosper)

▸ *Publicité des Ets Debladis & Sigrand évoquant les résultats des side-cars DS lors du premier Bol d'Or, en 1922. Elle ne dit rien de l'âpreté de la course : à la quatorzième heure, l'attelage DS de Sigrand et celui de Vuillamy, sur Harley-Davidson, étaient au coude à coude, avec 10 tours d'avance sur le troisième et 15 sur le quatrième. Peu à peu, Sigrand se détacha de Vuillamy et avait 6 tours d'avance à 30 minutes de l'arrivée ; mais la magnéto rendit l'âme, provoquant son abandon. Vuillamy dut abandonner à son tour et la Motosacoche de Gex tira les marrons du feu.*

▾ *La 500 DS « Tourisme » de 1923 est la première moto de la marque. Les pièces Indian sont encore majoritaires en ce qui concerne moteur et boîte. La fourche est construite en application du brevet demandé par Debladis et Sigrand le 17 mars 1923 et délivré sous numéro 564.025.*

DS - 3, rue Villebois-Mareuil à Vincennes

Société en nom collectif Debladis & Sigrand au capital de 400 000 F. Siège social et magasin à l'adresse susdite. Usines au 73 bis, boulevard National à Vincennes et au 29 de la rue Douy-Delcupe à Montreuil-sous-Bois.

Les lettres DS sont les initiales de Pierre Debladis et Camille Sigrand qui s'associent le 22 septembre 1921 et qui déposent le 4 septembre 1922 les marques D.S. et Déesse pour désigner des motos et des side-cars. L'association dure moins de deux ans : elle est dissoute le 30 août 1923, chaque partie reprenant ses apports. Désormais seul à la tête du magasin de Vincennes et de l'usine de Montreuil, Sigrand s'associe bientôt avec les frères Marcel et Maurice Malterre, deux ingénieurs des Arts & Métiers. Naissent alors les *Ets D.S. & Malterre réunis.*

Spécialité de Pièces Détachées
POUR HARLEY-DAVIDSON & INDIAN

P. Debladis et Sigrand

Téléphone 578 — Bureaux : 3, Rue Villebois-Mareuil .. VINCENNES — Téléphone 578

USINES A MONTREUIL

La qualité de la Fabrication des Établissements D. S.
a été démontrée par les

Performances du Sidecar D. S. 1.000 c. c.

BOL D'OR	1143 km. couverts par SIGRAND en 23 h, 30 (6 tours d'avance), PLETSIER se classe avec la seconde machine engagée.
PARIS-LES PYRÉNÉES-PARIS	1er SIGRAND, sans pénalisation. — Médaille d'Or, Coupe de l'A. C. O. 2e LAMENDIN.
RALLYE DE STRASBOURG	SIGRAND : 3e du classement général (catégorie sidecars). 1er Prix d'Élégance.

Sur SIDECAR D. S. (1.000 c. c.)

La spécialité de DS, c'est la pièce détachée adaptable sur les Harley-Davidson et surtout sur les Indian des surplus militaires américains qui inondèrent le marché français à partir de 1919. En 1923, quand la voracité des grosses bicylindres américaines en carburant, en chaînes et en pneus fut bien connue, les Ets DS se firent contructeurs en proposant une élégante 500 monocylindre dite Tourisme à moteur « maison » mais utilisant toujours de nombreuses pièces Indian, dont le haut-moteur.

Chose remarquable, Debladis et Sigrand déposèrent conjointement six brevets d'invention durant la brève période de leur association. Plusieurs d'entre eux sont inspirés par des inventions américaines non brevetées en France. L'un d'eux concerne un système de fourche élastique qui sera appliqué sur la 500 Tourisme.

DS-MALTERRE - Adresses et raisons sociales multiples

Les raisons sociales successives sont : Ets D.S. & Malterre Réunis, sans doute dès fin 1923, puis Malterre Frères, successeurs dès 1925, enfin Ets Maurice Malterre après la guerre.

L'entreprise reste brièvement à l'adresse de Debladis & Sigrand à Vincennes. Puis elle part au 13 (et au 9, un peu plus tard) de la rue Biscornet à Paris XIIe ; enfin elle s'installe 12, bd de la Bastille à Paris XIIe. L'usine demeure celle de Montreuil, rachetée à Sigrand, modernisée et rééquipée de machines-outils modernes.

Rejoints en 1926 par leur frère Georges, Marcel et Maurice Malterre vont poursuivre l'écoulement de surplus américains, mais surtout développer progressivement l'activité de constructeur à peine abordée par Debladis & Sigrand.

Jusqu'en 1927 inclus, la production se limite à un modèle unique, une 500 à soupapes latérales. La gamme s'élargit jusqu'en 1932, avec des 350 et 500 latérales ou culbutées (les soupapes en tête arrivent début 1929), dont les moteurs et boîtes finissent par ne plus utiliser aucune

pièce d'origine Indian. De 1931 à 1933, on voit arriver des motorisations externes : 250 à moteur Duten et 350 à bloc-moteur Chaise culbuté, avec transmission par chaîne ou par arbre. Comme bien d'autres constructeurs, DS-Malterre réduit sa gamme de motos à partir de 1933, mais propose maintes versions de BMA, équipées de moteurs très variés : Aubier-Dunne, Sachs, Stainless ou Train deux-temps et même Gem culbuté à distribution variable.

DS-Malterre mena une brève politique sportive en 1928, avec le pilote Lambert qui utilisait en côte — avec succès — une 1 000 DS à moteur Jap-Racing, qui n'avait probablement de DS-Malterre que les décalcomanies.

Apparemment mise en sommeil pendant la guerre, la marque renaît, fort discrètement, dès 1946 et adopte la raison sociale *Ets Maurice Malterre*. Nous supposons que ce redémarrage très progressif, sinon très lent, est dû pour une bonne part à l'activité déployée par ailleurs au profit des moteurs Diem. La production DS-Malterre ne retrouve véritablement de l'importance qu'en 1949, avec des mécaniques AMC, largement majoritaires, mais aussi Ydral, proposées en 125 et 175 cm³.

Le fleuron des DS-Malterre produites en série après la guerre est très certainement la deuxième version de la 175 M9, à moteur AMC Sport, née en 1953 : c'est à la fois une honnête sportive, capable de 105 km/h, et une routière

▲ Lambert et sa DS 1 000 en août 1928.

◄ Cette DS-Malterre M6 est l'une des toutes premières construites après la guerre, en 1946 ; son moteur est un AMC 108 cm³ à trois vitesses. (Coll. F. Boulay)

◄◄ De haut en bas : la 500 FA latérale à culasse détachable de 1931 ; la 500 FC culbutée de 1931 elle aussi ; la 350 FH culbutée de 1933, avec cadre double-berceau ; on trouve la même boîte DS à trois rapports sur toutes les 350 et 500. Enfin la BMA type M.2 à moteur Aubier-Dunne monovitesse à embrayage ; dans la vaste gamme des BMA DS-Malterre de 1933, elle est précédée par la M.5 dotée d'un Stainless deux-temps monovitesse sans embrayage et suivie par la M.3 (moteur Train deux-temps à deux vitesses) et la M.4 (quatre-temps, livré soit en monovitesse avec embrayage, soit en deux vitesses).

◄ Première version de la 175 M9, en 1949. Elle est encore une machine très classique, avec suspension arrière coulissante.

D

▸ *Bien guidée, bien amortie et dotée d'un ingénieux système assurant une flexibilité variable, la suspension arrière des 175 M9 à partir de 1953 est un modèle du genre.*

▸▸ *Le Véloscoot'r Ducheron tel qu'il fut présenté dans* Le Cycle *du 25 septembre 1950. Tout aussi original que cette première création, le cyclo à moteur Le Poulain et petites roues est aussi illustré par Daniel Rebour, cette fois pour* Le Cycle *du 24 février 1951.*

▸ *Les deux DS-Malterre du Bol d'Or 1953 : Ramade, n° 53, et Mathieu, n° 52, qui utilise un frein avant Collignon. La moto n° 51 est l'Automoto de Goll. Les trois machines ont reçu le tout nouveau 175 AMC d'usine à deux ACT dont c'est le baptême du feu en endurance. Seul terminera Ramade, à la cinquième place.*

confortable, grâce à sa très efficace suspension arrière à bras oscillant et flexibilité variable, conçue par Maurice Malterre en personne. La 250 M13 à bloc-moteur AMC à ACT est également une moto digne d'intérêt… hélas arrivée tard. En effet, DS-Malterre, à cours de trésorerie, dépose le bilan le 26 février 1953 ; heureusement, le Tribunal de Commerce ne prononça pas la liquidation, mais bien la poursuite d'activité, limitée, en théorie, à l'écoulement des stocks ; ce fut chose faite fin 1956.

Reste à parler du retour de DS-Malterre sur la scène sportive en 1950 : la marque eut le bonheur d'enregistrer deux victoires successives en catégorie 175 au Bol d'Or, obtenues avec des AMC type U : en 1950 par Camus et en 1951 par Mathieu. De 1953 à 1955, Maurice Malterre paya sur ses fonds personnels les dernières participations en course, à dire vrai pas très fructueuses.

DUCHERON - 123, avenue Parmentier à Paris XIe

Ets Robert Ducheron. D'abord Cité Dupont (sans numéro) puis à l'adresse susdite. Activité connue de 1937 à 1956.

Né vers 1910, Robert Ducheron travaille dans les années vingt au montage et à la réparation chez Peugeot-Cycles à Paris, puis passe chez Mestre & Blatgé. Quant il s'établit à son compte en 1937, sa seule activité est la fabrication de vélos sur mesure ; cela reste vrai jusqu'en avril 1950, date à laquelle il présente le « Véloscoot'r » (marque déposée) à moteur Vap 4. Suit début 1951 un cyclo à cadre triangulé et fourche à parallélogramme, équipé de petites roues chaussées en 400 x 55 et d'un moteur Le Poulain « Cyclobloc ». Au Salon d'octobre 1952, apparaît un tandem doté du même Le Poulain mais cette fois de roues aux dimensions classiques. Le dernier motorisé Ducheron sera un cyclo à moteur Mosquito, dépourvu de toute suspension.

Mais le succès que Ducheron connaissait dans le monde du cycle (un de ses cadres remporta le Tour de France 1954) ne parviendra pas à s'étendre à ses cyclos. En 1956, il jette l'éponge et entre chez Vitus, fabricant réputé de tubes étirés sans soudure très utilisés pour de beaux vélos.

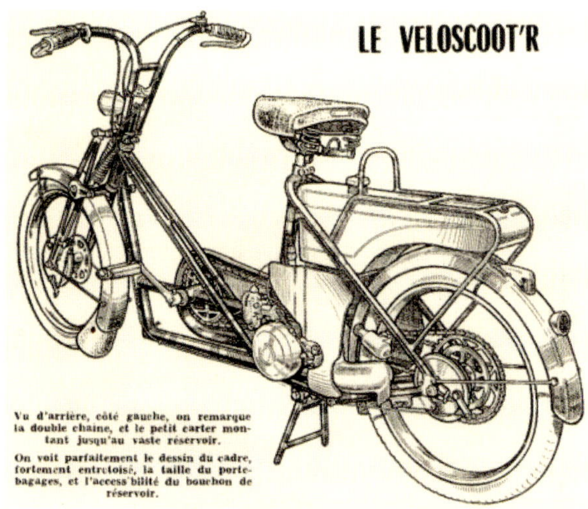

DUCOM - 19, rue d'Artois à Paris VIIIe

Ets Ducom. Constructeurs de triporteurs de 1921 ou 1922 à 1932. Cette marque très méconnue se rendit pourtant célèbre en remportant trois des quatre premières éditions (1922, 1923 et 1925) du « Championnat des Triporteurs » organisé chaque année par le journal *L'Auto* à la mi-novembre. La première édition, disputée entre Suresnes et Versailles (32 km) vit la victoire de Godefroy en 1 h 28 min et 2 s, face à pas moins de 105 partants. G. Brissard, déjà victorieux de l'édition 1925, allait s'illustrer une dernière fois au guidon d'un Ducom en 1929, remportant le Tour de Paris (39 km, avec une charge réglementaire de 65 kg) à la moyenne de 24,9 km/h. Mais hors ces résultats sportifs, nous avons fait choux blanc en ce qui concerne les caractéristiques techniques: pour les années 1922 et 1923, nous avons consulté toutes les revues spécialisées de l'époque: *Moto-Revue, Motocyclisme, La Moto, La Revue Motocycliste* et *Motos, cyclecars et voiturettes*. En vain! La lassitude nous a gagné.

Publicité de 1926 pour le tri-moteur Ducom. (Courtoisie J. Goyard)

DUCOMMUN - 18, boulevard Magenta à Paris Xe

La raison sociale précise est S.A. Ateliers de Constructions Mécaniques, ci-devant Ducommun. Nous avons hésité à classer Ducommun parmi les marques de la Seine: en effet, l'entreprise proprement dite était installée à Mulhouse, alors ville allemande. L'existence d'une filiale française, à l'adresse susdite, était donc indispensable pour pouvoir commercer d'un pays à l'autre. En outre l'adresse parisienne est celle utilisée pour les publicités.

La première moto Ducommun est surtout connue par le brevet suisse n° 19664 du 6 juillet 1899. Signalons tout de même qu'un autre brevet « pour système de motocycle » avait été déposé cinq ans plus tôt à Paris, le 31 mai 1894. Le brevet suisse décrit dans le moindre détail (sur 7 pages, avec 5 figures) une mécanique très sophistiquée: elle fait appel à un carburateur à pulvérisation et à une distribution variable pour commander la soupape d'échappement. Le 1er novembre 1901, *Cycle et Automobile Industriels* n° 43 présente sommairement une moto Ducommun et l'illustre par une petite photo: elle utilise certaines des dispositions du brevet de 1899 et conserve l'allumage par incandescence. Mais si l'on est bien certain qu'une moto a été construite, rien ne nous a permis d'établir qu'il y eut commercialisation réelle.

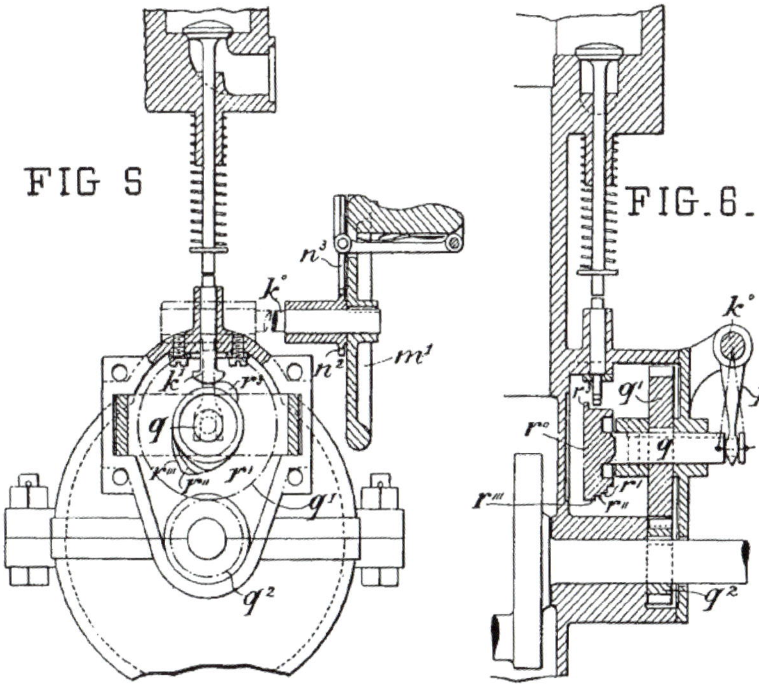

Ces figures du brevet Ducommun montrent assez bien la réalisation de la distribution variable: il n'y a pas qu'une seule came, mais quatre, étagées et décalées: r, r', r'' et r'''. La variation se fait par déplacement latéral de l'arbre à cames au moyen du levier k. La came r sert de décompresseur.

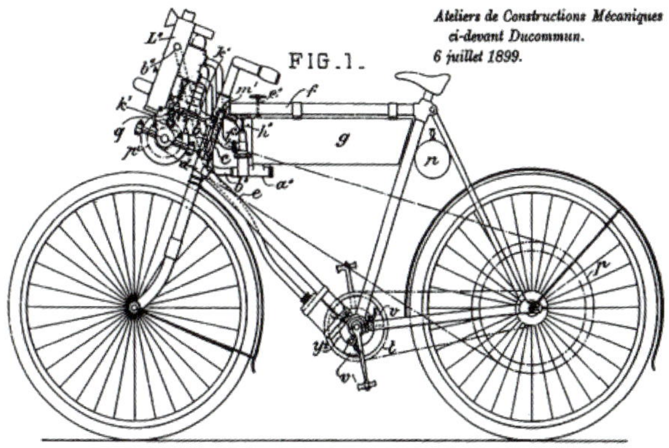

La moto Ducommun telle qu'illustrée dans le brevet d'invention de 1899.

Deux ans plus tard, Ducommun présente une machine de conception plus classique, sinon déjà vieillote quant à la position du moteur; l'allumage est électrique.

On verra des publicités pour la moto Ducommun jusqu'en 1905 dans des annuaires commerciaux genre Bottin.

La moto Ducommun de 1901.

BICYCLETTE AUTOMOBILE DUCOMMUN (*fig.* 82)

Le moteur qui tourne à gauche, contrairement à la généralité des moteurs pour bicyclettes, est fixé au tube avant du cadre.

La poulie du moteur entraîne la roue arrière par une courroie croisée agissant sur une poulie agrafée aux rayons de la roue arrière.

Les machines de ce type sont établies avec allumage électrique ou à incandescence.

On voit l'emplacement des réservoirs d'essence et de la tuyauterie dans la figure.

Fig. 82. — *Bicyclette automobile Ducommun.*

La moto Ducommun de 1903.

D

▲ Découverte aux Pays-Bas, cette Hildebrand & Wolfmüller n'est très certainement pas une de celles produites en France par Duncan & Suberbie. (Collection C.K.)

DUNCAN & SUBERBIE - 16, rue Halévy à Paris IXe

Duncan, Suberbie & Cie. Marques « Déesse » et « Pétrolette » déposées le 28 octobre 1895 à Paris. Siège social à l'adresse susdite et usine à Croissy-sur-Seine (Seine & Oise). Activité connue de fin 1894 à début 1897.

Brevetée le 20 janvier 1894 par ses concepteurs, les frères Heinrich et Wilhelm Hildebrand, la moto dite Hildebrand und Wolfmüller ne put commencer à être construite à Munich qu'avec le gros apport financier d'Aloïs Wolfmüller. Dès qu'elle fut présentée, en fin d'année, une société est fondée pour la construire sous licence en France. Les dirigeants en sont H.O. Duncan, un écossais, représentant pour l'hexagone des cycles Rudge, et Louis Suberbie, qui arrive de chez Darracq, constructeur des cycles Gladiator. Mais les deux associés ne sont pas les titulaires de la licence de fabrication, qui passe alors pour être aux mains d'un dénommé Marquis. C'est dans ce contexte embrouillé dès le départ que Duncan et Suberbie signent avec Hildebrand & Wolfmüller, le 27 novembre 1894, le contrat de fabrication, découvrant au passage que le détenteur de la licence pour la France est un certain Schuler, ingénieur… suisse.

Quelques Hildebrand & Wolfmüller sont déjà arrivées d'Allemagne et une vaste campagne de publicité est lancée avec le concours du *Petit Journal* de Pierre Giffard. Dès le début de 1895, on commence à constituer un réseau commercial. L'objectif est de construire deux séries de 50 motos, rebaptisées soit « Déesse » soit « Pétrolette » et proposées au prix conséquent de 1 500 francs. En juin 1895, le coureur cycliste Osmont prend le départ de Paris-Bordeaux-Paris sur une « Pétrolette » qui n'a pour concurrente qu'une Félix-Millet : il parviendra à Bordeaux en 47 heures mais ne pourra revenir à Paris.

Quand Duncan et Suberbie présentent leur moto au Salon du Cycle de décembre 1895, la situation financière est déjà désespérée : la cinquantaine de machines livrées a coûté bien plus qu'elle n'a rapporté et les problèmes de démarrage rencontrés par les acheteurs provoquent assignations et procès… perdus. Miraculeusement, début 1897, Duncan, Suberbie & Cie trouvèrent un acquéreur pour leur affaire, lequel stoppa aussitôt la fabrication des « Pétrolettes » et autres « Déesses »

DUREY - 82, rue d'Hauteville à Paris Xe

Arthur Durey, constructeur. Pionnier de la motocyclette, Durey fait partie des constructeurs qui s'affrontent fin juillet 1899 lors du Critérium des Motocyclettes, disputé sur 100 km entre Etampes et Chartres. Quatre motos Durey affrontent cinq Werner, deux Lamaudière & Labre et une Pernoo. Le verdict sera sévère tant pour Durey que pour Lamaudière & Labre, qui n'amènent aucune machine à l'arrivée. Le déjà fameux hebdomadaire *La Vie au Grand Air*, consacré au sport, souligne qu'aucune machine dotée d'un moteur placé dans le cadre n'est à l'arrivée. Pourtant l'histoire montrera bientôt que là est sa place…

Le moteur de cette première moto Durey développe 1 ¼ HP à 1 200 tr/min et la machine revendique la simplicité d'emploi avec quatre commandes seulement : décompresseur à gauche du guidon pour la mise en route, interrupteur d'allumage à droite du guidon, « robinet » (sic) de réglage de carburation sur le tube supérieur du cadre, enfin commande d'avance par levier sur le côté gauche du carter-moteur.

▼ Ce crevé de l'Hildebrand & Wolfmüller permet d'imaginer sans difficulté que l'industrialisation de sa production sous licence en France était une énorme et très coûteuse entreprise, tout à fait impossible à amortir avec 100 machines. Duncan et Suberbie s'en aperçurent un peu tard…

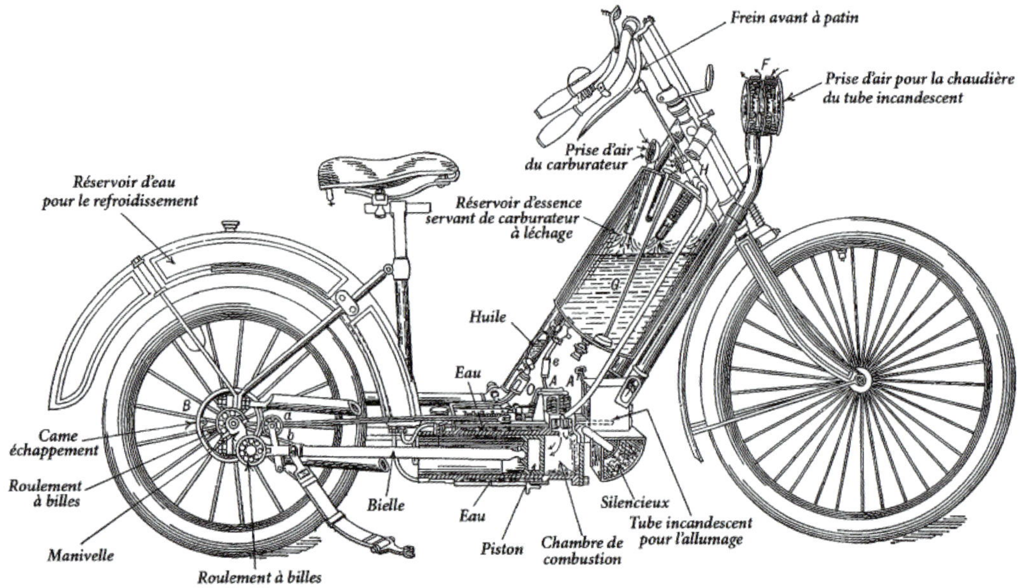

Dès 1900, on retrouve A. Durey associé à D. Bernard pour commercialiser la Motobicyclette « La Parfaite », légèrement modifiée par rapport au modèle 1899. Puis l'on n'entend plus parler de Durey à propos de motos, bien qu'il figure encore en 1905 à l'Annuaire général de l'Automobile.

Son nom reviendra cependant dans un article publié… le 24 septembre 1933 dans *L'Officiel*: Arthur Durey y revendique ni plus ni moins que la paternité du premier moteur Werner; il donne même une date précise, octobre 1895, et narre en détail les circonstances pour le moins surprenantes d'une rencontre avec les frères Werner. Rien, en l'état actuel des connaissances, ne permet d'accréditer ces souvenirs évoqués bien tardivement.

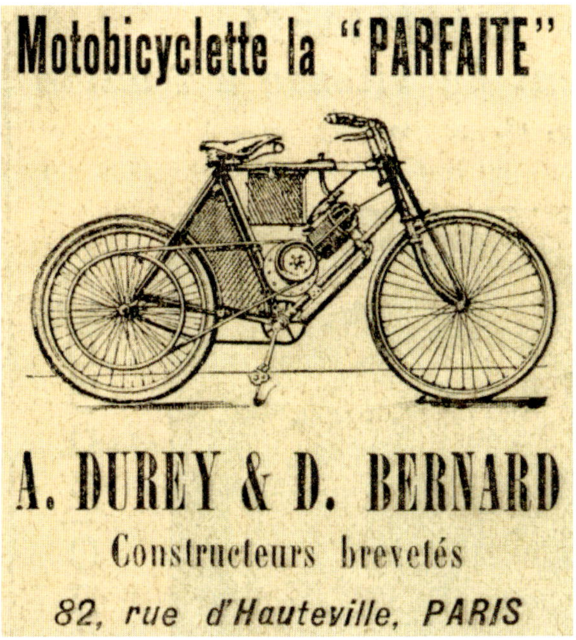

DURIF - 16 et 18, rue Montgallet à Paris XIIe

Ets François Durif et/ou société Olympia. Constructeur de cyclos de 1950 à 1952 au moins.

Alors importateur des motos anglaises Francis-Barnett et Matchless, François Durif se lance en 1950 dans l'aventure du cyclo avec « l'Olympia-Baby ». Cet engin est parfaitement banal tant côté partie-cycle que moteur (très certainement un Vimer 45,4 cm^3, 38 x 40 mm) mais original par sa transmission: un embrayage à disques commandé par poignée tournante à gauche du guidon précède un variateur semi-automatique que l'utilisateur actionne par un levier au cadre; on dispose ainsi d'une vaste gamme de démultiplications. En novembre 1951, le mensuel *Motocycles* signale l'apparition du « Durif 52 », moins cher car dépourvu d'embrayage et de variateur. Consultées par Jean Goyard, les statistiques de la Chambre Syndicale du Cycle et du Motocycle attribuent à Durif une production de 1 500 cyclos en 1951, puis ne mentionnent plus aucun chiffre: le « Durif 52 » n'aurait-il pas dépassé le stade du modèle de Salon?

DUTEMPLE - 33, rue de Seine à Ivry

A. Dutemple. Aurait construit une moto en 1903. Son successeur serait Ch. Cochez (45, rue de la République à Puteaux), constructeur, sous la marque Azur, de cycles et de cadres et séries pour cycles.

DUTEN - 56, rue Marius-Aufan à Levallois-Perret

Maurice Duten, constructeur de moteurs et, accessoirement, de motos.

Ancien chef d'atelier à l'agence parisienne des magnétos Simms-Bosch, Maurice Duten s'installe à son compte en 1909 comme « réparateur de magnétos, de démarreurs électriques et tous appareils d'allumage ».

▲▼ L'Olympia-Baby de 1950 et ce qui fait sa particularité : l'emploi combiné d'un embrayage et d'un variateur, tous deux commandés.

◀◀ Les deux versions de la Motobicyclette Durey : en haut, celle de 1899, vue dans La Nature *du 10 juin 1899, est certainement très proche des machines qui allaient être engagées un mois plus tard au Critérium des Motocyclettes ; en bas, publicité pour la version dite « La Parfaite » que Durey & Bernard commercialisèrent à partir de 1900. (Documents collection M. Pernot)*

D

▸ Il faut un œil attentif pour voir que le moteur Duten est équipé d'un distributeur rotatif. *(Photo J.L. Derault)*

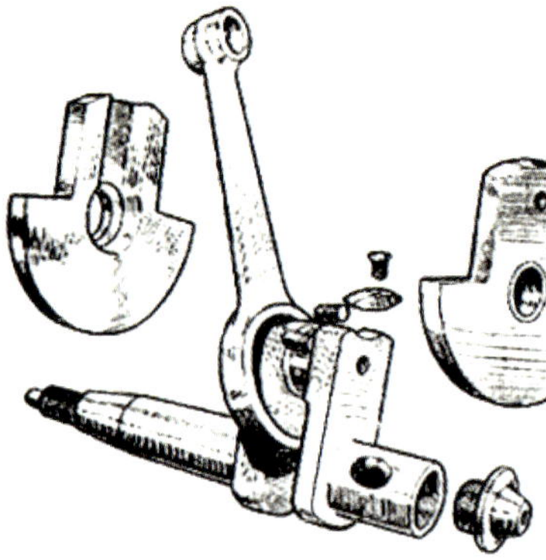

▴ *Embiellage de moteur Duten : la queue droite fait office de distributeur rotatif. Vilebrequin et bielle étant monoblocs, les masses d'équilibrage sont rapportées pour permettre le montage de la bielle.*

Il exerce toujours ce métier en 1926, mais se lance pourtant à cette date dans la construction d'un moteur deux-temps aux cotes « carrées » de 60 x 60 mm, donnant une cylindrée de 170 cm³.

L'originalité et le soin de construction de ce moteur méritent que l'on s'y attarde. L'originalité, c'est une distribution mixte, principalement assurée via le vilebrequin qui fait office de distributeur rotatif, mais aussi par une lumière supplémentaire positionnée légèrement au-dessus du point mort bas. Le soin de construction concerne chaque organe : culasse détachable polie, bielle forgée à section en H tournant sur de gros galets Hoffman (diamètre 9,52 mm), axe de piston de 18 mm, vilebrequin monobloc forgé avec contrepoids rapportés, piston porteur de quatre segments Bollée, etc. Ce 175 Duten revendiquait 4,25 ch entre 2 500 et 3 500 tr/min, avec une consommation de 2 l/100 km. Dès 1927, Duten aurait vendu en nombre ce moteur à Rochester et, selon *Moto-Revue*, à quelques autres constructeurs que nous n'avons pas situés.

Il est acquis qu'à partir de 1928 Duten vendit aussi plusieurs variantes d'une moto 175 portant son nom : monovitesse, deux ou trois vitesses. Le 11 septembre 1929, Maurice Duten présenta au service des Mines de Paris une moto Duten type D équipée d'un moteur de 231 cm³, cylindrée qu'il avait obtenue en portant l'alésage à 70 mm. Quelques exemplaires de ce moteur trouvèrent preneur auprès de DS-Malterre en 1933, sans doute dernière année de production chez Duten.

DUTHEIL-CHALMERS - 37, boulevard Arago à Paris XIIIe

L. Dutheil, R. Chalmers & Cie, constructeurs. Universellement connus de tous ceux qui se passionnent pour les débuts de l'aviation, Dutheil-Chalmers le sont beaucoup moins dans le monde de la moto ancienne.

Jean-Louis Dutheil se fait connaître début 1901 en déposant en France et au Royaume-Uni deux demandes de brevets concernant l'implantation, fort compliquée, d'un moteur et de sa transmission dans un cadre de vélo.

En novembre 1903, désormais associé à Chalmers, il engage une moto, cette fois d'un grand classicisme, au Critérium d'endurance organisé sur 1 000 kilomètres par le MCF ; elle ne figure pas en tête de classement.

Puis Dutheil-Chalmers deviennent motoristes d'aviation : ils auront l'honneur d'équiper d'un flat-twin le Santos-Dumont XIX, première version de la légendaire « Demoiselle », qui effectue son premier vol le 16 novembre 1907. Cette activité sera la leur jusqu'en 1912.

▾ *La moto Dutheil-Chalmers qui participa aux 1 000 kilomètres du MCF fin 1903. Nous ne savons hélas pas qui est le pilote.* (Photo Jules Beau)

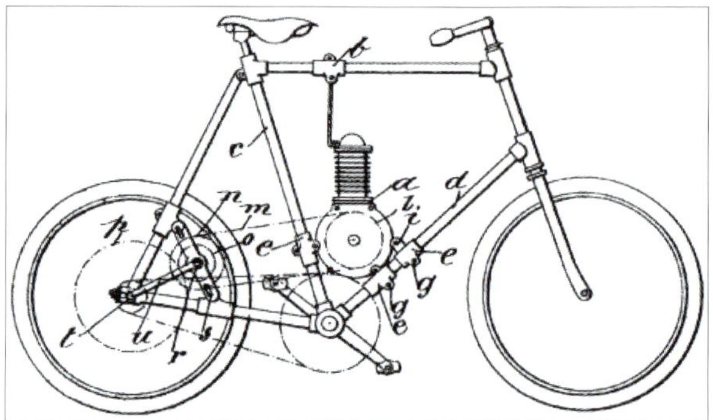

▴ *Dessin extrait du brevet anglais délivré à Jean-Louis Dutheil le 28 septembre 1901.*

E.M.A. - 192, avenue du Maine à Paris XIVe

Ets E.M.A. Constructeur de moteurs auxiliaires pour cycles en 1950 et 1951. Attention : outre l'acronyme E.M.A. dont nous ne savons pas à quoi il correspond, il existe aussi la marque Ema dont il sera question plus avant. Grâce à la revue *Le Cycle* du 19 août 1950, transmise par Jean Goyard, nous connaissons un moteur E.M.A. qui participa au « Tour cyclotouriste » monté sur un vélo « Europe ». Le cyclotouriste en question n'était autre que Guy Lapébie, deux fois champion olympique (poursuite et course par équipe) en 1936 et troisième du Tour de France 1948.

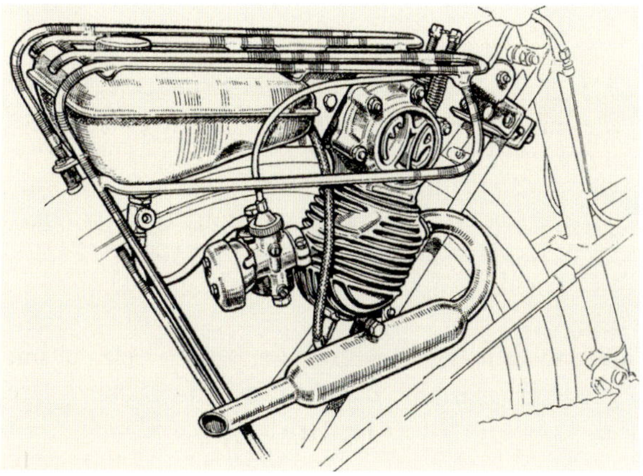

ÉCHARD - 45, rue Gravel à Levallois-Perret

Société en commandite F. Échard & Cie au capital de 30 000 F, fondée le 7 août 1902.

Les premières motos Échard, à moteur de Dion & Bouton, L'Universel ou GW, sont annoncées en novembre 1902, mais jamais illustrées. Dans l'été 1903, Échard fait de la publicité pour une moto à moteur Mirus 2 HP et pour des motos « type Paris-Madrid » dont la vitesse garantie en palier est de 75 km/h, sans plus de précision. Il met aussi en avant une victoire remportée en juillet par une de ses machines sur le vélodrome de Buffalo face aux pilotes réputés que sont Anzani, Cissac, Fossier ou Thé. Hélas, Échard ne mentionne pas le nom de son pilote et Jules Beau, le grand photographe sportif de l'époque, n'était pas présent pour immortaliser la scène : pas de photo de la machine victorieuse, donc. On n'entend plus parler de motos Échard au delà de novembre 1903.

ÉCUREUIL - 27, rue de la Tombe-Issoire à Paris XIVe

CENCEP (Centre national des caisses d'épargne et de prévoyance), organisme créé en 1986 pour chapeauter les 464 Caisses d'Epargne existant à cette date, remplacé en 1991 par les SEC et SCT.

En 1986, dans le but de faciliter la fusion des multiples Caisses d'Epargne jusqu'alors alors indépendantes, le CENCEP entreprend de promouvoir « L'Écureuil », symbole désormais commun à toutes les Caisses. Cette promotion passera par le sponsoring, de 1987 à 1989, d'une équipe disputant le Paris-Dakar avec des motos dites « Ecureuil 1 000 ERS ».

Conçue par Joël Guillet avec le concours d'Yves Kerlo, sur une initiative de Pierre-Marie Poli, pilote et

C'est à Pierre-Marie Poli que l'on doit l'idée de faire patronner des motos du Paris-Dakar par les Caisses d'Epargne. Il est ici au guidon de l'Ecureuil lors du Paris-Dakar 1987 ; cette année-là, la moto possède un véritable garde-boue avant. (Photo Sipa Press/CENCEP)

Le groupe auxiliaire E.M.A. croqué par le talentueux Daniel Rebour pour le magazine professionnel Le Cycle. *La fonderie semble très soignée.*

La toute première version, en 1986, de la coque conçue par Joël Guillet pour la future moto Ecureuil. Le concept de l'ensemble mécanique porté par un châssis auxiliaire fixé au bas de la coque est déjà présent ; ce châssis en matériaux composites est ultra léger.

E

▸ Ecureuil 1 000 ERS version 1988. L'avant de la coque fait désormais office de garde-boue. *(Doc. J. Goyard)*

▸▸ Les « Ecureuils » du Paris-Dakar 1988. De gauche à droite : Pierre-Marie Poli, Gilles Burgat, Raymond Loizeaux et Philippe Joineau.

▾ Paris-Dakar 1988 : la photo est superbe mais on ne peut hélas pas lire le numéro de course, donc pas identifier le pilote. *(Photo Sipa Press/CENCEP)*

journaliste à *Moto-Journal*, la 1 000 ERS est de loin la moto la plus innovante au départ du Paris-Dakar 1987.

Son concept est modulaire, en trois éléments : la coque-réservoir en carbone/kevlar, qui ne pèse que 6 kg pour une capacité de 64 litres ; l'ensemble moteur/transmission/roue arrière qui est monté sur un faux-châssis très léger (sandwich nid d'abeilles/aluminium) et se dépose en six minutes ; enfin l'ensemble qui se compose de la colonne de direction, de la fourche et de la roue avant, ensemble qui est démontable encore plus rapidement.

En outre, grâce à l'existence d'une série de points de fixation au bas de la coque, l'ensemble mécanique peut être positionné plus ou moins en avant ou en arrière : on peut ainsi faire varier l'empattement et modifier d'autant la répartition des masses. Conséquence de ce qui précède, il devenait possible d'adapter très rapidement la moto au profil des étapes, en la rendant plus maniable pour les étapes lentes, ou plus stable pour les étapes rapides. En ce qui nous concerne, nous regrettons fort que la presse d'époque n'ait jamais dit quelle fut l'attitude des pilotes face à cette possibilité tout à fait inédite.

Préparé par Arcueil-Motor, le moteur est un BMW R100GS dont la cylindrée a été légèrement augmentée : 1 022 cm^3 au lieu de 980 ; il développe 80 chevaux à 6 500 tr/min, soit 20 chevaux de plus que le moteur standard.

En 1987, aucune des trois motos Écureuil confiées à Marc Morales, Daniel Pescheur et Pierre-Marie Poli ne termine. Morales, brillant septième au départ de la dernière étape, est fort malchanceux car il échoue à trois kilomètres seulement de l'arrivée, sur casse moteur. Poli a été accidenté et la moto de Pescheur a été entièrement détruite par un incendie lors d'un ravitaillement.

En 1988, quatre Écureuil 1 000 ERS sont au départ de la dixième édition du Paris-Dakar, avec Gilles Burgat, Philippe Joineau, Raymond Loizeaux et Pierre-Marie Poli. Deux d'entre elles terminent, mais assez loin : Joineau est vingt-et-unième, Poli vingt-neuvième.

En 1989 enfin, les trois Écureuil menées par Bacou, Philippe Joineau et Poli terminent toutes, respectivement classées aux 10e, 13e et 25e places. Ce fort bon résultat d'ensemble démontrait la validité du concept pourtant très avant-gardiste de Guillet. Mais l'histoire s'arrêta là, le CENCEP mettant fin à son sponsoring.

EH - 27, rue Descombes à Paris XVIIe

Marque commerciale des Ets A. Beausseron pour des moteurs quatre-temps catalogués en 1904.

La gamme des moteurs EH est importante pour ce qui semble être une première année d'existence, avec

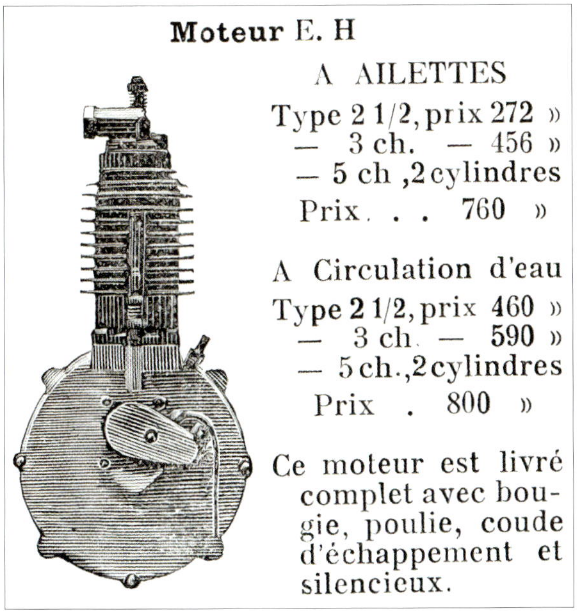

six modèles, tous à admission automatique: deux monocylindres de 2 ½ et 3 HP et un bicylindre en V de 5 HP, chaque cylindrée étant disponible avec refroidissement par air ou par eau. Aucune information ne permet de penser que la fabrication ait été prolongée au-delà de 1904.

EICHEL Frères - 50, av. Marceau à Courbevoie

Constructeurs, à l'adresse susdite, des marques Dé-Dé, Motopédale, Prester et Scylla. Voir à ces noms.

ÉLECTA - 72, avenue Jean-Jaurès à Paris XIXe

Marque sous laquelle a été cataloguée une BMA type B11 à moteur 100 cm³ Chaise, laquelle était vendue « avec feuille des Mines et licence Motolux ». Le prix de vente, 1 395 francs, situe la production en 1931-1932. Nous ne savons rien d'autre sur cette marque.

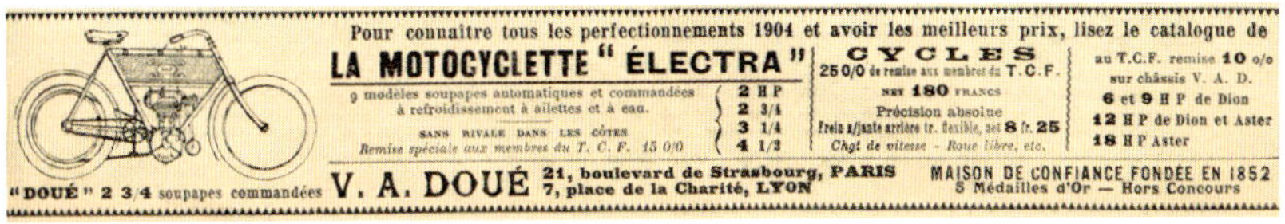

ÉLECTRA - 21, bd de Strasbourg à Paris XIe

Marque commerciale utilisée par les Ets V. A. Doué pour des motos identiques à celles vendues en 1904 sous leur propre nom.

ELER - 29, rue de Mogador à Paris IXe

Ets Lavalle & Rochel, constructeurs de cyclomoteurs de 1950 à 1952 ou 1953.

Le seul cyclo véritablement signé Eler que nous connaissons est équipé d'un moteur Le Poulain à galet sur la roue avant; il est dit Eler 50 et décliné en version homme et dame. Le modèle suivant, baptisé Eler 52, est équipé d'un VAP 4 à embrayage, inhabituellement placé en avant du pédalier; mais sa partie-cycle à cadre double berceau ne doit rien à Lavalle & Rochel: elle vient tout droit de la Manufacture Orléanaise de Cycles. Il en ira de même pour l'ultime cyclo Eler connu, à réservoir-poutre.

ELF - Tour Elf - 2, place Jean-Millier à Courbevoie-La Défense

ELF, marque déposée le 28 avril 1967 par la société ERAP. L'adresse susdite est celle utilisée à partir de 1986.

Voulues par François Guitter, directeur de la compétition et de la promotion chez ce « jeune pétrolier », les motos Elf construites de 1978 à 1988 sont toutes des machines de compétition expérimentales explorant des pistes techniques nouvelles et souvent révolutionnaires. Et il ne fait guère de doute que ce choix risqué visait plus à accroître la notoriété mondiale d'Elf qu'à remporter des victoires immédiates.

Jusqu'en 1984, toutes les motos Elf sont des créations d'André de Cortanze, ingénieur INSA âgé de 37 ans, issu de l'automobile (Alpine-Renault et Renault-

▲ *Publicité pour les motos Electra parue dans la revue du Touring-Club de France en juin 1904. (Doc. M. Pernot)*

◀◀ *Extrait de la page 27 du catalogue des Ets Beausseron présentant les moteurs EH.*

◀◀ *La BMA Electa.*

◀ *Publicité pour le cyclo Eler 52 à moteur Vap 4 parue dans Moto-Revue en novembre 1950. (Courtoisie J. Goyard)*

▼ *André de Cortanze, concepteur des quatre premières moto Elf.*

E

▾ ▸ *Sur la Elf « X » seule la suspension avant est monobras.*

▴ *La réalisation des pots de détente, en inox, qui passent au-dessus du moteur OW31, fut un travail titanesque signé du chaudronnier Paco Béranger.*

Sport, puis Peugeot-Sport) et assisté du dessinateur Daniel Tréma. A partir de 1986, c'est le duo Daniel Tréma/ Serge Rosset qui conçoit les Elf 3 et 4.

▾ *La Elf « e » du Bold'Or 1982, au Mans.*

L'aventure des motos Elf commence en février 1978 avec la présentation au Salon de la Compétition de la « X » à moteur Yamaha OW31 750 cm³. Pour de Cortanze, les idées directrices étaient d'abaisser le plus possible le centre de gravité, de faciliter le démontage des roues et de supprimer les changements d'attitude, plongée au freinage et cabrage à l'accélération. Pour abaisser le centre de gravité, le réservoir d'essence fut placé sous le moteur et les échappements au-dessus. Pour conserver une attitude constante, de Cortanze utilisa à l'avant deux bras superposés et un amortisseur De Carbon de Formule 1. Pour réduire le temps de remplacement des roues, il recourut à un montage monobras, à l'avant d'abord. L'autre innovation était la suppression du cadre, les carters du Yamaha OW31 devenant porteurs. Autant de révolutions techniques réunies sur une même moto n'allèrent pas sans plâtres à essuyer : le seul résultat de la « X » fut la qualification de Michel Rougerie en huitième ligne du GP de France à Nogaro, épreuve qu'il ne termina pas. En fin de saison la FIM supprimait la catégorie 750…

Mais le travail effectué ne l'avait pas été en vain : il avait suscité, au plus haut niveau, l'intérêt de Honda. C'est ainsi qu'en 1981 la Elf « e » d'endurance fut dotée d'un 1 000 quatre cylindres directement sorti du HRC, le département Recherches et Développement du constructeur nippon. La « e » n'obtint pas pour autant de résultats probants en 1981 ni en 1982 : certes efficace, ce qu'elle démontrait aux essais, elle nécessitait un pilotage très particulier et le moteur Honda n'était pas très fiable. Malgré plusieurs exploits, hélas trop brefs, de Christian Le Liard, le seul résultat en course vint en fin de saison 1983, avec la troisième place de l'équipage Didier de Radiguès et Hervé Guilleux obtenue aux Six Heures du Mugello en Italie.

▾ *Christian Le Liard sur la Elf « e » au Bol d'Or 1981.*

La Elf « R » des records à Nardo en 1986 : c'est une Elf « e » spécialement carénée.

On revit une fois la « e » rebaptisée « R » pour des assauts contre les records du monde de vitesse pure, menés en 1986 sur la piste de Nardo en Italie. Hubert Auriol et Christian Le Liard inscrivirent six fois la Elf « R » sur les tablettes, établissant, entre autres, un nouveau record du kilomètre lancé à 306,491 km/h.

Encore signée de Cortanze, la Elf 2 engagée au GP de France 1984 marque le retour de Elf en Grand Prix. Après l'abandon du système de direction par palonniers initialement prévu, auquel les pilotes ne parvinrent jamais à s'accoutumer, son comportement s'avéra bon, même en l'absence de résultats immédiats.

En 1986, la Elf 3, conçue par Tréma et Rosset et construite chez ROC à Annemasse, renoue avec l'usage d'un cadre, certes partiel, et reçoit un moteur Honda

Au centre, la Elf 2 : les bras superposés de la suspension avant ont changé de côté par rapport aux Elf « X » et « e ».
En bas, la Elf 3, première moto de la marque à avoir remporté un Grand Prix, certes hors Championnat du Monde.

NS500 trois cylindres deux-temps, du type qui avait remporté le Championnat du Monde 1983. Elle gagne cette année-là son premier GP, celui de Macao (hors Championnat du Monde), aux mains de Ron Haslam. Equipée d'un carénage spécial très semblable à celui de la Elf « R », une Elf 3 battit quatre records mondiaux de vitesse pure à Nardo en septembre 1986 : trois aux mains de Ron Haslam et un aux mains d'Eric Courly.

Ron Haslam et la Elf 4 au GP de France, le 24 juillet 1988 sur le circuit du Castellet. Il terminera dixième. (Photo Patrick Braz)

Débarassée de son carénage, la Elf 4 laisse voir que le moteur n'est plus porteur que du bras inférieur de suspension avant : Serge Rosset a renoué avec l'usage d'un cadre en partie tubulaire.

La Elf 4 qui lui succède en 1987 bénéficie du V4 deux-temps Honda NSR500C et permet à Ron Haslam de se hisser à la quatrième place du Championnat du Monde 1987. Handicapé par des ennuis de santé et par une puissance devenue insuffisante, Ron Haslam ne pourra faire mieux que onzième en 1988, dernière année de présence directe de Elf en Championnat du Monde.

Portant certes le nom du pétrolier car largement financée par lui, la Elf 5 (ou Elf 500) vue de 1995 à 1997 est un modèle totalement atypique : en dépit de son nom, c'est une ROC, conçue par Rosset et ne bénéficiant plus d'un moteur Honda. Elle n'a pas vraiment sa place ici et nous la signalons uniquement pour que l'on ne puisse pas penser que nous l'avons oubliée.

E

EMA - 9, rue des Cordelières à Paris XIIIe

Ets Perthuis, constructeurs de cyclomoteurs figurant au Bottin 1952 mais plus au Bottin 1954.

EMERIAU - 63, rue de Lyon à Paris XIIe

Constructeur de cyclomoteurs à moteur Cucciolo durant la période 1951-1954. (Nota : M. Emeriau, sans x)

ÉRIAC - 7, avenue Peronnet à Puteaux

Etudes et Réalisations Industrielles Administratives et Commerciales.

La plus ancienne publicité Eriac dont nous disposons date de 1951 et mentionne l'adresse susdite mais aussi « Paris et L'Aigle ». C'est à L'Aigle (Orne) que se situait l'usine. Lors du Salon d'octobre 1953, une pleine page de publicité Eriac indique que l'adresse du siège social et du magasin d'exposition est désormais au 106, bd Richard-Lenoir à Paris XIe. Cela implique des liens économiques très étroits entre Eriac et les Ets Rocher, constructeurs sous licence Ducati du moteur Cucciolo 48 cm³ culbuté. En effet, le magasin d'exposition du 106, bd Richard Lenoir avait été inauguré le 22 juin 1953 par MM. Rocher père & fils et il accueillait ce jour-là, outre les moteurs Cucciolo, les cyclos Eriac. Enfin ce sont Max et Maurice Rocher qui reçurent, lors de cette inauguration, les nombreuses coupes remportées par les cyclos Eriac.

A une exception près, la « Carlette », Eriac proposa de 1950 à 1955 ou 1956 une gamme sans cesse plus vaste de cyclos tous motorisés avec le Cucciolo type 50T : cyclo classique avec ou sans suspension intégrale, cyclo-tandem, cyclo porteur et même triporteur léger. Quant à la motorisation de la « Carlette », apparue au Salon d'octobre 1954,

Dès l'automne 1951, Eriac pouvait mettre en avant une première victoire dans le Paris-Nice des cyclomoteurs. La marque allait remporter aussi les éditions 1952 et 1953.

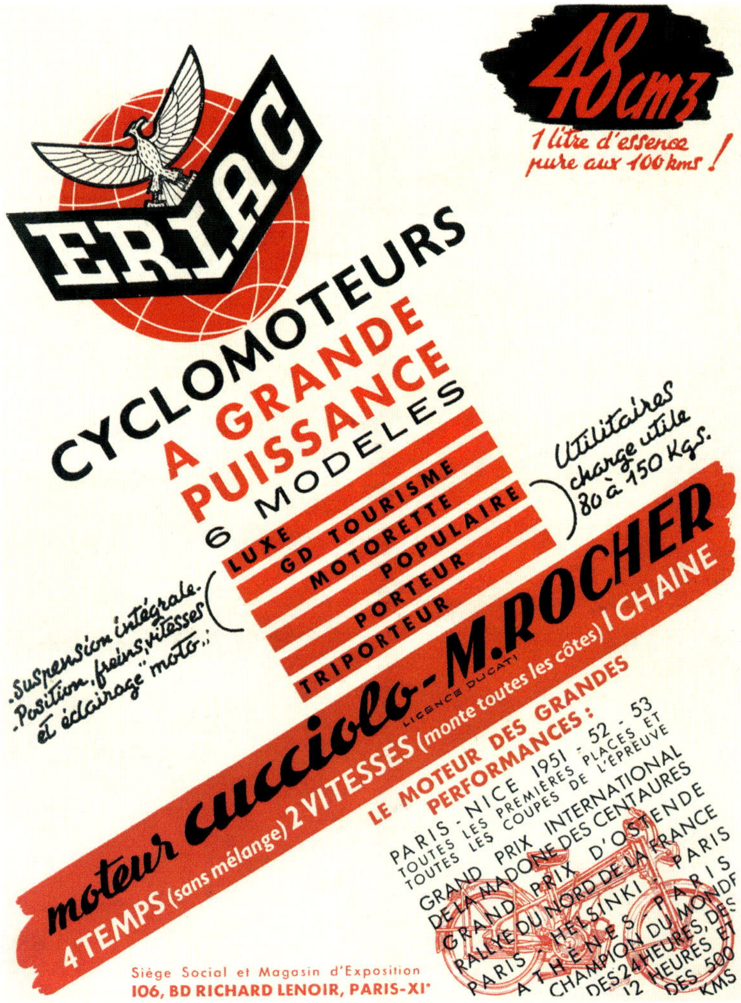

Fière publicité des Ets Eriac parue au moment du Salon d'octobre 1953.

Très marginale dans la production Eriac, la Carlette utilisait un deux-temps construit sous licence hollandaise.

Le GT constitue le sommet de la gamme Eriac en 1954. (Doc J. Goyard)

elle faisait appel à un deux-temps à double échappement, lui aussi construit par les Ets Rocher, sous licence de l'ingénieur hollandais Carley.

ERLUX - 23, rue Gustave-Rey à La Garenne-Colombes

Ets Ereir. Vers 1953, le cyclo Erlux est équipé du moteur Perrenoud à transmission par galet construit sous licence suisse Comodo.

Nous ne pouvons certifier que le moteur Perrenoud est vu ici sur un Erlux.

ERNEST-RICHARD - 184, avenue de Choisy à Paris XIIIe

Ernest Richard, constructeur de side-cars. Il fait ses débuts en 1920 et la cessation d'activité n'est pas connue de manière précise : sans doute en 1928-1929.

Ernest Richard fut, dans les années vingt, un des rares fabricants français qui utilisa indifféremment presque tous les matériaux disponibles : bois, acier et aluminium.

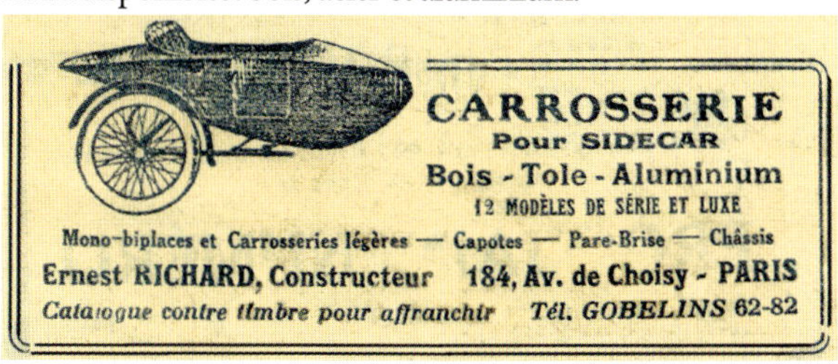

Publicité Ernest-Richard de mai 1927.

ESTAMPE - 22, rue des Laitières à Vincennes

Constructeur de cyclomoteurs à moteur Cucciolo de 1951 à 1954 ou 1955.

ÉTINCELLE - 60, boulevard des Batignolles à Paris XVIIe

Marque commerciale des Ets Ch. Copin & G. Marchand (Bottin 1900), puis des Ets G. Marchand & E. Godde. C'est avant tout une marque de cycles, mais Bourdache signale une moto Etincelle en 1900.

La marque existe encore en 1912 mais ne commercialise plus que des cycles et des armes.

Couverture du catalogue Etincelle en 1911. Il n'est plus fait mention que de cycles.

ÉTOILE - 29, rue des Archives à Paris IIIe

Marque commerciale vraisemblablement déposée en 1904 par L. Tempère, lequel avait fondé son affaire de cycles et de pièces détachées pour cycles en 1882. N. Saint-Germain, son successeur courant 1904, étendit son usage aux motos qu'il commença à produire en 1905. Mais il l'abandonna dès le Salon de décembre 1905, lui préférant « La Moto-Bécane » : voir à ce nom. Successeur à son tour de N. Saint-Germain, en 1909, A. Brunet continua à exploiter la marque Étoile : d'ailleurs la couverture de son catalogue mentionne toujours « Cycles & Motocyclettes Étoile »... même si la seule moto présente demeure la « Moto-Bécane ». La marque survit au moins jusqu'en 1914, mais en matière de cycles seulement.

Les premières motos Étoile apparaissent en 1905 ; bien qu'aucune ne semble avoir survécu, les modèles sont assez bien connus grâce à deux pages parues dans *Cycle et Automobile Industriels* du 2 avril 1905. A cette date, le client

Moto Etoile 3 HP de 1905 avec moteur Etoile à soupapes latérales. (Doc M. Pernot)

E

▸▸ *PV de réception par le service des Mines de la 175 Evans type A.*

▾ *Couverture du catalogue A. Brunet paru en 1909.*

avait le choix entre deux moteurs annoncés comme étant de fabrication Étoile : un 2 ½ HP à admission automatique ou un 3 HP à soupapes latérales, mode de distribution encore peu répandu à cette époque.

EUROP - 32, avenue Michelet à Saint-Ouen

A ses débuts, au Salon d'octobre 1955, la marque Europ n'est pas basée dans le département de la Seine mais à Sainte-Radegonde, Indre & Loire. Trois ans plus tard Europ s'associe avec RSI de Vichy. Et ce n'est qu'en 1959 que Europ-RSI devient marque de la Seine en étant reprise par la S.N.E. Paloma, la firme de Michel Humblot, laquelle est d'ailleurs déjà passée sous le contrôle de Lavalette : c'est ce qui explique que l'adresse d'Europ en 1959 soit la même que celle du motoriste.

▸ *Cyclo Europ de 1959 avec moteur Lavalette GML50.*

EVANS - 31, rue Poussin à Paris XVIe

Il est relativement bien connu que les motos légères Evans sont américaines et produites aux Etats-Unis par la *Evans Cyclemotor Corp.* de Rochester (NY). Elles ont été importées et distribuées en France et dans ses colonies par Géo Dupuy, de 1919 à 1924.

Mais l'on sait moins que le même Géo Dupuy a construit et fait réceptionner par le service des Mines, début novembre 1927, trois motos également baptisées Evans. Certes la *Evans Cyclemotor Corp.* avait cessé toute production en 1924, mais elle avait encore un licencié en activité en Allemagne, la *Stock Motorpflug* à Berlin.

Sans titre pour exploiter la marque, Géo Dupuy lance les Evans types A, B et C, équipées du moteur 175 Duten, suivi ou non d'un embrayage et d'une boîte à vitesses. La partie-cycle demeurait très semblable à celle des Evans précédemment importées. La date d'arrêt de la production de ces « Evans françaises » ne nous est pas connue.

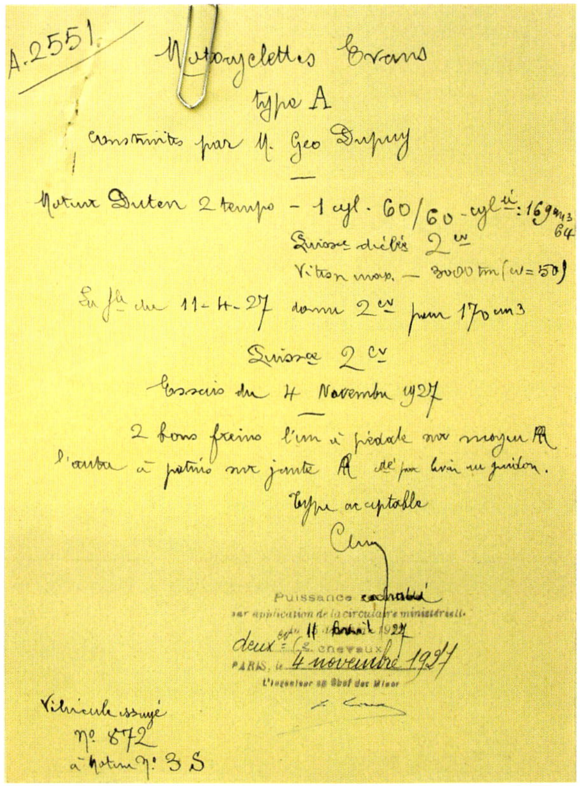
A. 2551
Motocyclettes Evans
type A
construites par M. Géo Dupuy
Moteur Duten 2 temps – 1 cyl. 60/60
Essai du 4 Novembre 1927
Type acceptable
Puissance
deux chevaux
Paris, le 4 novembre 1927

EVEREST - 46, rue de Vouillé à Paris XVe

Marque déposée par Henri Dresch le 9 juin 1926. Elle servit à commercialiser à partir d'octobre 1926 des sosies de motos 175 Le Grimpeur. En 1928, on voit aussi apparaître l'Everest type EV, une pseudo 350 (70 x 79 mm, soit 304 cm^3) deux-temps, qui semble sans équivalent au sein de l'empire Dresch.

ÉVRARD - 50, avenue Marceau à Courbevoie

▸▸ *Extrait d'une publicité conjointe pour Le Grimpeur et Everest parue le 1er octobre 1926 dans le magazine* La Moto.

Après s'être séparé début 1923 de ses associés, MM. Coupet et Bertin (voir à ce nom), et jusqu'en septembre de la même année, Gustave Évrard commercialisa sous son propre nom les machines à moteur Madoz quatre-temps qui allaient ensuite devenir les motos Dé-Dé au moment du Salon d'octobre 1923.

▾ *Cette photo d'une Evrard à moteur Madoz culbuté est parue dans* Moto-Revue *n° 100 du 15 mai 1923 : la marque Dé-Dé n'existait pas encore.*

FACHARD - A Clamart, sans certitude absolue

M. Fachard construisit sur base existante une moto avec moteur Quentin 2 HP et fourche à l'allure inhabituelle. Réceptionnée à Paris le 9 mars 1908 comme moto Fachard, elle était encore en service en avril 1946.

◂◂ La moto Fachard sur une photo hélas non datée. Sa carte grise, qui a survécu, mentionne « Constructeur : Fachard ». (Photo courtoisie D. Boyer)

◂ Henri Farman en 1898 sur un tricycle de sa fabrication… si l'on ose dire. En effet le moteur et ses accessoires sont signés de Dion & Bouton, tandis que cadre et pont sortent de chez Automoto. La fourche, elle, est spécifique. (Photo Jules Beau)

FAMOCYCLETTE - 81, rue de Longchamp à Paris XVIe

Ets Jacob Reimann en 1922 et 1923. A l'origine, les vélomoteurs Famo sont suisses, fabriqués par J. Reimann à Hinwil, dans le canton de Zurich. Pour augmenter ses ventes, Reimann crée une filiale à Paris en association avec le français Closset ; ainsi naît, en octobre 1922, la Famocyclette : une partie-cycle française reçoit le deux-temps helvétique à cylindre horizontal. Le succès sera mince et la Famocyclette n'existera guère plus d'un an… mais tout de même en deux versions différentes.

▴ Ni élégante ni très rationnelle, la Famocyclette ne se signale que par son moteur à cylindre horizontal, très haut perché.

FARMAN - 25, rue de la Paix à Paris IIe

Fils d'un journaliste britannique en poste à Paris et d'une Française, les frères Richard (Dick), Henri et Maurice Farman naissent tous à Paris, en 1872, 1874 et 1877.

Bien qu'ayant fait ses études à l'Ecole des Beaux-Arts, c'est vers le sport et la mécanique qu'est attiré Henri Farman, qui sera bientôt mondialement connu, avec ses frères, comme pionnier de l'aviation. Il est d'abord coureur cycliste de haut niveau : en 1892, il est vainqueur de Paris-Clermont-Ferrand et champion de France de demi-fond ; il court aussi en tandem avec son frère Maurice.

Comme presque tous les champions cyclistes de l'époque, Henri et Maurice Farman, réunis au sein de Farman & Cie, s'intéressent très tôt au motocyclisme naissant et construisent, brièvement, des tricycles à mécanique de Dion & Bouton. Dès 1898, ils sont aussi exportateurs de spécialités motocyclistes et automobiles (dont les moteurs Damas) vers le Royaume-Uni au travers de The Farman Automobile Cy Ltd basée à Londres.

Puis Henri et Maurice Farman passèrent, avec succès, à l'automobile comme pilotes chez Panhard : Henri termine cinquième de Paris-Berlin en 1901 et Maurice est deuxième de Paris-Vienne en 1902. Rappelons enfin qu'Henri Farman fut le premier au monde à effectuer un vol en circuit fermé (13 janvier 1908), à voler avec un passager, Ernest Archdeacon (le 28 mars 1908), enfin à réussir un vol de ville à ville (Mourmelon à Reims, le 30 octobre 1908). Il fut fait Chevalier de la Légion d'Honneur en 1919 et devint citoyen français en 1937.

F

Le scooter Fastex photographié au Salon d'octobre 1951. La volonté de proposer un engin économique est évidente.

FASTEX - 362, rue de Lecourbe à Paris XVe

Le scooter Fastex à moteur allemand JLO 98 cm³ fut présenté au Salon d'octobre 1951 sur le stand Camille Foucaux. Sa conception simple mais assez spartiate retint bien l'intérêt de *Moto-Revue* et de *Motocycles & Scooters* mais cela ne fut pas suffisant pour assurer son avenir commercial.

FAUVARQUE - 21, rue des Vertus à Paris IIIe

Société des Ets A. Fauvarque, exploitant les marques Hercule, Jean-Thomann et Moto-Record: voir à ces noms.

FÉDÉRALE - 40, rue Pascal à Paris V^e

A. Spiller, constructeur à l'adresse susdite mais également 81, rue Broca, parallèle à la précédente. Spiller fait de la publicité dans l'Annuaire Automobile 1900 pour une moto Fédérale et des moteurs de 1 ¼ à 6 HP. Puis Spiller et Fédérale ne réapparaissent plus jamais.

Tel est le seul document établissant l'existence de la moto et des moteurs « Fédérale ». (Doc. coll. M. Pernot)

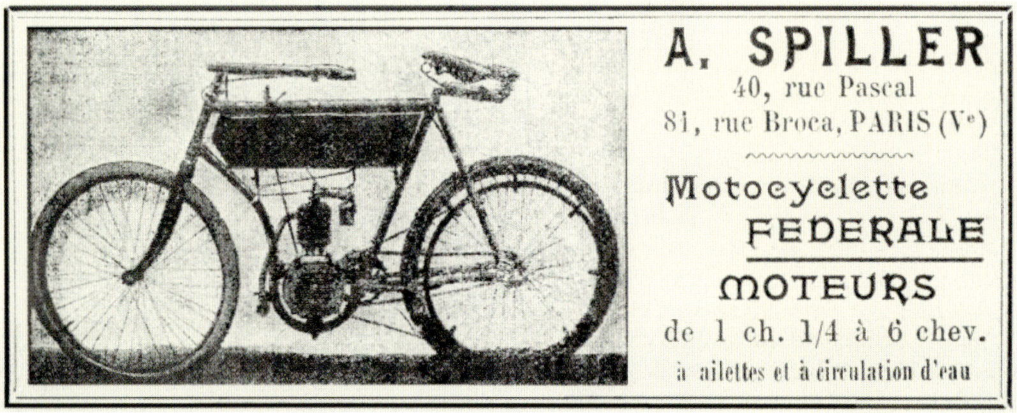

FÉLIX-MILLET - Persan (Val d'Oise)

Comme déjà dit en page 4 dans « Choix et partis pris », la présence de Félix Millet dans le présent ouvrage est une exception à la règle car elle n'est pas, stricto sensu, une marque de la Seine. Persan, au bord de l'Oise, est à 40 kilomètres par la route depuis Notre-Dame de Paris, et à mi-distance entre Creil et Pontoise. En 1886, quand Félix Millet commença ses travaux, Persan, alors en Seine-et-Oise, était une bourgade de 1700 habitants seulement mais qui disposait depuis dix ans déjà d'une gare sur la ligne de chemin de fer de Paris au Tréport.

Si nous avons choisi de déroger à la règle, c'est surtout parce qu'il est bien évident que Félix Millet ne construisit pas entièrement ses machines à Persan même: il est certain que le département de la Seine est celui où il sous-traita divers travaux qu'il ne pouvait effectuer lui-même: ceux de fonderie et de forge, par exemple. Enfin il était prévu que l'ultime version de la moto Félix-Millet soit construite en série dans la nouvelle et ultra-moderne usine Darracq, à Suresnes. Cela dit, c'est bien à Persan, au 18 de la rue Gambetta, que tout fut usiné, assemblé et mis au point. Félix Millet y possédait un atelier très bien équipé en machines-outils et assez vaste pour faire travailler jusqu'à douze ouvriers.

La maison abritant l'atelier de Félix Millet en 1997: les lieux semblent plutôt vastes. *(Photo et courtoisie Alain Daigne)*

Félix-Théodore Millet naît en 1844 à Yvoy-le-Pré, dans le Cher, d'un père dit parfois roulier, parfois meunier. Etant l'aîné de neuf enfants, il est le seul à poursuivre des études qui semblent avoir été brillantes puisque ses brevets d'invention font état du titre d'ingénieur. Il ne fait guère de doute qu'il a su se faire une bonne situation car il est aisé dès la quarantaine. Mais le personnage est assurément discret puisque l'on ne voit apparaître son nom que le 22 décembre 1888 sur le brevet français d'invention n° 194.953.

Ce brevet concerne une roue motrice à cinq cylindres en étoile, qu'il appelle « Roue Soleil » et qu'il a commencé à construire et à mettre au point dès 1887. Millet va monter cette roue motrice à la place de la roue avant d'un vieux tricycle « dos-à-dos » et l'engin sera

F

◀◀ *La première et la deuxième réalisation de Félix-Millet. A gauche le tricycle à la « roue-soleil » sur une photo annotée de la main de son concepteur.*

▲ *La première moto Félix-Millet, celle qui roula en mai et juin 1895, avec sa direction à biellettes. (Photos courtoisie Conservatoire National des Arts & Métiers)*

présenté à l'Exposition Universelle de Paris en 1889, année d'achèvement de la Tour Eiffel.

Selon Alain Daigne dans son livre « Au pays de Millet », publié en 1998, Millet aurait ensuite installé ce premier moteur à l'avant de ce que l'on ne nomme pas encore une « motocyclette »: le mot n'était toujours pas inventé! Cette machine est essayée en 1892 par Louis Bonneville, un proche d'Alexandre Darracq, alors directeur de Clément-Gladiator: l'essai, dit-on, ne fut guère concluant.

Félix Millet construit alors une « moto » tout entière, le moteur, toujours à 5 cylindres en étoile, prenant place, cette fois, à l'arrière. Elle est achevée fin 1894 et présentée sur le stand Gladiator au deuxième Salon du Cycle qui ouvre ses portes mi-décembre 1895 à la Salle Wagram. Elle y partage la vedette avec la moto munichoise Hildebrand & Wolfmüller. Conçue comme un tout, la Millet 1895 est très sophistiquée, très aboutie et très légère: un peu plus de 60 kg. L'admission est commandée (avec une came à profil variable, la variation étant assurée par une poignée tournante au guidon) et l'allumage est électrique, haute tension, alimenté par une pile type Bunsen. Le garde-boue arrière chaudronné sert de réservoir d'essence et la roue avant bénéficie d'une suspension. Le moteur de 1924 cm^3 (5 fois 70 x 100 mm) développe 0,7 ch au régime normal de 180 tr/min. Il est suivi d'un embrayage. Cette première moto Millet sera présentée en marche, à Persan, le 10 mars 1895 par Paul Millet, frère de Félix. Elle prendra aussi le départ de la course Paris-Bordeaux-Paris le 11 juin 1895 sous le n° 42: sans aller bien loin. Certes la Millet prend irrésistiblement le large grâce à sa vitesse élevée, mais un peu avant Orléans elle termine sa course dans un fossé: une détérioration du bandage avant est la cause officielle de cette chute, mais il est bien possible aussi qu'elle soit due à la direction à biellettes, trop imprécise, et peut-être même à un cadre insuffisamment rigide.

Fig. 5a

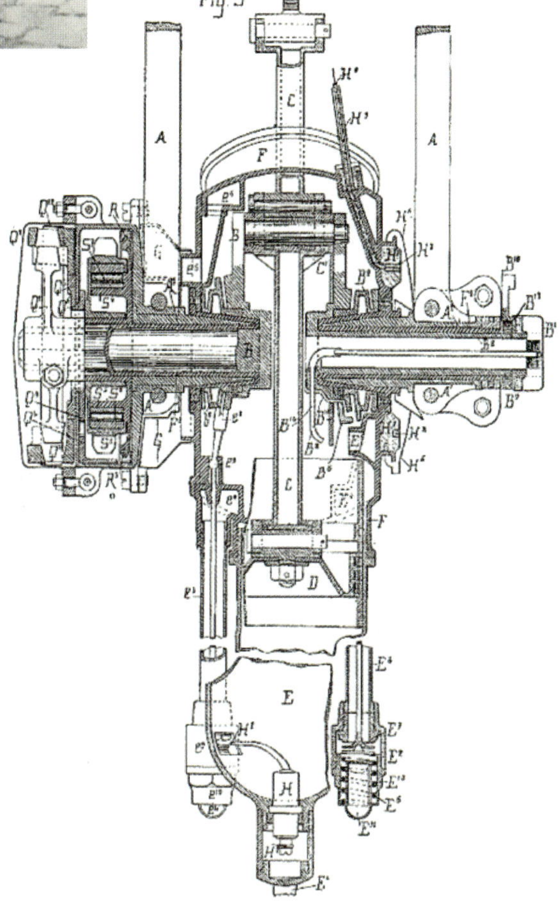

◀ *Cette figure extraite du brevet suisse n° 9899 montre parfaitement l'immense complexité du moteur de la deuxième moto Félix Millet. Précisons que cette complexité et ce raffinement technique ne concernent pas seulement le moteur et s'étendent à chaque organe de la machine.*

Tout en poursuivant la mise au point, sans doute très ardue, de sa première moto, Félix Millet travaille d'arrache-pied depuis déjà des années à une deuxième, encore plus sophistiquée. La preuve en est apportée par la demande de brevet d'invention qu'il déposa en Suisse le 21 janvier 1895, brevet qui lui fut accordé sous n° 9899. C'est un brevet monumental, avec pas moins de 18 pages de texte et 20 figures, dans lequel Millet détaille

La Félix-Millet de 1897 telle que la présenta à ses lecteurs La France Automobile *du 23 avril 1898. (Doc. coll. M. Pernot)*

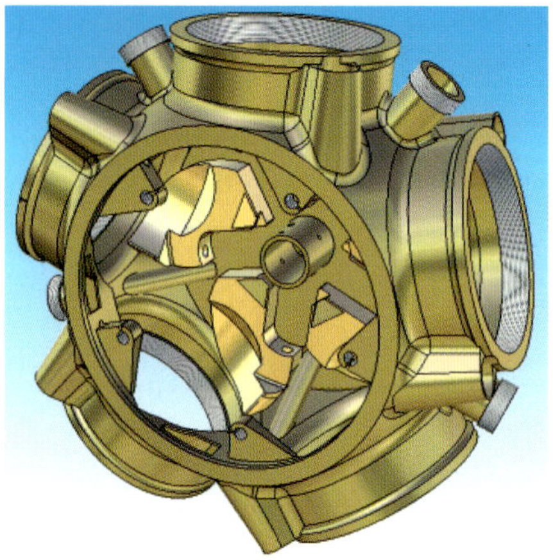

Image de synthèse montrant en détail la fabuleuse pièce de fonderie qu'est le carter-moteur de la deuxième Félix-Millet. (Courtoisie Lycée Hippolyte Fontaine)

Si le moteur de la Félix-Millet de 1897 est tout à fait exceptionnel par sa conception, il l'est tout autant par sa qualité de réalisation, comme on peut en juger sur ces deux photos. (Courtoisie Lycée Hippolyte Fontaine)

par le menu absolument toute sa future machine, y compris le très ingénieux générateur électrique. Chose rare, chacune des dispositions du brevet sera intégralement appliquée lors de la construction.

A ce stade, il est question d'industrialisation : Félix Millet se rapproche d'Alexandre Darracq, constructeur des cycles Gladiator, que la moto intéresse. Certains ont même avancé l'hypothèse selon laquelle la deuxième version de la moto Millet sortirait de l'usine Darracq de

Suresnes. Quand a été achevée la construction de cette deuxième moto Millet ? Même en l'absence de preuves formelles, nous la datons sans hésitation de 1897. Plus tôt, ce n'est guère possible car Millet a assurément eu besoin de beaucoup de temps pour concrétiser une machine aussi complexe et presque entièrement nouvelle. Plus tard, ce n'est pas crédible puisque Millet met en vente son atelier début juillet 1898.

Pour notre part, nous rejetons catégoriquement l'idée que la deuxième moto Millet, version 1897 donc, soit de construction Darracq. Elle ne peut être que la dernière réalisation de Millet lui-même, celle dont il espérait qu'elle serait industrialisée… par Darracq. En effet le raffinement de la nouvelle partie-cycle est tel qu'il est impossible à reproduire en série. Toute la partie basse du cadre, qui reçoit le nouveau générateur électrique breveté par Millet, est un admirable travail de chaudronnerie qui améliore assurément la rigidité. Une suspension arrière, elle aussi très sophistiquée, fait son apparition. Quant à la direction, elle est désormais classique. Le moteur de la Millet type 2 diffère un peu du précédent : nouvelle distribution par cames à navette, double commande de l'embrayage par rétropédalage (lequel actionne également le frein) ou par levier au guidon.

Quand Darracq décida de ne pas tenter d'industrialiser la version 1897, Félix Millet fut immensément déçu et stoppa brutalement ses travaux : moins d'un an seulement après l'achèvement de sa troisième création, il mettait en vente son atelier, comme déjà dit. Il allait alors sombrer peu à peu dans la misère et l'oubli ; il est mort en 1929, à l'âge de 85 ans, non sans avoir transmis chacune de ses machines pour en assurer la sauvegarde. En 1910, il légua le tricycle de 1889 au Musée du Conservatoire national des Arts & Métiers ; en 1921, il lui remit le bicycle de 1895. Enfin, peu avant sa mort, il donna sa dernière réalisation aux enfants d'Hippolyte Fontaine, un dijonnais, financier de Gramme et pionnier de la transmission de l'électricité, avec lequel il avait été en relation durant de longues années. A leur tour, les enfants d'Hippolyte Fontaine l'ont léguée au lycée dijonnais qui porte le nom de leur père depuis le 1er septembre 1932 et qui est aujourd'hui Lycée d'Enseignement Général Technologique et Professionnel.

Inhabituellement — et parce que les réalisations de Félix Millet sont très exceptionnelles — l'auteur s'autorise le commentaire suivant : la féconde inventivité de Félix Millet et sa capacité à résoudre — à lui seul — tout problème ne seraient-elles pas à comparer avec celles de tous les ingénieurs de la NASA réunis qui envoyèrent, 72 ans plus tard, Armstrong et Aldrin marcher sur la lune ?

FERNAND CLÉMENT - 25 (ou 101), rue de Courcelles à Levallois-Perret

Ets Fernand Clément & Cie, constructeurs de fin 1891 ou début 1892 jusqu'à 1925 au moins.

Avant tout constructeur de cycles, Fernand Clément ne vient que tardivement et brièvement à la moto. Il n'y a pas de motos au catalogue 1906 et il n'y en a plus à celui de 1912. Notre seule référence est le catalogue 1909, qui propose trois machines : une bicyclette à pétrole 1 ½ HP (60 x 70 mm, soit 198 cm^3) et deux motos à moteur ZL : type A monocylindre 2 HP (67 x 70 mm, soit 249 cm^3) et type B bicylindre 3 ½ HP (même cotes, 498 cm^3). Nous sommes portés à penser que ces machines ne sont que des Alcyon, ou plutôt des Deauville, démarquées.

FERNAND RICHARD - 139, avenue d'Italie à Paris XIIIe

Fernand Richard, successeur de Tony Bouley (voir à ce nom) comme constructeur de side-cars, de 1919-1920 à 1931

Embiellage de la Millet de 1897, le vilebrequin étant déposé. (Courtoisie Lycée Hippolyte Fontaine)

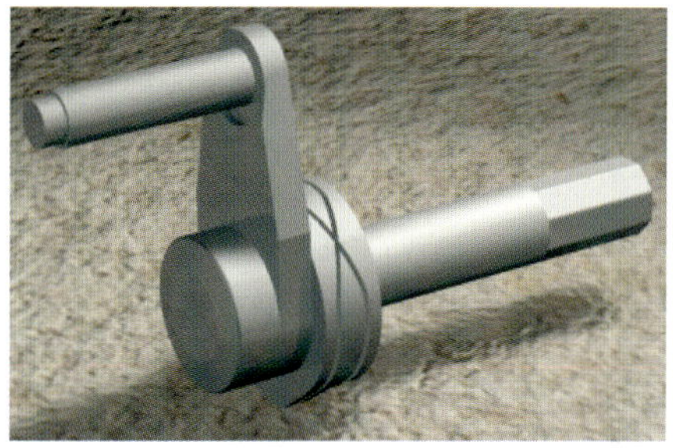

Le vilebrequin de la Félix-Millet en image de synthèse ; le maneton est en porte-à-faux et la vieille expression « arbre manivelle » convient à merveille. On voit bien les deux rainures sécantes dans lesquelles circule la navette qui commande la distribution. (Courtoisie Lycée Hippolyte Fontaine)

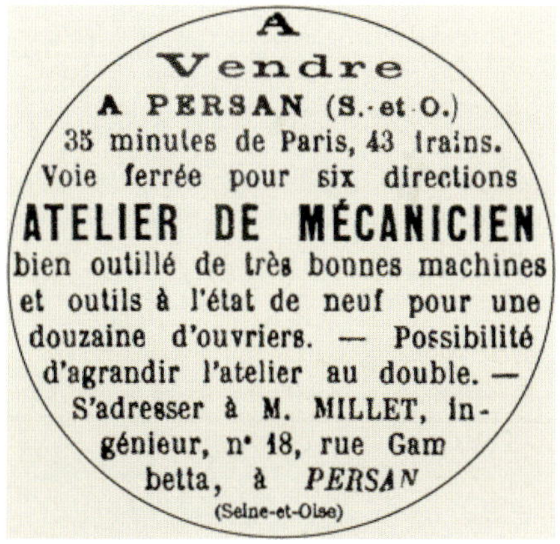

A
Vendre
A PERSAN (S.-et-O.)
35 minutes de Paris, 43 trains.
Voie ferrée pour six directions
ATELIER DE MÉCANICIEN
bien outillé de très bonnes machines et outils à l'état de neuf pour une douzaine d'ouvriers. — Possibilité d'agrandir l'atelier au double. — S'adresser à M. MILLET, ingénieur, n° 18, rue Gambetta, à PERSAN (Seine-et-Oise)

L'annonce de mise en vente de son atelier par Félix Millet, parue dans Le Régional *du 7 juillet 1898.* (Courtoisie Alain Daigne)

Deux des trois motos Fernand-Clément de 1909 : en haut la bicyclette à pétrole ; en dessous la 250 type A.

F

La moto Centaure de 1899 est une réalisation du seul Léante-Louis Flinois.

Couverture et extrait d'un catalogue Fernand Richard, non daté, mais qui ne peut être antérieur à 1931. Le très élégant side-car n° 2 était le deuxième modèle le plus cher de la gamme.

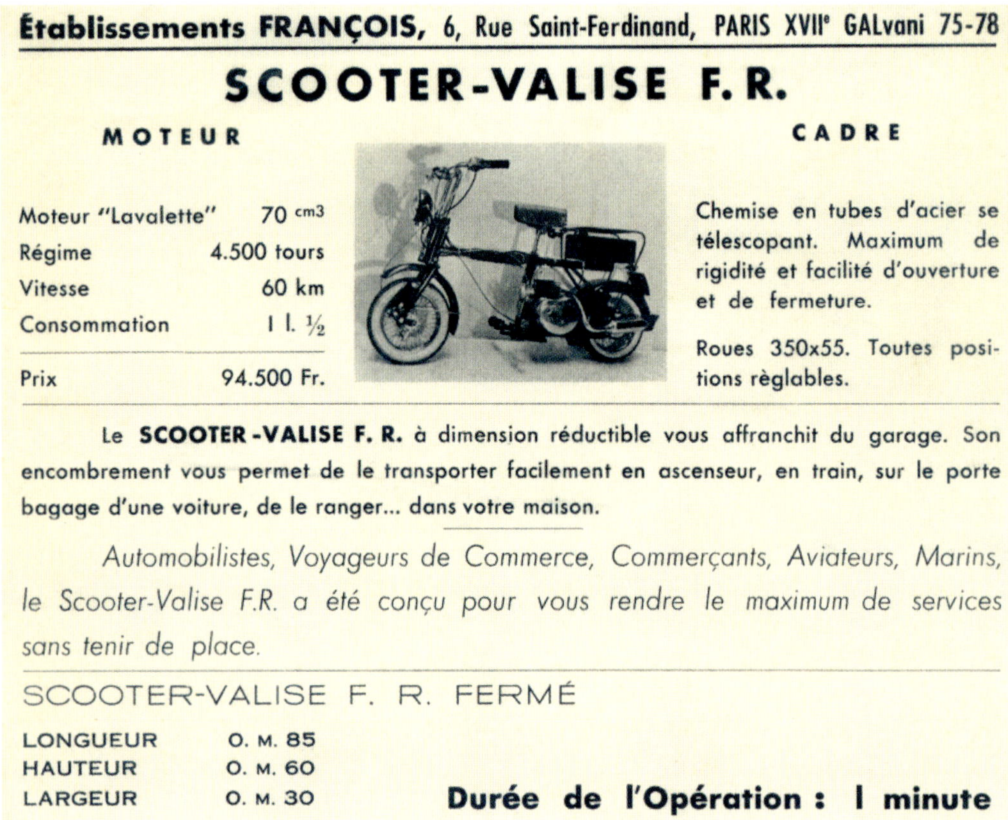

Publicité des Ets François pour le Scooter-Valise. Elle mentionne un moteur Lavalette (de type BML705, 48 x 39 mm, trois vitesses), mais le prototype d'août 1952 était équipé d'un 72 cm^3 Sotecma à deux vitesses. (Courtoisie J. Goyard)

au moins. A une exception près, réalisée en tôle et bois, les caisses des side-cars Fernand Richard étaient entièrement métalliques, en acier peint ou en aluminium bouchonné. Chose peu courante, ce constructeur acceptait de vendre nu chacun de ses trois modèles de châssis, tous à quatre attaches; le tarif était un peu inférieur à la moitié de celui d'un side-car complet.

FLINOIS, FLINOIS & BONNEL

Adresses multiples

Ets L. Flinois au 205, rue de Flandre à Paris XIXe (1899/1904), puis Ets Flinois & Bonnel au 15 bis, rue de la Révolte à Neuilly-sur-Seine (1905-1907).

En 1899, Léante-Louis Flinois est seul quand il présente sa première moto Centaure (voir à ce nom), avec moteur au-dessus de la roue arrière. Il le reste jusqu'en 1904, produisant motos et moteurs Centaure et déposant divers brevets concernant embrayages, inverseurs et changements de vitesses. Après son association en 1905 avec Bonnel, la production s'oriente surtout vers ce genre d'organes de transmission. La société Flinois & Bonnel est dissoute le 15 septembre 1907.

FOR - 11, rue Jouvenet à Paris XVIe

Ets M. Brett, constructeurs en 1923-1924. Sous la marque FOR fut brièvement commercialisée une bicyclette renforcée équipée d'une fourche élastique et d'un groupe-moteur Lutétia.

FR - 6, rue Saint-Ferdinand à Paris XVIIe

Ets François & Cie. Les Ets François présentèrent au Salon d'octobre 1952 un scooter pliant dit « Scooter-Valise FR ». Cette appellation tient au fait que ce scooter, une fois plié (cadre télescopé, selle et guidon abaissés), tenait dans une valise aux dimensions agréées par la SNCF comme bagage à main.

FRANCE - 68-70, quai de Jemmapes à Paris Xe

Siège social à l'adresse susdite. Usine: 134, rue de Paris à Puteaux – Figure au Bottin 1900 comme constructeur de motocycles. Nous n'en savons pas plus.

Gaillardet Galiator Galland Gallia Gallia-Sport Gallus Garin Garnier Garreau Gautier-Wehrlé Gelem et GLM Gem Génial-Lucifer Genot-Caille Géo Géo-Dupuy Georges-Richard Gérard & Roche GFCM GG Girardot GL Gladiator Gloria Gloriator GMR Gnome & Rhône Gobron-Minerva Godmard Goliath Goyon GR Granger Gratieux Griffon Grimault Gros Grosse & Boubault Grossot Guenon Guerry Guignard Guitton GV

G

GAILLARDET - Adresses multiples

Histoire complexe d'un pionnier de la locomotion mécanique ! Frédéric-Henri Gaillardet, ingénieur, débute dans l'industrie électrique en 1881, conçoit une voiture à vapeur en 1888, travaille chez de Dion & Bouton de 1893 à 1897. En 1898, il s'établit à son compte sous la raison sociale Société Anonyme d'Automobile et de Traction avec siège social au 1, quai National à Puteaux. Dès l'année suivante, la raison sociale devient Société Française d'Automobile avec déménagement au 41 du quai de Suresnes à Suresnes ; Gaillardet y travaille jusqu'en 1903. En 1904, il entre chez Charles Mildé, constructeur d'automobiles à pétrole, électriques ou à propulsion mixte : moteur à explosion plus moteur électrique, l'équivalent de nos modernes « hybrides ».

Pour la partie qui nous intéresse plus spécialement, Gaillardet est constructeur de moteurs, de motocycles, d'automobiles et de carburateurs spéciaux pour moteurs Daimler. Les moteurs Gaillardet pour tricycles, produits entre 1898 et sans doute 1903 furent déclinés en 2 et 3 HP ; ils présentent trois particularités notables : le plan de joint des carters est horizontal ; l'ailettage, entièrement horizontal, est très généreux et monte jusque sur la cloche du clapet d'admission ; ils sont enfin très lourds.

Pour la petite histoire, signalons l'existence d'un moteur Gaillardet refroidi par eau sur le plus ancien canot automobile connu en France : il s'agit de « Suzette II », classé monument historique car construit en 1901-1902 par le chantier C. Rondet à Nantes.

GALIATOR - 58, rue Claude-Vellefaux à Paris X^e^

Marque commerciale occasionnellement utilisée de 1905 à 1910 par les Ets Bonnet, Guyonnet & Canonne, constructeurs, successeurs de Bonnet & Jumel.

Le moteur Gaillardet de 1899 vu sous tous les angles ; déjà soulignée dans le texte, la générosité de l'ailettage est tout à fait remarquable pour l'époque.
(Photo contemporaine H.T. collection D. Tille)

G

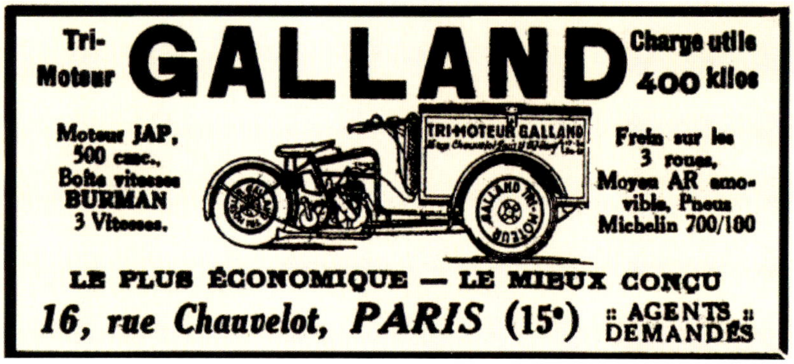

▸ Publicité Galland de 1930 : la charge utile est d'importance.

GALLAND - 16, rue Chauvelot à Paris XVe

M. Galland, constructeur de 1928 à date inconnue. Spécialiste des triporteurs lourds, dits « Tri-Moteur », de 300 à 500 kg de charge utile, Galland a surtout monté des moteurs JAP 500 cm³ à soupapes latérales suivis soit d'une boîte Burman et d'une transmission finale par chaîne, soit d'un ensemble boîte et transmission par arbre.

▸ Tri-moteur Galland modèle 1931 avec transmission par arbre et couple conique.

GALLIA - 58, rue Claude-Vellefaux à Paris Xe

Marque commerciale des Ets Bonnet & Jumel : voir à ce nom. Selon *Cycle et Automobile Industriels* n° 15 du 10 avril 1904, ce serait sous le nom de Gallia qu'une moto à moteur Bonnet & Jumel aurait disputé en novembre 1903 les 1 000 kilomètres du MCF en catégorie « tiers de litre ». Elle y aurait obtenu « un diplôme d'honneur pour sa régularité et une médaille d'argent pour son classement ». Cette information contredit celles données par d'autres revues spécialisées après l'épreuve, mais aussi celle annotée sur une photo de Jules Beau déjà publiée en page 41 : dans les deux cas, la moto est dite « Bonnet & Jumel ».

Les motos Gallia cataloguées en 1904 sont une quart de litre 2 ½ HP (66 x 73 mm, soit 249,8 cm³) et une tiers de litre 3 HP (73 x 78 mm, soit 326,5 cm³) à transmission par courroie plate. Le cadre de la 250 est un classique simple berceau interrompu tandis que la tiers de litre bénéficie d'un cadre simple berceau continu.

▸▸ La 3 HP Gallia de 1904 se distingue par sa selle surbaissée.

Le nom de Gallia ne réapparaît pas au-delà de 1904 dans la documentation que nous avons consultée.

▾ La Bonnet & Jumel de Tariau lors de Paris- Bordeaux-Paris en 1904 est strictement identique à la Gallia 3 HP du catalogue, au garde-boue avant près. (Photo Jules Beau)

GALLIA-SPORT - 244, boulevard Jean-Jaurès à Boulogne-sur-Seine

Sans aucun lien avec la marque précédente, cette marque est mentionnée en 1930. Elle a monté des moteurs JAP ou Chaise quatre-temps en 250 et 350 mais aussi le 175 LMP deux-temps.

GALLUS - 10, rue de Chevreul à Paris XIe

Une des nombreuses marques commerciales des Ets Vélotouriste (MM. J. Potier, Lecorsier & Cie). Le siège social est indépendant de celui de Vélotouriste. Activité

▾ Papier à en-tête des Ets Vélotouriste citant les marques Gallus et La France.

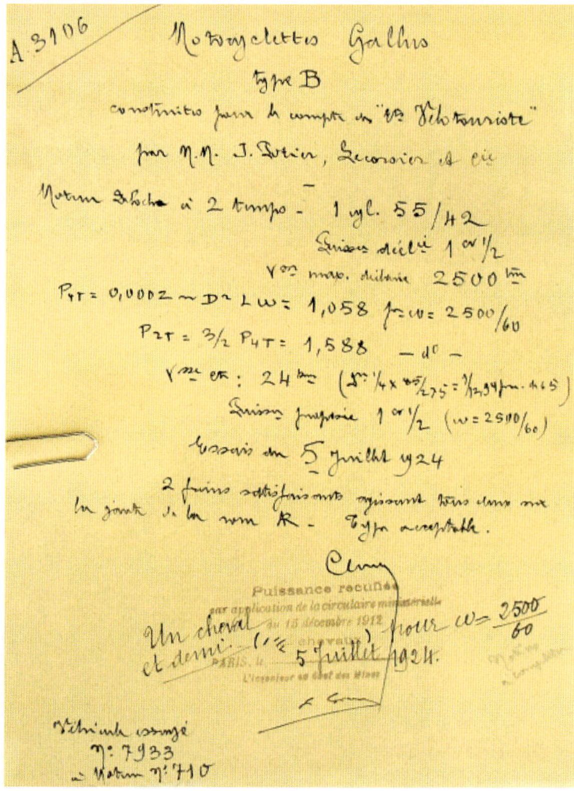
A 3106
Motocyclettes Gallus
type B
construites pour le compte des Ets Vélotouriste
par M.M. J. Potier, Lecorsier et Cie
Moteur Deloche à 2 temps - 1 cyl. 55/42
Puissance déclarée 1 ch 1/2
Vitesse max. déclarée 2500 t/m
Essais du 5 juillet 1924
Puissance reconnue
Un cheval et demi (1 ch 1/2) pour ω = 2500/60
5 juillet 1924
Véhicule essayé N° 7933
Moteur N° 710

▸▸ Procès-verbal de réception de la Gallus type B à moteur Deloche 99,8 cm³.

motocycliste connue en 1924-1925. Présentée au Service des Mines en juillet 1924, la moto légère Gallus type B utilisait un moteur Deloche 100 cm³ deux-temps très « super-carré » : 55 x 42 mm.

GARIN - Chemin des Vignes à Bobigny

Cycles Charles Garin. Constructeur de cyclomoteurs de 1950 à 1955 au moins. Ancien coureur cycliste professionnel, Charles Garin se fit connaître d'abord par ses cadres de vélos sur mesure. Son premier cyclo commercial, en 1951, est équipé d'un moteur Mosquito. Puis Charles Garin a utilisé essentiellement des moteurs Le Poulain « Cyclobloc » et « Junior ».

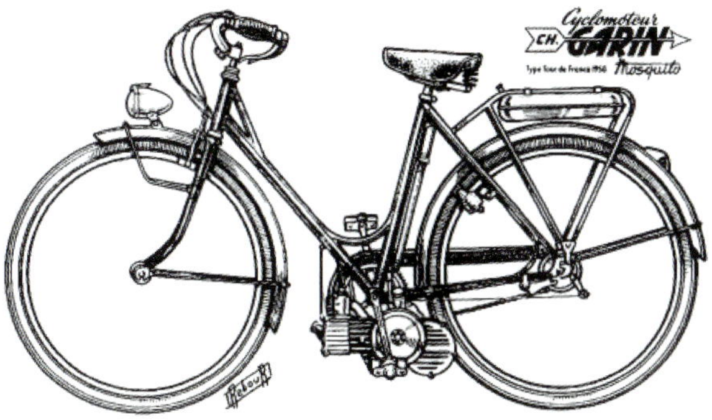

Le premier cyclo Garin, à moteur Mosquito, en 1951.

GARNIER - 58, rue de la Glacière à Paris XIIIe

S.A. des Ets A. Garnier. Constructeur de caisses de side-cars de 1920 à 1924 au moins. Garnier ne produisait que des carrosseries cossues voire luxueuses, destinées, semble-t-il, à être montées sur des châssis provenant des surplus militaires américains.

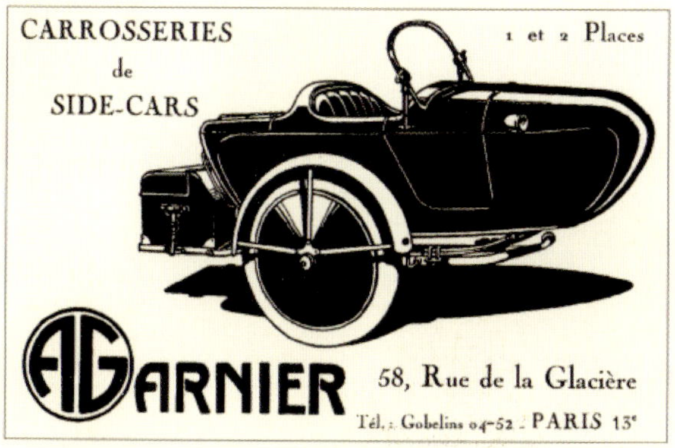

Luxueux side-car Garnier avec coffre à bagages amovible et roue flasquée.

GARREAU - 43, rue Le Marois à Paris XVIe

A. Garreau, constructeur de moteurs puis de motos de 1896 à 1904.

Garreau présente son premier moteur au Salon du Cycle de décembre 1896, puis sa première moto, réalisée

Première publicité pour L'Autocyclette dans l'Annuaire Automobile 1900.

selon ses instructions par un certain Ravasse, le dernier jour du Salon suivant ; cette première machine, d'une puissance d'un tiers de cheval, est très légère : 20 kg seulement, car Garreau utilise le tube arrière du cadre comme réservoir d'essence et remplace une partie du tube avant par le cylindre du moteur. Nous ne pensons pas que cette première machine ait été commercialisée.

Deux ans plus tard, en décembre 1899, Garreau expose au Salon un second modèle qui allait connaître un certain succès ; il l'avait baptisé « L'Autocyclette » et devançait ainsi Adolphe Clément dans l'emploi de ce nom. Dès le 31 mai 1900, Garreau aligne une unique Autocyclette au départ du Critérium des Motocyclettes organisé par *Le Vélo*, face à quinze autres machines, dont cinq Werner : elle obtient une fort honorable cinquième place derrière une Lamaudière & Labre et trois Werner.

Proposée initialement avec un moteur de ¾ HP, L'Autocyclette voit sa puissance augmenter progressivement jusqu'en 1904, pour atteindre 1 ¼ HP. Bien que le moteur nu soit annoncé à 3,5 kg seulement, l'ensemble mécanique complet, incluant réservoir, bobine et silencieux, atteint 11 kg. Ce moteur peut être acheté seul.

L'Autocyclette 1 ¼ HP version 1904 ; dessin de Poyet (dessinateur-graveur de belle réputation) dans La Nature du 21 mai 1904. (Doc. coll. M. Pernot)

Garreau est encore présent au Salon de décembre 1903 avec son Autocyclette 1904 et ses petits moteurs adaptables, mais c'est pour la dernière fois : son nom n'est plus cité en 1905.

La superbe plaque en bronze vissée sur le réservoir d'une moto Garreau.

GAUTIER-WEHRLÉ - 31, rue Carré à Levallois-Perret

R. Gautier seul (carrosseries hippomobiles), puis Gautier-Wehrlé (Wehrlé étant le motoriste) dès 1894, constructeur de voitures à vapeur et électriques. Enfin marque commerciale de la *Société Continentale d'Automobiles* à partir de 1897, à l'adresse susdite.

Cyclo Garin à moteur Le Poulain de 1952.

G

Le tricycle Gautier-Wehrlé de 1897. (Doc. coll. M. Pernot)

La moto Gautier-Wehrlé de 1897 est exactement la même que celle des « Ateliers de Levallois-Perret » (voir à ce nom) dont nous n'avons pas trouvé l'adresse. Ce n'est certainement pas un hasard si Gautier-Wehrlé est lui aussi installé à Levallois.

En 1897, Gautier-Wehrlé présenta une bicyclette à pétrole sur laquelle le tube avant du cadre était remplacé par le moteur lui-même. De cette bicyclette à pétrole fut aussitôt extrapolé un tricycle, par simple addition d'un essieu arrière et de deux haubans supplémentaires. Le tricycle version 1898 fut doté d'un flat-twin transversal — peut-être le premier moteur du genre — disposé au-dessus de l'essieu arrière. Mais, si l'on en croit un article paru dans *The Autocar* daté du 7 mai 1898, l'abondance des commandes d'automobiles sonna aussitôt la fin de la construction des motocycles.

GELEM (et GLM) - 6, bd Bineau à Levallois-Perret

Ets Georges Feuillet, constructeurs de cyclomoteurs de 1949 à 1954.

Le premier cyclo, présenté à la Foire de Paris au printemps 1949, est le GLM à moteur VAP 4, moyeu Vitex à trois vitesses et fourche rigide. En 1950, il est légèrement modifié et rebaptisé Gelem. Lors de la Foire de Paris 1951, apparaît un tandem Gelem équipé d'un bloc-moteur VLT à deux vitesses et d'une fourche à parallélogramme Soupless. La marque apparaît encore au Bottin 1954, avec des motorisations inchangées.

Deux des réalisations Gelem : le tandem à bloc-moteur VLT sur un dessin de Daniel Rebour et le cyclo à moteur VAP 4 sur un prospectus bien fade. (Courtoisie J. Goyard)

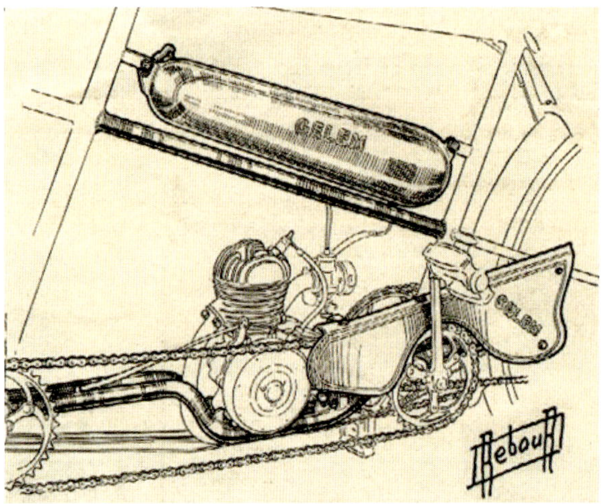

GEM - 13, avenue Stéphane-Mallarmé à Paris XVIIe

Société Anonyme des moteurs GEM, exploitante à l'adresse susdite des brevets d'invention de René Monchablon pour la construction de moteurs à distribution variable. Puis, fin 1937, poursuite de la fabrication par les Ets Sphinx, 139, rue du Château à Paris XIVe, qui étaient jusqu'alors clients de Gem ; date de cessation de la production inconnue.

Peu gourmand, délivrant une puissance d'excellent niveau et plutôt bien construit, le Gem offrait aussi une technologie peu banale ; hélas, il naquit à une époque où sa différence de prix vis-à-vis des deux-temps était rédhibitoire.

Si l'on sait à peu près bien ce qui poussa Pierre de Font-Réaulx à créer le 100 « Baby » culbuté chez Dax (un souci d'unité de la gamme, de toute évidence), on ignore ce qui poussa René Monchablon à étudier lui aussi, puis à faire breveter et enfin construire un 100 culbuté à la technologie aussi raffinée. Nous imaginons un goût certain pour les solutions s'éloignant des sentiers battus…

Toujours est-il que Monchablon se voit délivrer le 20 mai 1935 le brevet d'invention français n° 785.731 puis un additif au dit brevet (n° 47.528) concernant un « dispositif permettant de faire varier le calage de distribution en synchronisme avec l'allumage ». Le principe de fonctionnement est assez simple : suivant qu'elle attaque un linguet concave (creux) ou convexe (bombé), la même came donne des durées d'ouverture assez différentes.

La réalisation consiste à utiliser des linguets présentant à la fois un profil convexe et un profil concave et à les déplacer, via leur axe commun monté sur excentrique, par rapport aux deux cames ; la rotation de l'excentrique et, donc, le déplacement de l'axe des linguets sont commandés via la manette d'avance à l'allumage.

Mais si la théorie est relativement simple, sa mise en pratique dut l'être bien moins à une époque où tout se faisait à la table à dessin en multipliant les épures, qui seules permettent de définir les courbures à adopter. Précisons encore, à l'usage des passionnés de mécanique, qu'il fallut également définir le profil de la face supérieure des linguets afin que le jeu aux soupapes reste constant…

Assurément bien construit et honnêtement fiable, car la plupart des rares moteurs survivants a été trouvée en ordre de marche, le 100 Gem, arrivé au plus fort de la crise économique, ne trouva hélas que peu de clients: outre Sphinx, déjà cité, nous ne connaissons qu'Automotionnette, DS Malterre et Prester.

Quant au rendement du Gem, on peut le supposer bon, voire excellent: ne remporte-t-il pas, aux mains de Pache, la Côte Lapize en catégorie 125 cm³ à seulement 1/5 de seconde du meilleur 175? Il est vrai que derrière le pseudonyme de Pache se cachait un certain André Jacquier-Bret, pilote déjà renommé…

◂ Publicité Gem parue dans Moto-Revue en 1936.

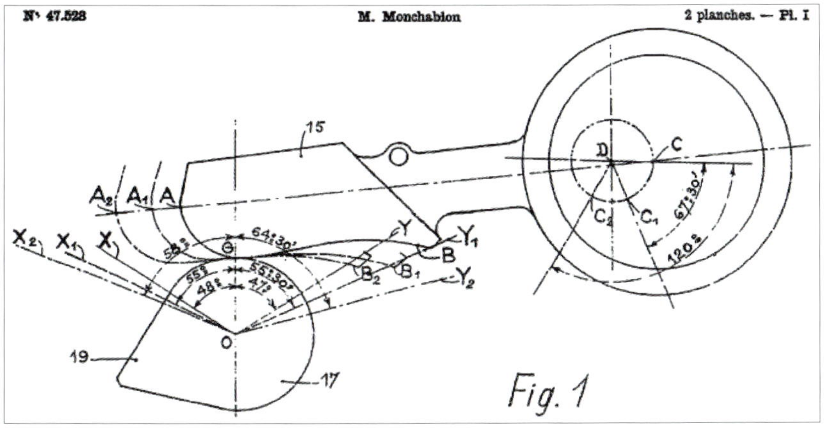

▴ Figure de l'additif 47.528 au brevet 785.731 montrant les variations angulaires en fonction du profil d'un linguet.

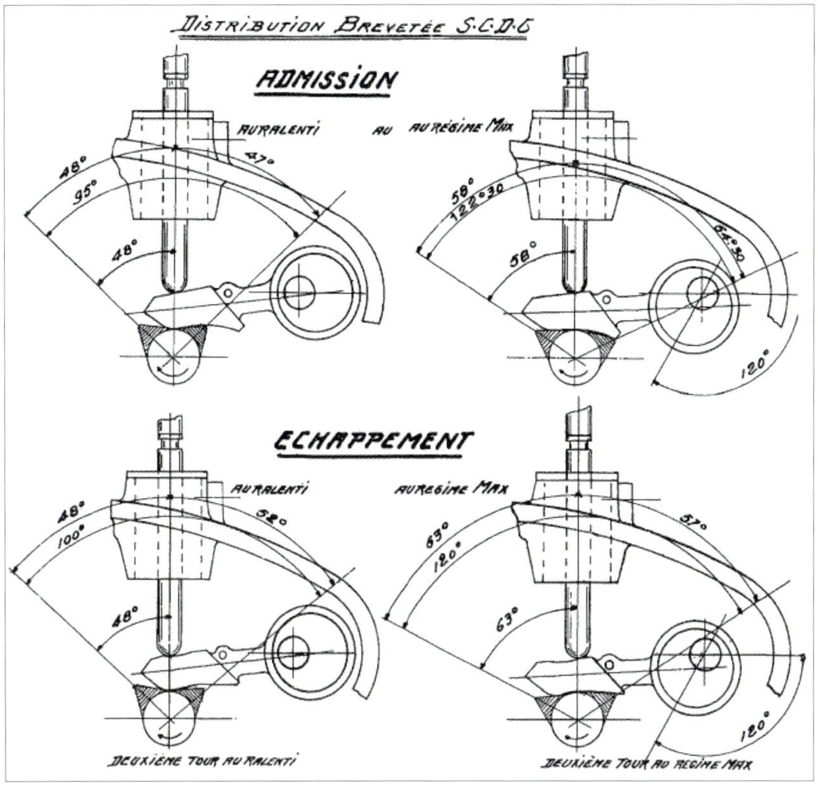

▴ Extrait d'un prospectus Gem décrivant les variations des temps d'ouverture des soupapes entre le ralenti et le régime maxi.

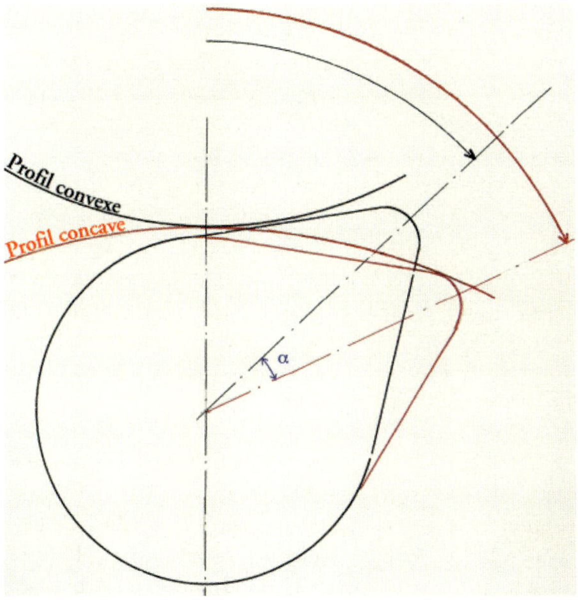

◂◂ Le principe de la distribution variable en fonction du profil du linguet de came. (Dessin par M. Defour)

GÉNIAL-LUCIFER - 46 et 48, avenue de la Grande-Armée à Paris XVIIe

Marque commerciale des Ets Mestre & Blatgé, très importants grossistes en fournitures industrielles, quincaillerie, composants et accessoires pour l'automobile, le cycle et la motocyclette.

Dès 1913 au moins, Mestre & Blatgé cataloguent sous la marque Lucifer une moto 2 ¾ HP équipée d'un moteur Train/Lurquin-Coudert à soupapes latérales.

G

Situées en haut de la gamme des BMA Génial-Lucifer, voici la GZ15 de 1939, avec moteur Aubier-Dunne et boîte trois vitesses.

A l'opposé de la « Motorette », voici la 125 Génial-Lucifer à moteur Sabb de 1956 : il est difficile de faire plus banal !

Après le rachat, sans doute en 1921, des Ets Génial (240, route de Genas à Bron, près de Lyon), qui sont des constructeurs de cycles, la marque des motos (mais aussi celle de certains cycles) de Mestre & Blatgé devient Génial-Lucifer. Il est quasi établi que les motorisés de la marque — des BMA surtout, mais aussi quelques motos — proviennent de l'usine de Bron jusqu'en 1939. Parce que la production se fait hors département de la Seine et qu'elle ne relève que de l'assemblage, nous ne lui accordons que très peu d'espace. Les motorisations sont alors signées Aubier-Dunne, Chaise, LMP, MAG, Train.

Après la guerre, tout semble indiquer que les deux-roues motorisés Génial-Lucifer sortent de l'usine Mestre & Blatgé de Courbevoie, sise au 81 de la rue du Mans. Elle n'est composée que de cyclomoteurs et de vélomoteurs et recourt à de nouveaux motoristes, tels Comodo, Le Poulain « Junior », Lavalette, Mistral, Sabb, Sachs… entre autres. Plus encore que dans les années trente, la règle est l'assemblage pur et simple, le seul élément produit par Mestre & Blatgé étant peut-être le cadre.

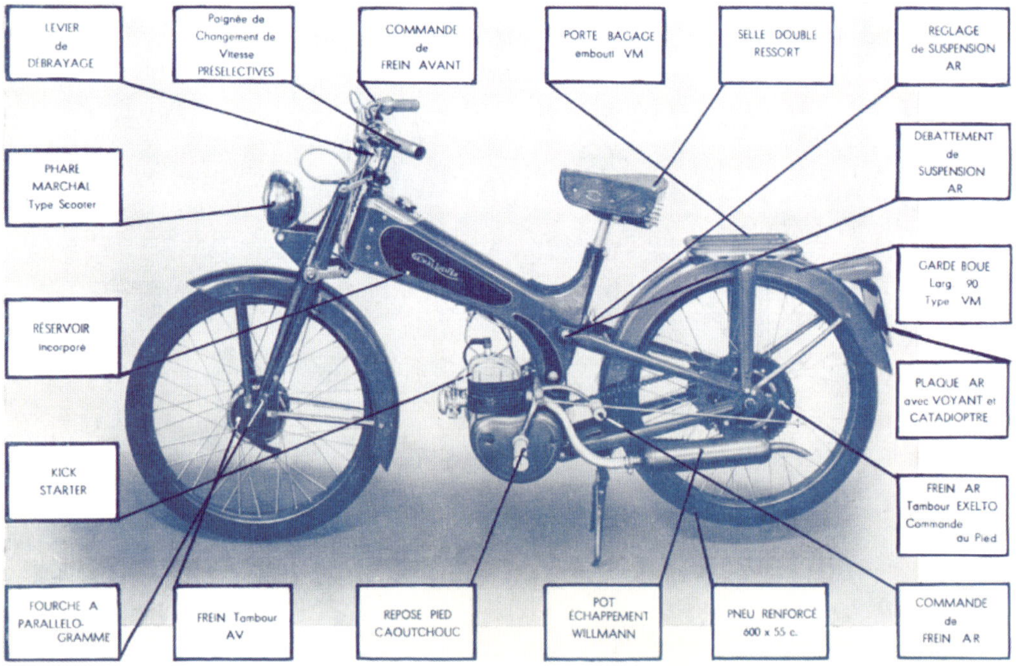

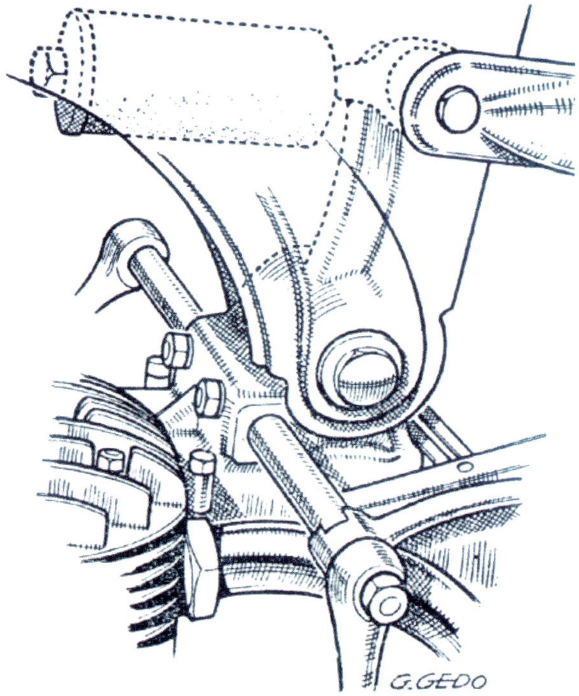

La « Motorette » de Génial-Lucifer présente un réel intérêt technique, très inhabituel dans l'histoire de la marque. Seule manque une fourche télescopique pour qu'elle figure au tout premier rang des vélomoteurs légers les plus modernes de l'époque. Signé Gedovius, l'excellent dessin au trait de la suspension arrière provient de L'Officiel du 14 novembre 1953. (Illustrations courtoisie J. Goyard)

Au sein de cette production très souvent sans grâce et dépourvue d'originalité technique, un modèle Génial-Lucifer sort de l'ordinaire : c'est la « Motorette » lancée au Salon d'octobre 1953, un vélomoteur léger avec bloc-moteur Lavalette BML705 à trois vitesses présélectives et cadre-poutre en tôle emboutie avec suspension arrière oscillante réglable, construit par les Ets Gilson sous licence G. Brunner. C'est assurément une machine digne d'entrer dans la collection d'un amateur averti !

GENOT-CAILLE - 100, rue de la Croix-Nivert à Paris XVe

Constructeur de side-cars de 1922 à 1924 au moins. La majorité des caisses en tôle de Genot-Caille semble bien être une pure copie de celles connues sur les Harley-Davidson ou Indian des surplus américains.

Publicité Genot-Caille de décembre 1923.

GÉO - 119 bis, boulevard de Verdun à Courbevoie

Georges Broual, constructeur de side-cars.

Période de production imprécise : durant la première moitié des années vingt, en tout cas guère au-delà de 1925. Si l'on se réfère à une publicité de 1923, Géo, tout comme Garnier ou Genot-Caille, n'aurait produit que des carrosseries, vraisemblablement montées sur des châssis provenant des surplus militaires américains.

GÉO DUPUY - 31, rue Poussin à Paris XVIe

Constructeur des motos Avance-GD et Evans : voir à ces noms.

GEORGES RICHARD - Adresses multiples

Première adresse à Ivry-sur-Seine, 2, rue Galilée. Puis siège social 23, avenue des Champs-Elysées et usine 6, rue Francœur à Paris XVIIIe puis à Albert (Somme).

Le nom de Georges Richard apparaît le 4 décembre 1895 lors de la présentation du tandem électrique Pingault (voir à ce nom) au siège de la Société Française des Electriciens. Le conférencier est René Arnoux, fondateur, deux ans plus tôt, avec Raphaël Chauvin, de la célèbre entreprise Chauvin-Arnoux ; il indique que c'est Georges Richard qui a construit cet engin.

Nous ignorons la date de construction des premiers motocycles Georges Richard, mais elle remonte au moins à 1902, avec des moteurs Iris. L'adresse sociale parisienne, dès 1904, correspond au rachat de Georges Richard par la société *H. Petit et Cie* ; laquelle fait partie de la véritable nébuleuse qu'est la *Compagnie Générale des Cycles*, fondée en novembre 1893 et qui a intégré les *Anciens Etablissements Rochet-Petit* ; lesquels sont nés du rachat par le financier H. Petit de la marque lyonnaise de Jean-François Rochet. Bien compliqué, n'est-ce pas, et bien difficile pour l'historien !

Avant tout constructeur de cycles, Georges Richard a surtout proposé, à partir de 1904, des motos provenant d'autres filiales du groupe : sous le symbole du « Trèfle à quatre feuilles » se rencontrent en effet, outre quelques rares véritables Georges-Richard, des modèles d'origine Rochet, Rochet-Bruneau et S.I.A. (Société Industrielle d'Albert). La commercialisation de motos Georges Richard se poursuivait encore en 1912, mais nous ne savons rien pour 1913 et 1914.

GERARD & ROCHE, GR - 79, avenue de la Reine à Boulogne-sur-Seine

Ets Gérard et Roche, « constructeurs d'automobiles, motos, side-cars ».

G

2 ½ HP Georges-Richard de 1904 ; nous ne connaissons pas la marque de son moteur.

3 HP Georges-Richard de 1906. L'illustration provient d'un catalogue qui mentionne « moteur GR 74 x 85 mm », soit une cylindrée de 366 cm³. Selon nous, c'est en réalité une Rochet, très reconnaissable à sa transmission placée côté droit.

Provenant d'un catalogue Georges-Richard daté de 1908, cette machine illustre à merveille l'imbroglio qui règne au sein de la Compagnie Générale des Cycles *: vendue par Cycles Rochet, cette soi-disant Georges-Richard est en réalité une pure Rochet-Bruneau ! Elle était aussi vendue sous le nom de S.I.A.*

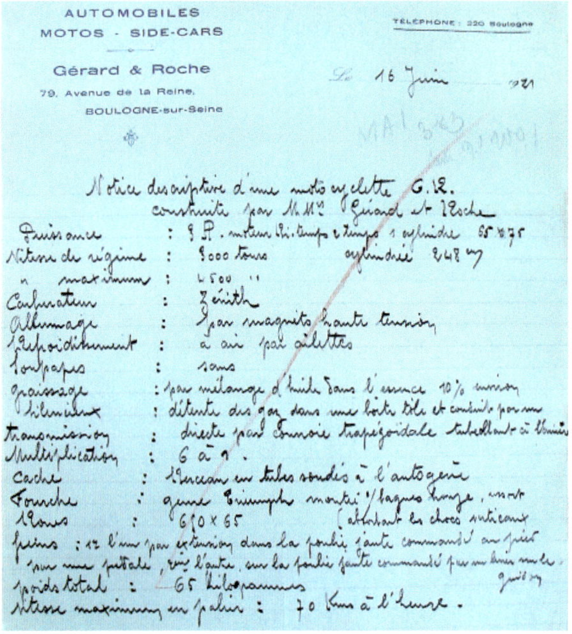

AUTOMOBILES
MOTOS - SIDE-CARS
Gérard & Roche
79, Avenue de la Reine,
BOULOGNE-sur-Seine

TÉLÉPHONE : 220 Boulogne

Le 16 Juin 1921

Notice descriptive d'une motocyclette G.R.
construite par MM. Gérard et Roche

Puissance : 2 HP. moteur Bi-temps 2 temps 1 cylindre 65 x 75
Vitesse de régime : 3000 tours cylindrée 248 cm³
" maximum : 4500 "
Carburateur : Zénith
Allumage : par magnéto haute tension
Refroidissement : à air par ailettes
Soupapes : sans
Graissage : par mélange d'huile dans l'essence 10 % environ
Silencieux : détente des gaz dans une boîte tôle et conduite par un [illegible]
Transmission : directe par courroie trapézoïdale [illegible]
Multiplication : 6 à 1.
Cadre : berceau en tubes soudés à l'autogène
Fourche : genre Triumph montée s/ bagues bronze, ressort amortissant les chocs verticaux
Roues : 650 x 65
Freins : 1° l'un par extension dans la poulie jante commandé au pied sur une pédale, 2° l'autre sur la poulie jante commandé par un levier sur le guidon
Poids total : 65 kilogrammes
Vitesse maximum en palier : 70 kms à l'heure.

Descriptif fourni par Gérard & Roche à l'appui de la demande de réception par le Service des Mines de la moto 250 GR.

Ce dessin au trait représente un moteur Pygmy car le carter latéral droit n'est pas marqué GFCM ; mais c'est la seule différence !

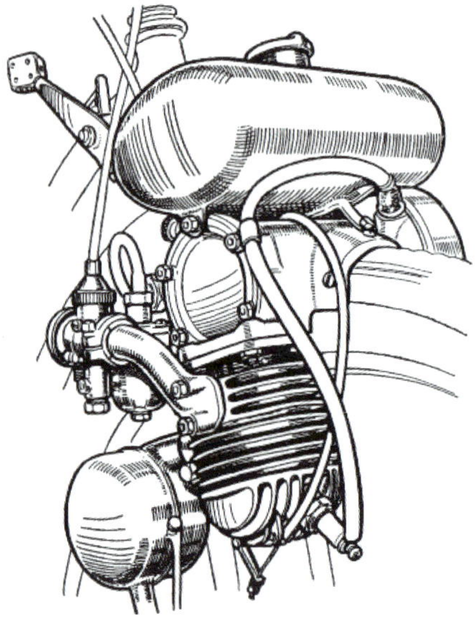

Une 250 GR à moteur Bi-Temps et transmission par courroie directe a été présentée à l'homologation du Service des Mines le 16 juin 1921. Nous ne connaissons l'existence de cette marque que par le PV de réception et ne savons rien d'autre sur elle.

GFCM - 34, boulevard du Parc à Pantin

En 1948 et 1949, la Société Générale Française de Constructions Mécaniques a produit sous ses initiales un moteur auxiliaire à transmission par galet se montant indifféremment à l'avant ou à l'arrière d'un cycle, moyennant des fixations légèrement différentes. Il était vendu 19 500 F départ Pantin en 1949.

Dès 1950, ce moteur est construit à Nantes et devient « Pygmy », la seule différence avec le GFCM étant la disparition du marquage GFCM sur le carter latéral droit.

GG - 2, av. de la République à Sartrouville (S. & Oise)

Voici une marque qui n'est pas « de la Seine »… à notre corps défendant. Nous l'avions supposé à la lecture d'un dépliant (trois volets imprimés recto/verso) dépourvu de date, d'adresse et de numéro de téléphone, mais sortant de l'imprimerie LD installée rue Coq-Héron à Paris. Et nous avions fait la mise en page car le document est intéressant : il présente deux moteurs flat-twin deux-temps à allumage par volant magnétique et deux vitesses par train baladeur pour « bicyclettes, triporteurs, canots et autres moyens de locomotion ». Le type 1 est donné pour 1 ½ à 2 HP (cylindrée de l'ordre de 250 cm³), le type 2 pour 2 ½ à 3 HP (aux environs de 350 cm³). Nous avions situé ces moteurs dans la période 1923-1925.

Mise en page terminée, ouvrage prêt à être imprimé, le grand spécialiste du cyclecar qu'est Gilles Fournier fournit l'information suivante : GG, c'est G. Grouessy, constructeur de cyclecars à l'adresse susdite en 1924… Modification du texte, retrait d'une illustration, mais la suppression totale de GG n'était plus possible.

Hors sujet certes, car construits à Sartrouville, Seine & Oise, les flat-twins GG n'en sont pas moins intéressants pour autant : voici le type 2 monté sur un cycle.

GIRARDOT - Par défaut : rue Brunel à Paris XVIIe

La première adresse, parisienne c'est certain, nous est inconnue. Né en 1864, ancien coureur cycliste, Léonce Girardot a d'abord piloté des tricycles de Dion & Bouton, dès 1895, puis a donné son nom à une motocyclette à moteur de Dion 1 ¾ HP et transmission par engrenages, présentée fin mars 1898. Selon *La Nature* du 16 septembre 1898, cette moto fut offerte à la vente dans le magasin d'exposition de la société CGV (Ferdinand Charron, Léonce Girardot et Emile Voigt), à l'adresse susdite.

Léonce Girardot au départ de l'édition 1900 de Paris-Roubaix, qui fut la dernière courue derrière entraîneur. Le tricycle qu'il monte est un engin très spécial, à empattement long, ce qui a permis de placer le moteur en avant de l'essieu arrière ; ce moteur est suivi de ce qui semble bien être une transmission à deux vitesses et embrayage, genre Bozier. (Photo Jules Beau)

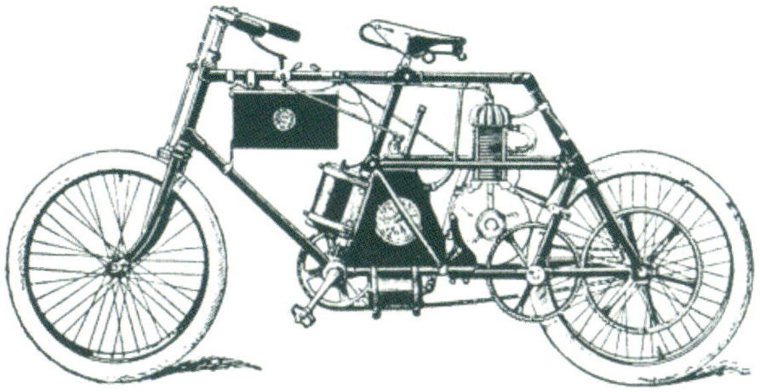

La commercialisation réelle de cette machine n'est pas certaine car depuis 1897 Girardot est pilote officiel des automobiles Panhard et agent parisien de cette marque, en association avec Ferdinand Charron. Pour autant, l'intérêt de Girardot pour le motocyclisme reste indiscutable puisqu'on le voit au départ de Paris-Roubaix 1900, comme entraîneur au guidon d'un tricycle très spécial... dont il pourrait bien être le concepteur.

Vainqueur de la Coupe Gordon Bennett 1901 sur Panhard, Girardot cessa de courir après un grave accident survenu lors de l'édition 1905 de cette prestigieuse épreuve.

GL - 14 et 16, rue du Pont à Choisy-le-Roi

Georges Lotteau puis A. et N. Lotteau Frères, constructeurs des moteurs GL et des motos Perfection.

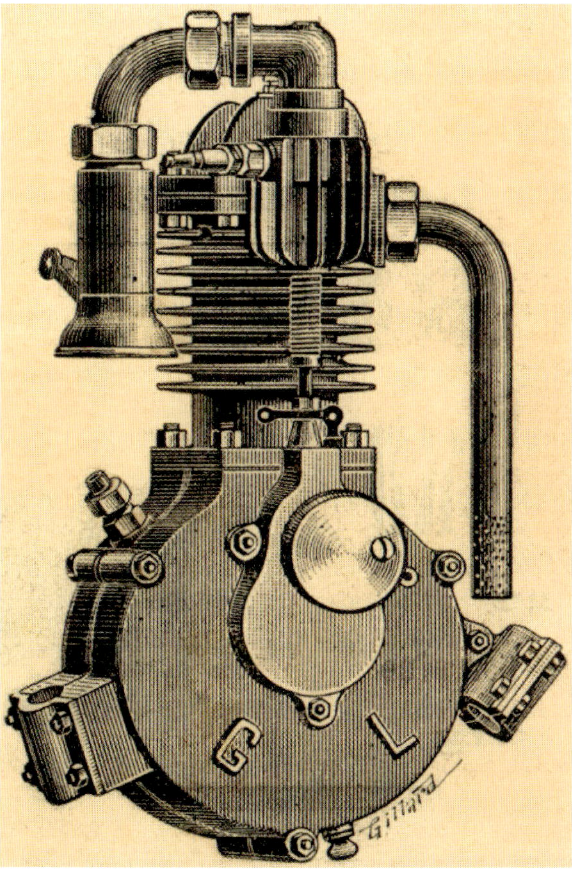

Georges Lotteau fonde son entreprise en 1894, mais l'on n'est certain de l'existence de moteurs portant ses initiales qu'à partir de 1903. Il passe ensuite la main à ses fils qui poursuivront l'activité de motoriste et de constructeur motocycliste jusqu'en 1908. Cette dernière activité sera étudiée à Perfection.

GLADIATOR - Adresses multiples

Siège social : 18, bd Montmartre à Paris IXe. Usines : 76, Grande Rue et 3 à 5, rue François-Henri au Pré-Saint-Gervais. Activité motocycliste de 1896 à 1919.

La marque Gladiator est fondée en 1891 par Alexandre Darracq et Paul Aucoq pour produire des cycles ; dès 1895, elle est l'une des plus réputées qui soit. En 1896, elle s'associe avec Clément et Humber au sein de Clédiaber ; Darracq quitte alors l'entreprise pour fonder la marque automobile qui porte son nom ; l'activité à partir de 1896 a été étudiée avec Clément : voir à ce nom.

Le seul motocycle de conception purement Gladiator est sans nul doute le fort original tricycle à moteur avant et roue arrière motrice qui était présent sur le stand de la marque en décembre 1896 et décembre 1897.

G

La moto Girardot de 1898. Son empattement est énorme et les engrenages de la transmission sont dépourvus de toute protection.

Moteur GL 1903. Il existe en 2 ¾ et en 3 ½ HP.

GL 1905 : mêmes puissances qu'en 1903.

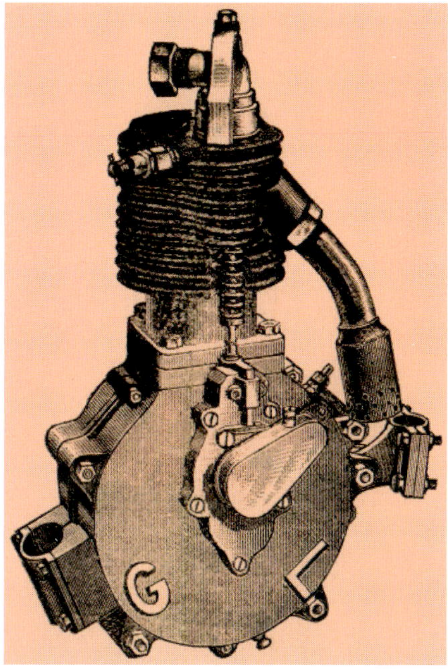

Les deux côtés du tricycle Gladiator de 1896/1897 ; son moteur délivrait 0,8 ch à 600 tr/min. Notez l'emploi de trois chaînes.

G

Couverture du catalogue Gloria de 1913.

GLORIA - 19, rue Planchat à Paris XXe

Sous-marque de Lurquin-Coudert utilisée en 1912 et 1913. Voir à ce nom.

GLORIATOR - 196 et 198, bd Voltaire à Paris XIe

Sous ce nom, les Ets P.A.L. (Potier, Azé et Lecorsier) ont construit des motos à moteur Iris et Buchet à partir de 1903.

GMR - 8 et 10, bd Gouvion-Saint-Cyr à Paris XVIIe

Groupements Métallurgiques Réunis. Constructeurs des moteurs Hemy et Vampire: voir à ces noms.

GNOME & RHÔNE - Adresses multiples

Société des moteurs Gnome & Rhône, fondée le 12 janvier 1915 par fusion autoritaire (exigée par l'Etat Français) des motoristes d'aviation Gnome et Le Rhône. Siège social à Paris VIIIe, successivement: 3 puis 41, rue La Boétie (1915 à 1921), 34 rue de Lisbonne (1922 à 1935), enfin 150, boulevard Haussmann, de 1935 à 1945. Puis Société Nationale d'Etude et de Construction de Moteurs d'Aviation (SNECMA), fondée le 28 août 1945. Usine: 68, boulevard Kellermann à Paris XVIIIe.

Majeure sinon par la quantité du moins par le niveau de qualité de ses produits, Gnome & Rhône est une marque dont l'histoire et les modèles ont fait l'objet d'un gros livre de 260 pages: « Gnome & Rhône, l'histoire des motocyclettes » par Daniel David assisté d'Alain Chapeau et de Stéphane Clergerie; à cet ouvrage de référence, toujours disponible, s'ajoutent de nombreuses études ponctuelles parues dans la revue « Motocyclettiste ». La marque est donc considérée comme bien connue et nous ne l'abordons que de façon très schématique… tout en l'illustrant généreusement avec des documents souvent inédits.

En simplifiant considérablement, la production de Gnome & Rhône (hors l'ABC) peut se diviser en cinq groupes de motos, toutes équipées de moteurs « maison ».

- les 500 à cadre en tubes et boîte séparée, de début 1922 à octobre 1932: types B, C, D et D3 à soupapes latérales, types D2 et D4 à soupapes en tête.

Lancée au Salon d'octobre 1926, la 250 E2 était moderne avec son graissage séparé par pompe mécanique, ses trois vitesses, sa transmission finale par chaîne et ses freinsà tambour. Mais elle se vendit mal dès 1929 à cause de son réservoir resté entre-tubes.

- les deux-temps des années vingt: 250 cm³ types E (de 1923 à 1926) et E2 (de 1927 à 1929-1930), 175 cm³ types H (1924 à 1926) et H2 (1927 et 1928).

- les cinq blocs-moteurs quatre-temps à cadre en tubes: la 250 cm³ latérale E3 (octobre 1928 à octobre 1932), la 306 cm³

500 type C de 1925.

Première 500 culbutée française de grande série à recevoir un moteur français, la D4, quoique chère, fut un succès commercial avec 2 500 exemplaires vendus.

latérale M1 (avril 1929 à octobre 1932) puis la 350 cm³ latérale M2 (octobre 1932 à 1935), enfin les 350 cm³ culbutées CM1 (octobre 1930 à octobre 1932) puis CM2 (octobre 1932 à 1935).

- les motos à cadre en tôle emboutie, qu'elles soient monocylindres ou flat-twins, latérales ou culbutées, civiles ou militaires. Produites d'octobre 1930 à mai ou juin 1940, ce sont la 250 Junior, les 350 Major et Super-Major, les 500 D5, D5A, V2 et CV2, les 750 X, X40, XA et XA2, enfin la 800 AX2.

A ces cinq groupes de machines entièrement construites par Gnome & Rhône, s'ajoute un sixième, vendu sous les marques Motavia ou Motavit et composé de cyclomoteurs de fabrication Follis et d'un vélomoteur léger, le M2TV, construit par Automoto et motorisé avec le 98 cm³ Villiers produit sous licence par Monet & Goyon.

◂◂ La CM1, première 350 culbutée chez Gnome & Rhône, ici en version 1933.

◂ L'élégant cyclo Follis C18 fut vendu par Gnome & Rhône en 1956 et 1957 sous l'appellation de « Motavit cadre-poutre ». Seuls changeaient les coloris : beige à filets verts ou rouge à filets beige chez Gnome. (Doc. AMGR)

◂◂ La 500 D5A telle qu'elle fut présentée à l'homologation par l'Armée Française. (Photo DGA/CAAPC, courtoisie D. Mahistre)

▾ La 750 X40 fut utilisée par l'escorte présidentielle jusqu'en 1960.

- enfin tous les monocylindres deux-temps de 1941 à 1961, avec une gamme allant du 100 cm³ type R aux 200 cm³ LX200, LX200T et LC531. Précisons encore que les diverses versions de R4C, R5, L5 et LX200 furent aussi commercialisées à partir du Salon d'octobre 1954 sous la marque Motavia.

◂◂ ◂ Les deux extrêmes de la gamme Gnome en 1958 : 125 à trois vitesses et 200 à quatre vitesses. Les deux modèles sont livrés d'origine avec une culasse type Maucourant. (Courtoisie J. Goyard)

▸ La 500 Super-Star au Salon d'octobre 1950.

▸▸ 350 Major attelée d'un Bernardet Sport S5.

▸▸ Première sportive construite par Gnome & Rhône, la 500 D2 présentée au Salon d'octobre 1926 exista en version normale, à fourche de type D, ou supersport, comme ici, avec fourche spécifique et grandes roues chaussées en 28x3. Elle valut de belles victoires à la marque.

▸▸ 750 XA et Bernardet « Estafette » de 1936.

▾ Belle mise en scène avec jeu de reflets pour cette 750 X avec side-car Bernardet « Records du Monde », un des très rares attelages sélectionnés par le Guggenheim Museum de Las Vegas pour l'exposition The Art of Motorcycle. *(Collection L.C. Merelo)*

Existent enfin divers prototypes: la 350 bicylindre deux-temps WM à balayage équicourant développée par Gaston Durand et présentée au Salon 1946, la 500 bicylindre culbutée Super-Star conçue par Giuseppe Remondini qui fut la vedette du Salon 1950 ou le 250 flat-twin deux-temps dessiné par Bourguin et Guillemot en 1955.

Après cet « inventaire des lieux » sans doute nécessaire mais médiocrement distrayant, restent à évoquer trois sujets importants. Commençons par les liens étroits qui existèrent entre Gnome & Rhône et Bernardet, son fournisseur exclusif de side-cars de 1932 à 1940. Le parfait mariage de la tôle emboutie utilisée à la fois pour le châssis Bernardet et pour les cadres Gnome allait conduire à des attelages rigoureux, efficaces, harmonieux, voire d'une rare élégance… comme il en existe fort peu dans toute la construction motocycliste mondiale.

Il faut aussi souligner la très grande sportivité de la marque pendant toute son existence. Elle est présente avec succès dans toutes les disciplines: les grands raids, la régularité, l'endurance (à la notable exception du Bol d'Or, que Gnome & Rhône ne parvint à remporter qu'en 1956, en catégorie 175, alors même qu'elle y avait aligné ses meilleurs champions de 1926 à 1929, obtenant seulement une deuxième et deux troisièmes places) avec des pilotes de renom comme Bernard, Court, Dagan, Heuqueville, Marc, Maucourant ou Naas; la vitesse pure avec une foule de records du monde à l'actif de René Amort ou d'équipes militaires; la course de côte et les Grands Prix, où

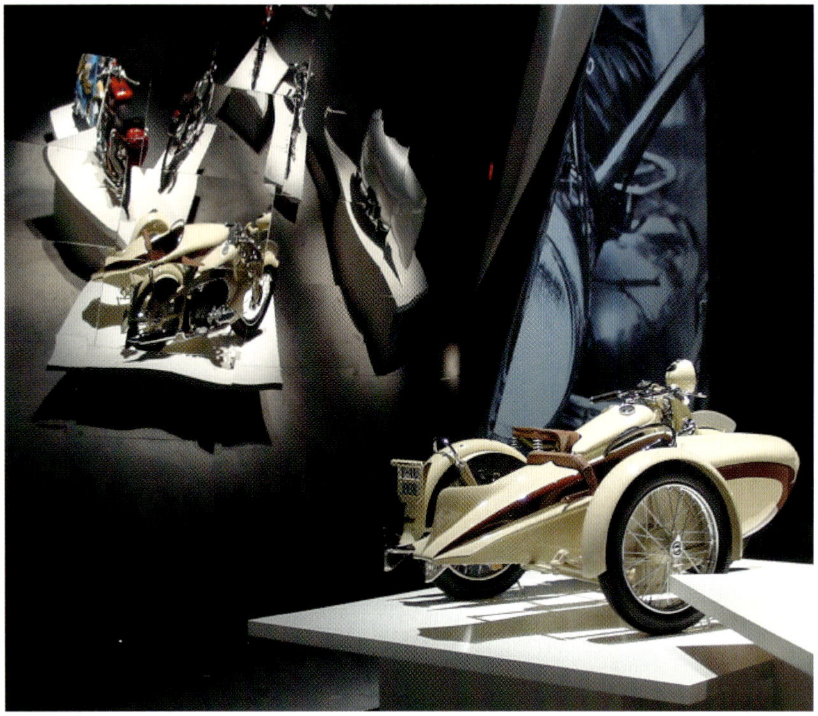

René Amort et sa CV2 spéciale 600 cm^3 après une victoire à la course de côte du Val de Cuech en 1933. On remarque qu'il n'utilise pas un side-car Bernardet mais un Bufflier lyonnais, spécialement construit selon ses instructions.

Le capitaine Miron d'Aussy au guidon de la 750 X dite « Jacqueline » le 24 septembre 1937 sur l'anneau de vitesse de Montlhéry : il fait partie d'une équipe de pilotes qui va battre 9 records du monde, dont ceux des douze heures et des 2 000 kilomètres, ce dernier à 145,877 km/h de moyenne. Le frein avant sur poulie-jante, vieille réminiscence du genre utilisé au début des années vingt, n'est là que pour satisfaire aux exigences du règlement ; il est beaucoup plus léger qu'un tambour !

excelle aussi René Amort ; et même le trial avec Heuqueville, le grass-track avec le marmandais Visade, enfin le moto-ball avec une 250 dérivée de la LX200 T, qui fut dûment homologuée par l'Union Française des Clubs de Moto-Ball.

Il est enfin nécessaire d'accorder quelques lignes à la production militaire spécialisée, à laquelle Gnome & Rhône ne vint qu'assez tard, en 1935, donc après René Gillet et en même temps que Terrot. Mais la marque y vint avec succès : à l'issue de sa réception par l'Armée Française, la deuxième version, allégée de 20 kg, de la 500 D5A fut jugée « la meilleure moto solo tous terrains jamais testée » tandis que les 750 XA RM puis, et surtout, 800 AX2 avec side-car à roue motrice surpassaient de loin tous les autres attelages français. La 800 AX2 fut produite à 1 976 unités par Gnome & Rhône en 1939 et 1940, chiffre auquel il faut ajouter de trois à six-cents exemplaires construits chez Terrot à Dijon. Gnome & Rhône renoua avec les commandes militaires en 1957 avec les LX200 Armée et LX200 TOM, qui sont de proches dérivés de la LX200 Trial. La marque tenta même d'obtenir une commande militaire en 1959 en présentant le prototype d'une 125 parachutable, dite type P.

Notre mot de la fin à propos de cette grande marque française consistera à signaler l'existence de l'AMGR, Amicale des Motos Gnome & Rhône, fondée en 1986, un des trop rares clubs français de marque qui apporte une aide efficace à ses sociétaires.

Rarissime document que cette photo prise durant l'hiver 1940-1941 aux environs de Dijon : elle montre les pilotes-essayeurs de l'usine Terrot au guidon des AX2 qui y sont construites… au profit de l'armée allemande.
(Photo courtoisie Jeannine Correia)

G

▸ Gobron-Minerva de 1904 : l'auteur du dessin a oublié la bobine et la bougie !
▾ La Minerva 1904 du pilote officiel Kuhling. Hors le silencieux et le frein arrière, les deux machines sont identiques.

▸▸ Moteur auxiliaire Goliath de 1922.
▸▸ Les deux magasins de H. Goyon.
▾ Balajat et sa Godmard lors du pesage de Paris-Bordeaux-Paris : l'huile fuit déjà !

GOBRON-MINERVA - 13, quai de Boulogne à Boulogne-sur-Seine

Fils de notaire, marié à la fille d'un homme politique respecté, Gustave Gobron dirige de 1875 à 1885 l'usine de fournitures militaires Godillot avant de se faire élire député puis sénateur. En 1898, il fonde avec Eugène Brillié les Automobiles Gobron-Brillié fameuses par leur moteur à pistons opposés, sans culasse. Brillié, en désaccord avec Gobron, se retire de l'entreprise en 1903. Naissent alors les motos Gobron-Minerva, à moteur belge Minerva. Sont-elles en partie construites à Boulogne? Nous en doutons. La marque ne semble pas avoir dépassé 1904.

GODMARD - 30, rue Moret à Paris XIe

Manufacture Parisienne de cycles A. Godmard & Cie. Godmard est constructeur des cycles Lutétia, d'au moins une moto en 1904, mais aussi, de 1912 à 1914, des automobiles Lutétia… oubliées dans la pourtant très réputée encyclopédie *Autos* de Georgano. La marque produit toujours des cycles en 1929 et peut-être même au-delà.

La moto Godmard & Cie et son pilote Balajat ont été immortalisés sur une photo prise par Jules Beau lors du pesage de l'épreuve Paris-Bordeaux-Paris, le 20 avril 1904. Le moteur est un Buchet quart ou tiers de litre.

GOLIATH - 5, boulevard Soult à Paris XIIe

Goliath, « constructeurs » d'un moteur auxiliaire pour cycle en 1922 et 1923. Les informations sur Goliath sont si rares que nous ne pouvons certifier qu'il ne s'agit pas d'un moteur importé.

GOYON - 63 et 65, avenue de la Bourdonnais à Paris VIIe

H. Goyon, constructeur et marchand de cycles et d'automobiles. L'existence d'une moto Goyon est connue en 1906, mais nous ne savons rien d'elle. Une carte-photo ancienne, hélas de piètre qualité, montre qu'il fut agent général Peugeot et qu'il céda ensuite son affaire à un certain G. D. Halluin.

Nota : H. Goyon n'a aucun rapport connu avec Adrien Goyon de Monet & Goyon.

GR - 79, avenue de la Reine à Boulogne-sur-Seine

Marque commerciale des Ets Gérard & Roche en 1921 au moins : voir à ce nom.

GRANGER - 264, avenue Daumesnil à Paris XIIe

F. Granger. Granger Station 264, grande station officielle Mosquito, telle est la raison sociale complète de ce constructeur.

A la demande d'un client, Granger réalisa en 1952 un cyclomoteur à moteur Mosquito spécialement étudié pour tenter la traversée du Sahara. Conçu pour un poids total roulant de 200 kg, il transportait 4 litres d'huile, 9 d'essence et 11 d'eau. La fort modeste puissance du Mosquito (0,9 ch à 4200 tr/min) pouvait être secondée par pédalage via un double plateau et un dérailleur à 4 vitesses.

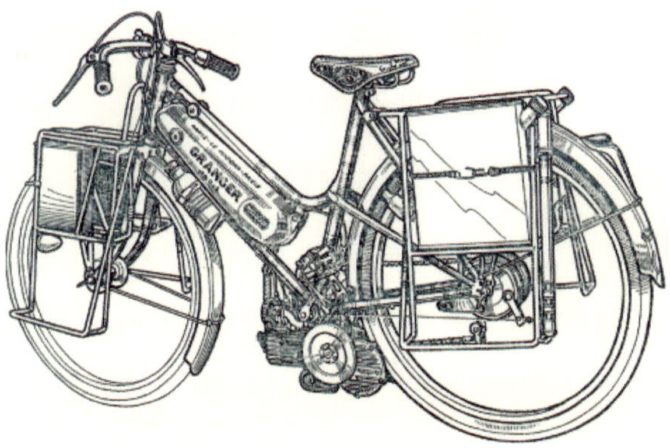

Connaissant déjà le Sahara, Fernand Fiando part de Paris le 12 avril 1952, embarque à Marseille le 15, débarque à Alger le 17 et prend aussitôt la direction de Tamanrasset, à 1850 km plus au sud. Mais dès Ghardaïa, Fiando réalise qu'il ne pourra mener à bien sa tentative de traversée du Sahara, faute de pneumatiques capables de résister aux pierres coupantes des pistes traversant le Hoggar. Il poursuit néanmoins vers le sud-ouest jusqu'à El Goléa et Adrar, puis remonte, via Colomb-Béchar, vers Oran qu'il atteint le 10 mai. Il est à Alger le 14, à Marseille le 21, à Paris le 25: il a couvert 3700 km et le seul incident, hors crevaisons et coupures des pneumatiques, a été la rupture d'une attache du porte-bagages avant. Granger avait bien conçu son cyclo!

GRATIEUX - 82 à 96, avenue des Moulineaux à Boulogne-Billancourt

Ets F. Gratieux. Bureaux et usine à l'adresse susdite; autre usine: 17 à 21, rue du Dôme à Boulogne.

AÉROPLANES – AVIONS & HYDRAVIONS

Établissements F. Gratieux

CONSTRUCTION. RÉPARATIONS. ÉTUDES.

USINES & BUREAUX: 82 à 96 Avenue des Moulineaux

Billancourt, le 3 Juin 191 9.-

DT/B/BG

N°.4.256

Comme tous les industriels français ayant travaillé pour l'armée Française pendant la première Guerre, Gratieux, qui œuvrait dans l'aviation, se retrouve dès novembre 1918 avec des locaux, un outillage et un personnel surdimensionnés. Comme Blériot, Gnome & Rhône, Janoir, Louis Clément, entre autres, Gratieux se reconvertit dans la moto.

Très vite d'ailleurs, puisque la première Gratieux, type A monovitesse, est présentée au Service des Mines dès le 6 juin 1919, moins de sept mois après l'armistice. Son moteur deux-temps est d'une cylindrée bâtarde (211,3 cm³, avec des cotes de 62 x 70 mm) qui le fait cependant classer comme 3 CV; le frein avant est jugé insuffisant… et la délivrance du certificat de conformité est ajournée; elle n'aura lieu que le 24 juillet, après montage de deux freins à l'arrière. Tout cela dénote bien une improvisation dans l'urgence.

Suit sans doute une type B pour laquelle nous n'avons trouvé aucune information: est-ce une vraie 175? En juillet 1920 naît la type C, vraie 250 (67 x 70 mm), elle aussi monovitesse. Il faut attendre fin août 1922 pour voir apparaître la première Gratieux dotée d'une boîte à deux vitesses: c'est le type D, équipé d'un autre moteur: 65 x 75 mm, soit 249 cm³. Ce sera le chant du cygne de la marque qui disparaît courant 1923.

◂ A l'exception de Gnome & Rhône, la reconversion de l'aéronautique à la moto s'avéra bien difficile sinon impossible. Gratieux ne put échapper à cette règle.

◂◂ Bien conçu, le Granger « Raid Saharien » à moteur Mosquito de 1952 démontra qu'il était à la hauteur d'une tâche pourtant plus qu'ardue. Mais les pneumatiques disponibles à cette époque ne le furent pas.

◂ Nous ne pouvons dire si cette Gratieux bien accessoirisée est une type A ou l'hypothétique type B.

▴ Publicité Gratieux, signée Mich, parue dans Moto-Revue du 1er juin 1920.

◂◂ Ne fallait-il pas à Fernand Fiando une solide confiance en son Granger pour s'élancer seul dans le Sahara?

▸▸ *Lamberjack, futur vainqueur, au pied de la côte de Gaillon le 21 septembre 1902.*

▾ ▸ *Deux extraits du catalogue 1903.*

GRIFFON - 40, rue Louis Blanc à Courbevoie

Cycles Griffon à l'adresse susdite. Puis Griffon à Mandeure, Doubs, donc hors département de la Seine.

Déposée fin 1898 par Eugène Peugeot, la marque Griffon s'applique d'abord à des pièces et pneumatiques produits par Peugeot, puis à des cycles (à partir de 1899 semble-t-il), enfin à des motos en 1902. L'affaire est alors dirigée par Edmond Gentil, employé de la firme au Lion. Mais Edmond Gentil fonde parallèlement les Ets Gentil… qui font aussitôt concurrence à Peugeot en se lançant dans la construction de cycles. Peugeot évince donc Edmond Gentil et place Paul-Emile Surleau à la tête de Griffon, qui est passé du statut de simple marque à celui d'entreprise.

Comme le Lion a abandonné dès 1903 les moteurs Z.L. au profit de ses propres mécaniques, c'est désormais Griffon qui, après avoir débuté avec des moteurs Soncin, Amstoutz et Buchet, monte des mécaniques signées Zedel : uniquement suisses jusqu'à fin 1905, construites par Ernest Zurcher à Saint-Aubin, puis progressivement françaises, sortant de l'usine de Pontarlier.

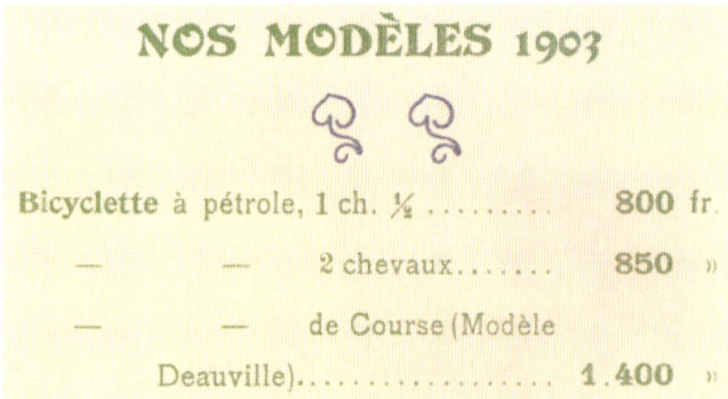

NOS MODÈLES 1903

Bicyclette à pétrole, 1 ch. ½	800 fr.
— — 2 chevaux.......	850 »
— — de Course (Modèle Deauville)..................	1.400 »

Dès 1902, c'est-à-dire l'année même de la commercialisation de sa première moto, une intense participation sportive vaut à Griffon un palmarès considérable et une immense renommée qui va culminer en 1904 (victoire de Demeester lors de la Coupe Internationale du MCF) et se poursuivre jusqu'en 1908 avec, entre autres, une impressionnante série de victoires au Mont-Ventoux : Lamberjack en 1904 et 1905 (record battu), Giuppone en 1906, Gauthier en 1907 et 1908 (record battu).

▾ *Griffon apparaît en course le 26 août 1902 lors du kilomètre lancé de Deauville et fait feu de tout bois avec deux moteurs différents pour deux pilotes déjà fameux : Demeester, ci-dessous, avec un énorme Soncin, et Lamberjack, à droite, avec ce qui semble être un Amstoutz, de cylindrée plus modeste. Ce-jour-là, les deux Griffon furent battues par les tricycles d'Osmont et de Rigal, mais Lamberjack allait prendre sa revanche un mois plus tard à Gaillon.* (Toutes photos de cette page : Jules Beau)

◄ *Lamberjack au meeting de vitesse de Dourdan, le 2 octobre 1904. Au menu de cette épreuve figuraient à la fois le mile départ arrêté et le kilomètre lancé. Lamberjack et sa Griffon-Zedel firent le meilleur temps sur le kilomètre lancé en catégorie « moins de 50 kg » à 101,695 km/h.*
(Photo Jules Beau)

▲ *Tricar Griffon de 1906 à moteur Zedel 4 HP refroidi par eau. (Doc. M. Pernot)*

◄◄ ◄ *Cette Griffon-Zedel de 1904, avec ses soupapes latérales et sa magnéto commandée par arbre vertical et couple de pignons coniques, était inévitablement plus coûteuse que le modèle équivalent de Peugeot, le type E ; lequel possédait aussi un moteur à soupapes latérales, mais de fabrication française, avec allumage toujours assuré par batterie, rupteur et bobine. La diffusion des Griffon s'en trouvait freinée.*
(Photos archives familiales du Colonel Fardel, courtoisie D. Mahistre).

Mais si le palmarès sportif de Griffon est immense et tout à fait comparable à celui de Peugeot, ses catalogues commerciaux offrent beaucoup moins de choix que ceux du Lion et la production de Courbevoie est toujours très inférieure en nombre à celle de Valentigney. Elle est aussi plus chère au moins jusqu'en 1906, à cause des taxes qui frappent les Zedel importés de Suisse.

Après une très brève période de montage de moteurs autrichiens Laurin-Klement et une presque aussi brève commercialisation de tricars, la crise économique fait entrer au catalogue Griffon, à partir de 1907, des machines qui ne sont, à la fourche près, que des Peugeot « Motos Légères »

Cette Griffon 1913 n'est autre qu'une Peugeot « Moto Légère » équipée de la fourche Griffon à roue poussée. (Coll. M. Pernot)

Parmi les Griffon sans équivalent chez Peugeot figurent cette 125 à moteur Madoz culbuté et cette 750 à moteur bicylindre en V Moser ; elles datent d'octobre 1921.

Autres Griffon spécifiques que cette 125 à boîte deux vitesses de 1925 et que la 100 Griffon-Sicam de 1922.

Il est impossible, croyons-nous, de quitter Griffon sans une photo au Mont-Ventoux : voici Cissac en 1906, classé troisième. (Photo Rol, courtoisie J.P. Pradelle)

produites en Franche-Comté : la numérotation des cadres et des moteurs est d'ailleurs commune. Les seules « vraies » Griffon qui subsistent sont les bicylindres à moteur Zedel qui restent cataloguées jusqu'en 1913.

La relative indépendance accordée à Griffon par Cycles Peugeot est d'abord maintenue après la première Guerre mondiale. L'on voit en effet apparaître divers modèles Griffon n'ayant rien en commun avec ceux de Peugeot, motorisés, par exemple, avec des Madoz, Moser ou Sicam. Puis le Lion — ou plus précisément la *Nouvelle Société des Cycles Peugeot* — referme ses griffes sur sa filiale : à partir de l'automne 1927, Griffon ne propose plus que des modèles purement Peugeot. La marque entrera dans le giron de FMC dans les années cinquante.

GRIMAULT - 5, rue de Châtenay à Fontenay-aux-Roses

René Grimault, constructeur de BMA à moteur Aubier-Dunne de 1932 à 1935 au moins. S'il est des constructeurs solidement établis, tels Gnome & Rhône ou René Gillet, qui ne manifestèrent pas le moindre intérêt à l'égard de la nouvelle législation, apparue en 1932, qui instituait la catégorie des Bicyclettes à Moteur Auxiliaire, tel ne fut pas le cas de René Grimault qui sauta sur l'occasion pour s'établir constructeur. Il présenta son type « G2 compétition » au Service des Mines le

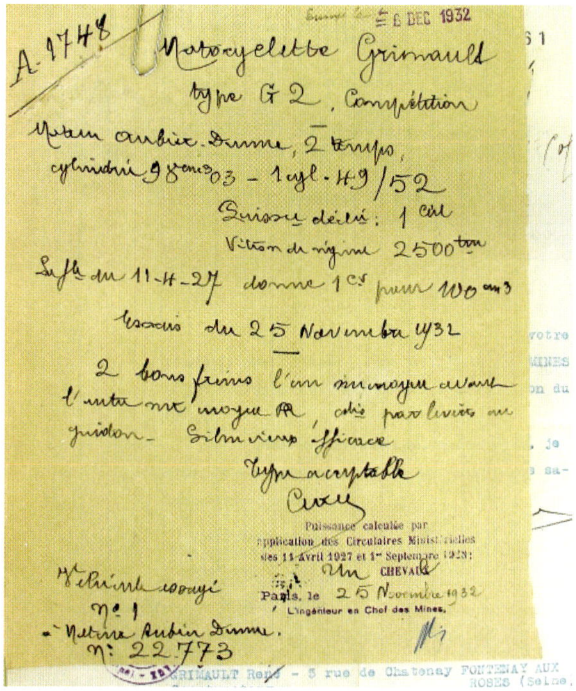

PV de réception de la première BMA Grimault.

25 novembre 1932, suivi le 7 mars 1933 du type G1 et le 20 décembre 1935 du type G3. Toutes ces BMA sont monovitesse.

GROS - 3, rue des Immeubles Industriels à Paris XIe

J. Gros, constructeur de 1904 à 1906 d'au moins un type de moteur 2 ¾ HP à admission automatique.

GROSSE & BOUBAULT, GROSSE & Cie
97, boulevard Montparnasse à Paris XIVe

Ets Grosse & Boubault, constructeurs de tricycles et de moteurs de 2 à 6 HP. Leur tricycle de 1899 possède déjà un carburateur à pulvérisation, de fabrication maison, mais les engrenages de sa transmission sont encore à l'air libre ; le moteur est un assez gros 2 ½ HP.

Après le départ de Boubault, sans doute en 1900, l'entreprise devient Grosse & Cie et s'installe 18, place Denfert-Rochereau à Paris, XIVe toujours ; elle produit désormais ses moteurs sous la marque HP. Grosse & Cie présentèrent le 7 octobre 1901 pour homologation par le Service des Mines un quadricycle équipé d'un gros moteur de leur fabrication : 80 x 90 mm, soit 452 cm3.

Outre son carburateur à pulvérisation, le tricycle Grosse & Boubault présente deux particularités : l'ailettage du cylindre est hélicoïdal et la culasse est surmontée par une chambre de détente en fonte qui précède l'habituel silencieux. Grosse & Boubault proposaient aussi un changement de vitesse à deux rapports avec embrayage et démarrage à la manivelle. (Document coll. M. Pernot)

GROSSOT - 20, rue Simon-Lefranc à Paris IVe

Adolphe Grossot, ingénieur-constructeur. Fabrication de moteurs avant 1900.

GUENON - 191, boulevard Voltaire à Asnières

On voit apparaître le nom de Guenon en 1936.

GUERRY - 116, boulevard de Grenelle à Paris XVe

Ets Guerry & Bourguignon, constructeurs de carburateurs et de motos de 1902 à 1911 au moins.

GUIGNARD - Adresses multiples

Paul Guignard, constructeur. Deux adresses successives : 26, rue Hermel à Paris XVIIIe en 1928 et 1929, puis 39, rue Balagny à Paris XVIIe en 1930.

Guignard, né le 10 mai 1876 à Aignay-le-Château (Allier), est un coureur cycliste de demi-fond (derrière entraîneur à moto) au palmarès très étoffé : il est champion du monde en 1913 et vice-champion du monde en 1905, deux fois recordman du monde de l'heure (89,904 km/h en avril 1905 et 101,367 km/h le 15 septembre 1909 à Munich), quatre fois champion d'Europe (1905, 1906, 1909 et 1912) et quatre fois champion de France (1905, 1912, 1913 et 1914). Il se disait lui-même « motocycliste de la première heure ». Paul Guignard est mort à Paris le 16 février 1965, à 89 ans.

Fortune faite, Paul Guignard met fin à sa carrière de cycliste professionnel en 1927, vient à la moto et présente

Paul Guignard en 1921. La scène se passe au stade-vélodrome de Fallowfield, dans la banlieue de Manchester.

Le moteur 2 ¾ HP proposé par J. Gros de 1904 à 1906.

G

ses trois premiers modèles, tous à moteur LMP, à l'automne 1928 ; ils ont été réceptionnés peu avant le Salon 1929, en septembre et octobre : 175 deux-temps type A, 250 deux-temps type B et 350 culbutée type C.

Un an plus tard, le dépliant commercial publié pour la saison 1930 propose quatre modèles : trois sont classiques, avec moteur LMP, allumage par magnéto et boîte trois vitesses Staub : 250 type B deux-temps double échappement, 250 type B2 culbuté simple échappement, 350 type C culbuté double échappement. Quoique identique au type C côtés partie-cycle et moteur, le quatrième modèle, type C2 « Grand Sport », est très original car il fait appel une boîte électro-mécanique Cotal à trois vitesses avec commande au guidon par commutateur électrique à quatre positions. Cette boîte nécessitant une alimentation électrique en 6 volts continu, la magnéto est remplacée par un équipement France « Dyalmo » avec dynamo spéciale à rupteur incorporé, bobine et batterie.

La boîte Cotal était construite par la Société des Engrenages de Précision (76, rue de Normandie à Courbevoie) sous licence suisse MAAG. C'est une boîte à deux trains planétaires en cascade qui donne normalement quatre rapports, avec une quatrième en prise directe, obtenue quand les deux trains planétaires sont freinés simultanément par deux des quatre électro-aimants ; le point mort est obtenu quand aucun électro-aimant n'est alimenté. De nombreux constructeurs automobiles français ont utilisé la boîte Cotal, dont Delage, Delahaye, Hotchkiss, Peugeot, Salmson et Voisin. Coûteuse et assez lourde, mais fiable sous réserve du remplacement régulier des charbons, la Cotal était très agréable à utiliser.

Dans le monde de la moto, nous ne connaissons pas d'autre utilisateur que Guignard. Et dans le cas de la Cotal de la C2 Grand Sport, qui n'offrait que trois vitesses, nous ne savons pas si le rapport supprimé est le premier (probable) ou le quatrième, en prise directe (plus douteux). L'usage de cette Cotal ne dispensait pas d'utiliser l'embrayage pour démarrer en première, mais son emploi était facultatif lors des changements de rapports. Nous n'avons pas connaissance du prix de vente de cette C2, ni d'ailleurs des autres modèles de la marque.

Signalons, pour terminer, que nous n'avons pas trouvé trace de motos Guignard au delà de 1930.

GUITTON - 8, rue du Pont d'Ivry à Alfortville

R. Guitton construit au tout début des années cinquante un agréable et moderne cyclomoteur à moteur Vimer. L'équipement, de qualité, comprend une fourche télescopique, un frein à tambour Maxi à l'arrière, un guidon Philippe, une poignée tournante et un dérailleur Simplex, un éclairage Soubitez. Le seul anachronisme dans cette réalisation soignée est le frein avant à patins sur jante associé… à la belle fourche télescopique avec pontet de rigidification : la peur du blocage de roue héritée des freins automobiles sévissait encore !

GV - 8, rue du Débarcadère à Paris XVIIe

Marque commerciale de G. Vallière pour les moteurs deux-temps qu'il construisait en 1903. Dès 1904, ces moteurs sont fabriqués par M. Lapique, son successeur… et ne sont plus marqués GV. La date de fin de production est inconnue.

Nous ne disposons hélas pas d'autres informations sur ces moteurs que celles, très sommaires, fournies par *L'Automobile* du 18 juin 1904 : cette année-là le moteur GV existe en deux cylindrées : 2 ¼ et 3 HP. Signalons encore qu'aucun de ces moteurs version 1904 n'est semblable à celui qui équipait la moto Vallière (voir à ce nom) à moteur GV alignée au départ des 1 000 km du MCF six mois plus tôt, en novembre 1903.

▲ *Paul Guignard tel qu'il se présentait lui-même sur le dépliant décrivant sa production motocycliste de 1930.*

▼ *La Guignard type C2 Grand Sport à boîte Cotal. (Documents courtoisie M. Pernot)*

▸ *Les deux moteurs GV présentés dans L'Automobile de juin 1904. Le marquage ST ne facilite pas l'identification !*

H. Gauchot HAB Hallot Hanriot Hanzer Frères Harlette Harrissard Harwill Hausten & Roussin HB-Humblot Hemy Henriet Henriod Henry Hercule Herdtlé-Bruneau Hergé Hernis Herse HO Horsy Hurtu

H

H. GAUCHOT - 26, rue du Bois à Vincennes

H. Gauchot, constructeur de bicyclettes à pétrole vers 1902 ; il fait bien précéder son nom de l'initiale H.

HAB - 43 et 45, rue Jules-Ferry à Bagnolet

Marque déposée des moteurs deux et quatre-temps pour motos construits par les Ets Huber & Bailleul à l'adresse susdite. Ces moteurs semblent n'avoir été montés que sur les motos Harwill de ce même constructeur.

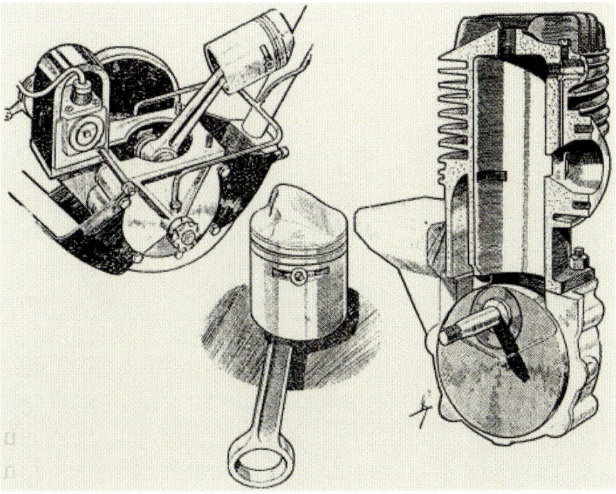

HALLOT - Adresses multiples

Marque commerciale de J. Hallot puis de J. Hallot & Cie, enfin de Emile Giron & Cie.

J. Hallot construit déjà des cycles en 1890 ou 1892 au 25 de l'avenue Parmentier à Paris XIe. Début 1903, la raison sociale devient J. Hallot & Cie et l'activité de la société s'élargit aux motocycles et aux automobiles. En novembre 1903, la société, alors dirigée par E. Giron, déménage dans de vastes locaux au 38 de la rue Vanneau à Paris VIIe et annonce qu'elle lance deux motos à moteur Zedel : type 1 de 2 ½ HP et type 2 de 1 ¾ HP. En août 1905, la société devient E. Giron & Cie ; un mois plus tard, une publicité dans *Cycle et Automobile Industriels* indique que les puissances ont augmenté : 2 ¾ et 3 ½ HP. Puis l'entreprise s'éloigne de la moto et s'oriente vers les fournitures générales en tous genres. Début 1909, elle est mise en liquidation puis admise au régime du concordat. Emile Giron trouve un repreneur, M. Schlogel, qui transfère la production, faite uniquement de cycles, à Malakoff.

HANRIOT - 11, rue Descombes à Paris XVIIe

Hanriot Frères & Cie, constructeurs de 1900 à 1904 de moteurs et d'un changement de vitesse pour motocycles, réalisé sous licence Dupont.

Le système Dupont-Hanriot, donnant deux vitesses (et marche arrière en option) plus embrayage, a été monté sur nombre de tricycles à moteur de Dion & Bouton ou Aster ; il était le concurrent du célèbre Bozier.

HANZER Frères - 4, rue Baudin à Ivry

Les Ets Métallurgiques du Petit Ivry dirigés par les frères Hanzer ont proposé un tricycle à moteur en 1899.

◂◂ *Ces trois dessins au trait montrent que le 175 HAB semble fort bien construit.*

▾ *Coupe du changement de vitesse Hanriot. L'embrayage est obtenu en plaquant le cône garni E sur le cône mâle F ; une fois embrayé, on se trouve en grande vitesse. La petite vitesse s'obtient en freinant la rotation de l'ensemble du carter au moyen de la sangle N.*

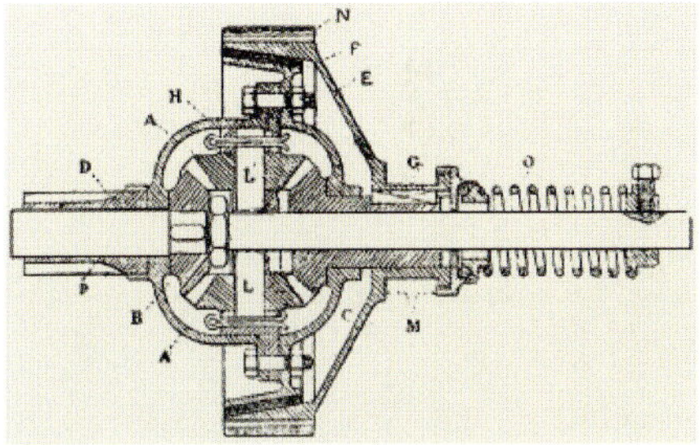

◂ *Tricycle, non identifié mais équipé du changement de vitesse Henriot. Le moteur est un gros de Dion & Bouton doté d'une culasse refroidie par eau ; la position et les dimensions du radiateur sont inhabituelles.* (Doc. M. Pernot)

▴ *La moto Hallot n° 2 à moteur Zedel 1 ¾ HP vue dans* Cycle et Automobile Industriels *n° 45 du 8 novembre 1903.* (Doc. M. Pernot)

◂◂ *Publicité pour les motos Hallot dans la* Revue du Touring-Club de France *en septembre 1905.* (Doc. M. Pernot)

H

Le 350 bicylindre Harrissard vu sur un dépliant du constructeur.

Harlette à moteur 125 Train de 1925.

Les trois figures du brevet Harrissard numéro 606.017. Il revendiquait "un montage et un équilibrage faciles, en assurant en même temps le parallélisme rigoureux des tourillons, et ce sans nécessiter de réglage ni de difficultés de réalisation".

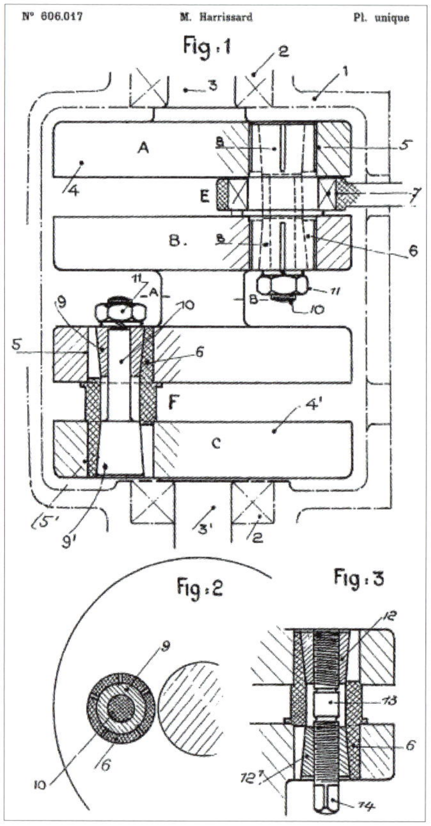

HARLETTE - 32, rue Pierret à Neuilly-sur-Seine

Société Française des Ets Goode & Cie, en 1925 et 1926. Puis Ets J. H. Gerkinet à Jeumont, Nord ; les modèles construits par cette deuxième entreprise ne sont pas traités car nés hors département de la Seine.

A partir de 1923, les Ets Goode & Cie, importateurs officiels de Harley-Davidson pour la France virent leurs ventes s'écrouler rapidement car les utilisateurs des grosses motos américaines, déjà chères à l'achat quand elles ne provenaient pas des surplus militaires, s'étaient vite aperçu qu'elles étaient coûteuses à l'usage car très gourmandes en carburant, pneumatiques, chaînes et autres. L'idée vint alors à Goode & Cie de proposer la "Harlette", sorte de réplique en réduction de Harley-Davidson, du moins en matière de ligne : réservoir et fourche en particulier. Présentée au Salon d'octobre 1924, la Harlette était alors déclinée en trois versions, toutes motorisées par le 125 deux-temps Train, de bonne réputation : monovitesse avec ou sans embrayage et deux vitesses avec embrayage. Dès le printemps 1925, trois Harlette furent engagées avec succès dans Paris-Nice, mais en catégorie 175, avec une boîte séparée à deux vitesses. Ce nouveau modèle, dit 2B, fut aussitôt catalogué, mais sans grand succès commercial à cause d'un prix de vente plus élevé que la moyenne de ses concurrentes.

En 1927, la marque passa aux mains des Ets Gerkinet qui dessinèrent une nouvelle partie-cycle et proposèrent aussitôt, outre la 175 deux-temps, une 175 à moteur Zurcher culbuté.

Publicité pour la 175 Harlette type 2B de 1925, à boîte deux vitesses.

HARRISSARD - 33, rue G.H. Marsaud à Gennevilliers

Ets Georges-Victor Harrissard & Cie, constructeurs de moteurs deux-temps de 1925 à 1927.

Si la date de construction du premier moteur Harrissard reste inconnue, elle ne peut guère être antérieure au 10 octobre 1925, date de dépôt par Georges Harrissard d'une demande de brevet concernant le mode d'assemblage, à la fois très mécanique et fort sophistiqué, d'un vilebrequin de moteur bicylindre. Ce brevet lui fut délivré le 27 février 1926 sous le numéro 606.017.

Neuf mois plus tard, une CP Roléo (voir à ce nom) à moteur Harrissard 350 bicylindre deux-temps menée par Renaud, un quasi inconnu, remporte sa catégorie au Bol d'Or ! Dans la même épreuve et avec un même moteur, Villard, sur cyclecar Villard, gagne lui aussi sa catégorie ; il s'adjugera en outre deux courses de côte réputées, celles de Gometz-le-Châtel et de Château-Thierry.

En pratique, Harrissard propose trois deux-temps, tous bicylindres, en 250, 350 et 500 cm³. Outre CP-Roléo et Villard, Durandal monta aussi le 350 de Gennevilliers sur son modèle A « Grand Sport » de 1926 : deux exemplaires auraient été construits. Ajoutons que le 350 Harrissard utilisé en course par CP-Roléo était un vrai « moteur d'usine », très travaillé, avec des lumières énormes pour l'époque et un superbe embiellage entièrement poli et équilibré ; un exemplaire a survécu.

La production se poursuit à Gennevilliers en 1927 et le palmarès de Renaud sur 350 CP-Roléo Harrissard s'étoffe encore. Puis Renaud est sérieusement blessé lors des Trois Jours du Forez après un accrochage avec un cycliste ; dès lors, et d'un seul coup, on n'entend plus parler des moteurs Harrissard. Marque météorique, donc, que celle-ci, mais auréolée de succès sportifs vraiment probants.

Le superbe embiellage d'un 350 Harrissard de course. (Photo et coll. M.D.)

La 175 Harwill type L à boîte trois vitesses est le modèle intermédiaire dans la gamme de la marque.

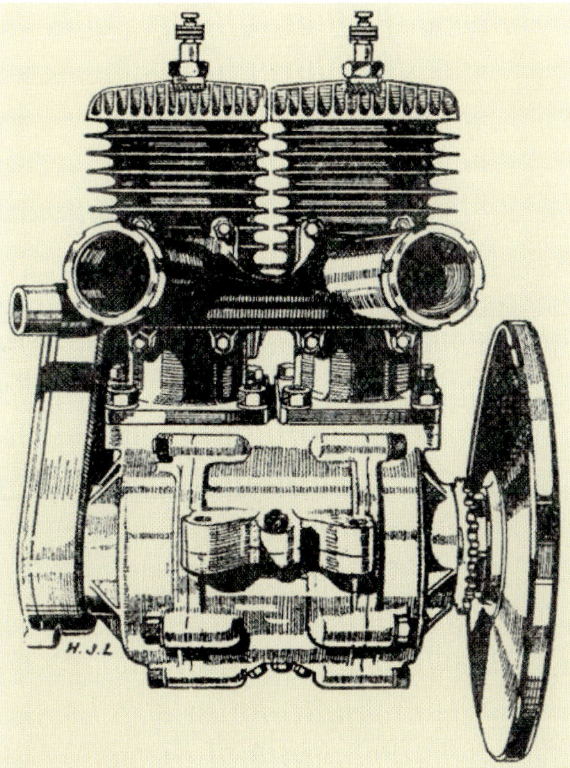

Ce dessin du 350 bicylindre Harrissard paru dans Moto-Revue *numéro 218 du 15 avril 1927 montre que les sorties d'échappement sont très généreusement dimensionnées pour une cylindrée unitaire qui n'est que de 175 cm³.*

HARWILL - 43 et 45, rue Jules-Ferry à Bagnolet

Marque commerciale des Ets Huber & Bailleul, ingénieurs Arts & Métiers, constructeurs.

Ont été proposées entre 1924 et 1926 ou 1927 trois motos Harwill à moteur HAB deux-temps : type P de 147,8 cm³ (56 x 60 mm) avec boîte deux vitesses et transmission chaîne/courroie ; type L et type S de 175,3 cm³ (60 x 62 mm) à boîte trois vitesses.

Ces deux 175 se distinguent par leurs réservoirs, très différents, par leurs transmission finales, à courroie sur la L et à chaîne sur la S, enfin par le montage d'un moteur plus poussé et d'un graissage séparé par pompe manuelle semi-automatique sur la S qui ose revendiquer la belle vitesse — pour cette cylindrée et à cette époque — de 90 km/h en pointe : ce serait bien autant qu'une 175 Monet-Goyon à moteur Villiers SuperSports.

Un quatrième modèle, à moteur HAB 250 culbuté, fut annoncé en juin 1925 mais nous ignorons s'il fut réellement produit. Il reste au moins une 175 Harwill type L.

La 175 Harwill type S ne manquait pas d'arguments techniques, surtout en 1925 : rarissime, sinon inexistante, était alors la concurrence qui offrait, pour une même cylindrée, trois vitesses, une transmission finale par chaîne et un graissage séparé. Sans parler des 90 km/h annoncés... que nous serions bien en peine de confirmer !

Harwill 148 cm³ type P de 1925.

La décalcomanie Harwill rappelait la marque du moteur HAB utilisé.

H

Ce cyclo HB à moteur VAP 4 est en fait un Hurtu démarqué.

Side-car porteur HB Liberty. La caisse est construite en bois et Isorel.

HAUSTGEN puis HAUSTGEN & ROUSSIN - 33, rue de l'Espérance à Paris XIIIe

François-Fernand Haustgen, constructeur de 1902 au 20 décembre 1903. Puis F. Haustgen et J. Roussin, société en nom collectif, du 21 décembre 1903 au 18 juin 1904, date de dissolution de cette société.

Le nom d'Haustgen apparaît pour la première fois sur le brevet d'invention français 319.160 délivré le 16 juillet 1902, qui concerne un relais démultiplicateur équipé d'un amortisseur de transmission. Début février 1903, Haustgen propose sous la marque Iris (voir à ce nom) des motos et des moteurs, à refroidissement par air ou par eau. Les puissances offertes sont de 1 ¾ HP et 2 ¼ HP pour les monocylindres et de 5 HP pour les bicylindres. Des moteurs Iris furent montés par Georges-Richard.

La production Iris se poursuit six mois en 1904 en association avec Roussin puis l'outil de production et la marque sont rachetés en août 1904 par les frères A. & G. Morelle installés à Saint-Gobert (Aisne).

Le superbe emblème apposé en 1903 par Haustgen sur ses motos Iris. (Courtoisie Y. Campion)

HB (HUMBLOT) - 72, 79 et 81, rue du Faubourg Saint-Jacques à Paris XIVe

Ets Pierre Humblot. HB est la marque commerciale utilisée par les Ets Pierre Humblot pour des side-cars produits de la fin des années quarante jusqu'en 1968, mais aussi pour quelques cyclos avec moteur VAP 4 à embrayage, vendus à partir de 1951 mais de fabrication Hurtu.

Le plus connu des side-cars HB est le Liberty utilitaire à caisse bâchée suspendue par des ressorts hélicoïdaux enfermés sous tubes et montée sur châssis sans suspension ; offrant une charge utile de 250 kg et nettement moins cher que le légendaire "Précision porteur", il fut comme lui intensivement utilisé (et surchargé !) par les porteurs de presse parisiens.

HB commercialisa aussi avec succès un side-car mixte (tourisme et utilitaire) pour 125 et motos légères, le Pacific, à caisse suspendue de même manière et à roue elle aussi suspendue, mais sur boudins de caoutchouc.

Le side-car mixte HB "Pacific".

Publicité pour les side-cars HB datant d'octobre 1948. Nous ne connaissons pas le type du modèle illustré.

HÉMY - Adresses multiples

Ets P. de Marne & Cie, constructeurs de moteurs auxiliaires exploitant les brevets de MM. P. H. Guenet et L. Nicolier ; d'abord installés 3, bd de la Tour-Maubourg à Paris VIIe puis 55, rue de l'Assomption à Paris XVIe.

Ensuite GMR (Groupements Métallurgiques Réunis), 8 et 10, bd Gouvion-Saint-Cyr à Paris XVIIe, qui sont également constructeurs du moteur Vampire. De 1946 à octobre 1950 au moins.

Il existe trois moteurs Hémy, tous construits sur le même principe et tous dotés d'un réducteur et d'un embrayage commandé : le type 102 de 34 cm³ (36,25 x 32 mm) et le type 109, de 48 cm³, se fixent sur le cadre d'un vélo ou d'un tandem, entre tête de fourche et pédalier ; ils attaquent par chaîne ce pédalier, doté de deux plateaux et d'une roue libre à galets. Le type 120, de 34 cm³ comme le 102, se monte au-dessus de la roue avant qu'il entraîne directement par chaîne. Sous la direction de GMR, on ne résista pas à l'envie de baptiser "Hémycycle" un ensemble vélo plus moteur type 109.

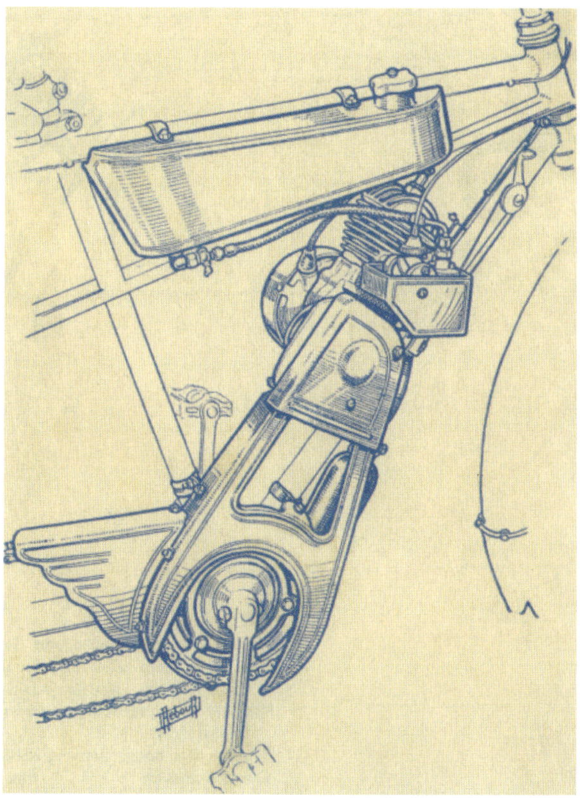

HENRIET - 174, rue de Vaugirard à Paris XVe

Constructeur des side-cars "Le Flotteur" ; voir à ce nom. Surtout connu pour ses caisses en tôle, Henriet construisit aussi, sous son propre nom semble-t-il, quelques caisses en bois entoilé.

HENRIOD - 7 et 9, rue de Sablonville à Neuilly-s/S

Ets C. E. Henriod & Cie, constructeurs de moteurs et de tricycles à moteur en 1898 et 1899 au moins. La marque fut mise en liquidation judiciaire le 18 mars 1905.

Le tricycle Henriod de 1899 était équipé d'un moteur maison de 2 HP avec "dispositif de pulvérisation placé juste au-dessus de la soupape d'admission", dont nous ne savons hélas rien, et d'un embrayage. Mais à côté de ces deux vrais modernismes pour l'époque subsistait un étonnant archaïsme : les pignons de réduction étaient toujours à l'air libre...

Hémy 102 vu côté gauche.

Side-car Henriet avec caisse en bois entoilé. Ces caisses étaient un peu plus légères que les caisses en tôle et surtout beaucoup moins bruyantes, ce qui les faisait apprécier par les pratiquants du tourisme au long cours.

Hémy 120.

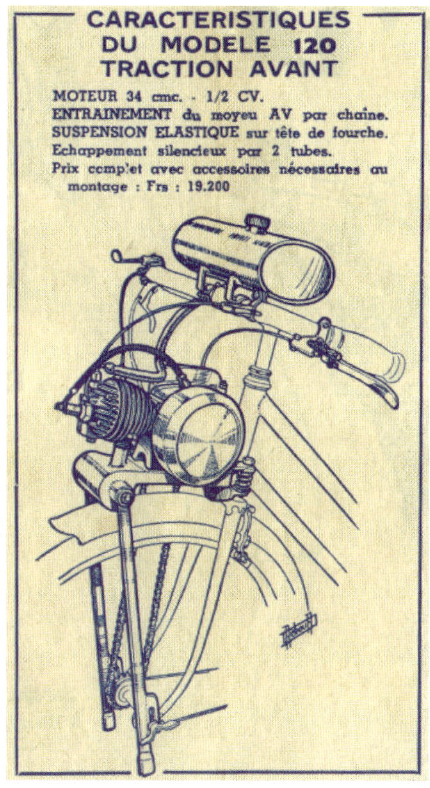

Le tricycle Henriod de 1899.
(Document coll. M. Pernot)

Hémy 109.
(Tous documents Hémy : coll. J. Goyard)

H

Cette photo d'une Herdtlé-Bruneau qui figure au recto d'un prospectus daté par la mention "Succès du Salon 1904" semble bien avoir été prise avant achèvement complet de la machine et ne donne qu'une idée imprécise de la première version.

Cette carte-photo vantant les mérites de la 175 Hercule est en fait un photo-montage humoristique. La moto qu'elle montre est une Jean-Thomann "Touriste" démarquée.

Les options refroidissement par eau et allumage par magnéto doublent presque le prix du Herdtlé-Bruneau version 1906.

La commande de la soupape d'échappement sur la première version 1904/1905 du Herdtlé-Bruneau n'est qu'à peine entrevue sur cette illustration.

HENRY - 45, rue Lebot à Asnières

Les Ets Henry & Cie font paraître une unique publicité en 1919 pour une moto 250 cm³ deux-temps.

HERCULE - 21, rue des Vertus à Paris IIIe

Marque commerciale des Ets Fauvarque, exclusivement utilisée pour des cycles jusqu'au Salon d'octobre 1925. A cette date, et à celle-là seulement semble-t-il, les Ets Fauvarque proposent aussi sous la marque Hercule une 175 deux-temps à deux vitesses qui est la copie exacte de la 175 Jean Thomann "Touriste".

HERDTLÉ-BRUNEAU - Adresses multiples

Société dite Herdtlé-Bruneau réunissant Adolphe-Hermann Herdtlé et Albert-Etienne Bruneau. Initialement installée au 38 bis, rue de la Chine à Paris XXe puis, sans doute à partir de 1911, au 93, rue Pelleport, même arrondissement. Constructeur de fin 1903 à 1913 vraisemblablement.

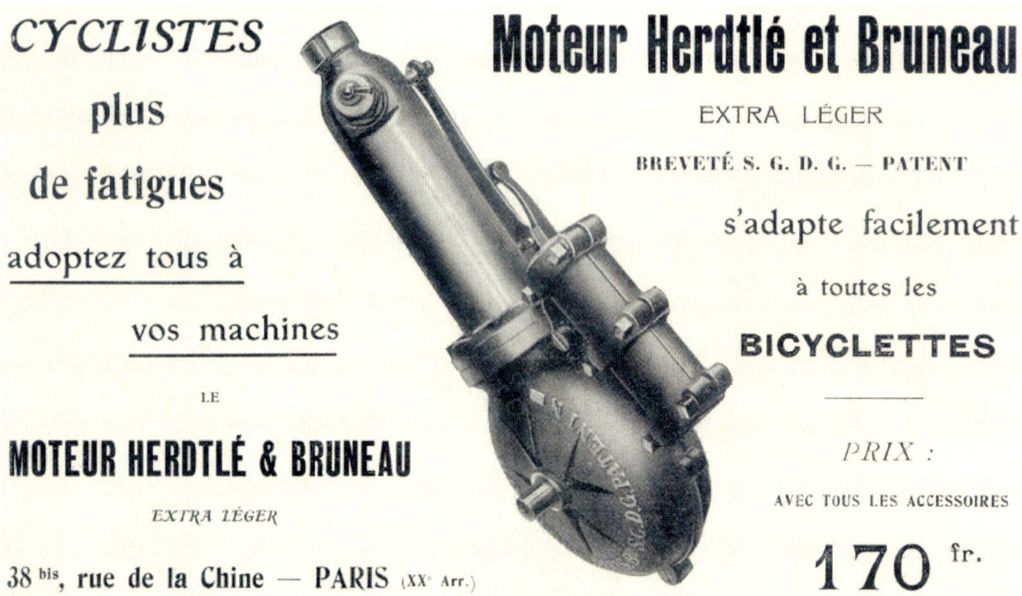

Destiné à équiper une bicyclette, le moteur Herdtlé-Bruneau présenté fin 1904 se devait d'être léger et surtout étroit pour pouvoir se monter en porte-à-faux devant le cadre sans gêner le pédalage. L'étroitesse est obtenue grâce à une très longue course de 75 mm pour un alésage de seulement 45 mm, soit une cylindrée de 119,3 cm³. Les minces carters sont en fonte, admirablement moulée et superbement nickelée. Le constructeur a évité la surlargeur d'une chapelle de soupape d'échappement latérale en optant pour une soupape en tête perpendiculaire à l'axe du cylindre, rappelée par un ressort à lames et commandée par une sorte de basculeur... dont nous ne savons hélas pas comment il est actionné : le côté droit de ce moteur n'est jamais montré. La bougie est elle aussi à l'équerre du cylindre, mais nous ignorons tout de la position de la sortie d'échappement. Le carburateur est un Vaurs. Si les illustrations du prospectus 1905 sont fiables, il n'y aurait ni ailettes, ni chemise d'eau ni silencieux. En 1905, ce moteur était proposé à 170 F et la moto complète à 360 F.

Au Salon de décembre 1905, Herdtlé et Bruneau, sans doute peu satisfaits de leur commande de soupape d'échappement, présentent une nouvelle version, largement modifiée, de leur moteur : cette soupape est désormais en tête, logée dans une culasse détachable et culbutée de manière classique. Le clapet d'admission devient perpendiculaire au cylindre et seule est conservée la position de la bougie. Cette nouvelle architecture était protégée depuis trois mois par deux brevets d'invention

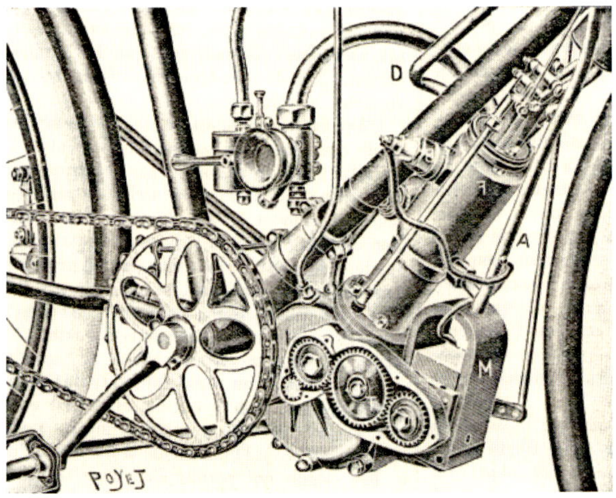

délivrés en France et au Royaume-Uni. Cette deuxième version possède un silencieux, positionné dans le prolongement du cylindre. En version de base, avec cylindre à ailettes rapportées en cuivre, carburateur Vaurs et allumage par batterie, rupteur et bobine, cette mécanique originale coûtait désormais 220 F : plus de 29% d'augmentation en un an ! Elle ne pesait que cinq kilos… selon publicité d'époque.

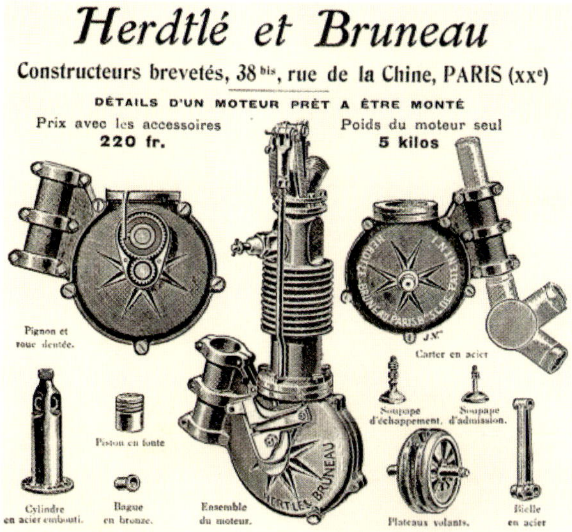

◂◂ *Le moteur Herdtlé-Bruneau à air détaillé par son constructeur sur un prospectus de 1906.*

Deux options étaient offertes : cylindre refroidi par eau, avec chemise d'eau en laiton serti et soudé à l'argent, à 100 F, et allumage par magnéto "maison" entraînée via une cascade de pignons, à 100 F également.

Herdtlé-Bruneau proposait aussi en 1906 des machines complètes : la n° 1 (refroidie par air, allumage par accu, réservoir rond, batterie dans une sacoche pendue sous le tube supérieur du cadre), à 410 F ; la n° 2 avec réservoir plat abritant la batterie, à 450 F, enfin la n° 3 dotée de toutes les options, à 740 F.

◂◂ *La Hertlé-Bruneau n° 3 telle qu'elle fut illustrée dans la* Revue du Touring-Club de France *de septembre 1906. Elle n'a sans doute pas de radiateur, mais une simple bâche à eau à l'avant du réservoir.* (Document coll. M. Pernot)

Quoique peu importante, la production de ce monocylindre (dont la cylindrée fut légèrement augmentée en portant l'alésage à 48 mm) fut soutenue par des publicités régulières, même dans les années de crise comme 1906 et 1907 ; elle se poursuivait encore en 1912 quand Herdtlé-Bruneau présenta un moteur bicylindre, refroidi par eau… dont nous ne connaissons l'existence que par un prospectus.

◂ *Herdtlé-Bruneau version 1911, avec radiateur séparé en nid d'abeilles et allumage par magnéto. Elle était vendue 650 francs, 12% moins cher que la n° 3 cinq ans plus tôt.*

Ses cotes restaient celles du monocylindre deuxième version, pour une cylindrée totale de 271,4 cm³ : assurément l'un des plus petits bicylindres pour moto de cette époque… en compagnie du tout aussi confidentiel 250 Alcyon. La transmission était assurée par chaîne, via un embrayage et un variateur commandé à plateau et galet de friction. Elle était vendue 1600 F.

▾ *La bicylindre Herdtlé-Bruneau de 1912 n'est connue que par cette illustration issue d'un prospectus commercial.*

HERGÉ - 62, avenue Bokanowski à Asnières

Ets R. Geslin, constructeurs de cycles, de remorques et de quelques cyclomoteurs.

R. Geslin se fait remarquer de la presse spécialisée en présentant au printemps 1951 un élégant cyclomoteur doté d'un réservoir-poutre et d'un moteur Vampire. L'engin est soigné : fourche télescopique à pontet rigidificateur, deux freins à tambour, robuste porte-bagages, bouchon de remplissage du réservoir caché sous la selle ; mais par ailleurs il est dépourvu d'embrayage et le volant magnétique n'alimente pas l'éclairage, d'où la présence d'un alternateur entraîné par friction sur le pneu arrière. Cette discordance entre une partie-cycle moderne et une motorisation sans âme est sans doute à l'origine d'une carrière commerciale assurément très éphémère : on n'entend plus parler du cyclo Hergé au-delà de septembre 1951.

▾ *L'élégant cyclo Hergé de 1951.* (Doc. coll. J. Goyard)

H

HERNIS - 47, quai d'Asnières à Asnières

Les Ateliers de constructions mécaniques d'Asnières ont construit des motocycles sous cette marque en 1897.

HERSE - Adresses multiples

René Herse, maître-artisan, constructeur de cycles sur mesure et, très accessoirement, de quelques cyclomoteurs. Deux adresses connues : 12, rue du Pdt Wilson à Levallois-Perret, puis 213, rue de Courcelles à Paris XVIIe.

Né en 1913, Herse travaille chez l'avionneur Bréguet jusqu'en 1935, puis fabrique des pièces pour cycles en dural, s'intéresse au tandem, construit son premier vélo en 1940. Trois vélos Herse terminent en tête de Paris-Brest-Paris en 1948 : la renommée est en marche et Herse sera vite mondialement connu dans le milieu du cyclisme sportif pour l'exceptionnelle qualité de sa production.

Au printemps 1951, Herse présente presque timidement un tandem à moteur auquel la revue *Le Cycle* ne consacre qu'un dessin... ne montrant pas la mécanique utilisée. Six mois plus tard, la même revue titre "Le maître-artisan Herse y vient aussi !" C'est au cyclo qu'Herse est venu, avec un moteur Mosquito. Le dessin de Daniel Rebour montre que la qualité des raccords de cadre propre à Herse est bien au rendez-vous... et l'on en reste là. L'intermède est clos et René Herse revient aux seuls cycles jusqu'à sa mort en 1976.

Détail d'un cadre de vélo de course René Herse de 1965 : le raffinement est extrême. (Photo courtoisie Alex)

Dessin du cyclo Herse dans Le Cycle *d'octobre 1951 : le talentueux Daniel Rebour n'a pas omis le détail du raccord de cadre "façon Herse".* (Doc. coll. J. Goyard)

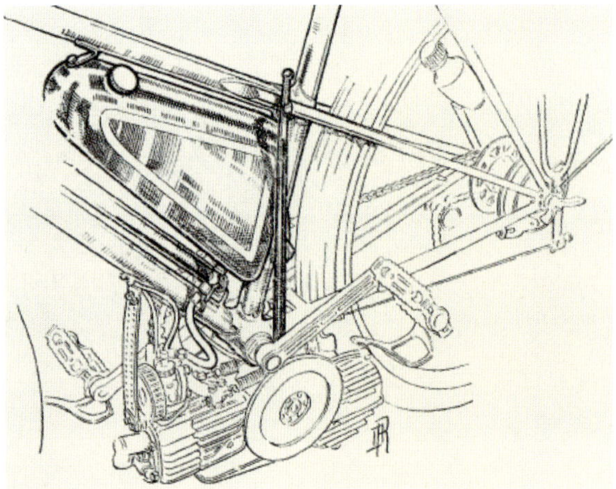

HO - 11, rue Alexandre Bachelet à Saint-Ouen

HO, pour Houzé & Offenstadt, soit Houzé Frères (Bernard et Michel) et Eric Offenstadt.

Installé dès 1972 avec René Robin à Thiais, Offenstadt produit les roues à bâtons et les disques de freins SMAC. En 1973, il réalise un premier cadre-coque en fonderie d'alliage léger. Ce cadre prouve son efficacité en 1976 avec les bons résultats de Victor Palomo, sixième du championnat du monde 350, et de Tony Rutter qui remporte le très disputé championnat anglais.

Cela décide les frères Houzé à allouer un appréciable budget à Offenstadt pour construire une moto destinée à disputer le championnat du monde 1977 en 350 et en 500 : ce sera la HO.

La HO innove en tout. Côté partie-cycle, outre le cadre-coque servant de réservoir auxiliaire (9 l), Offenstadt monte une fourche de sa propre conception, avec roue tirée, flexibilité variable et dispositif anti-plongée : les pilotes peineront à s'adapter à son comportement.

La HO en couverture du mensuel La Moto *n° 88 de juillet 1977.*

La fourche de la HO et son schéma de principe.

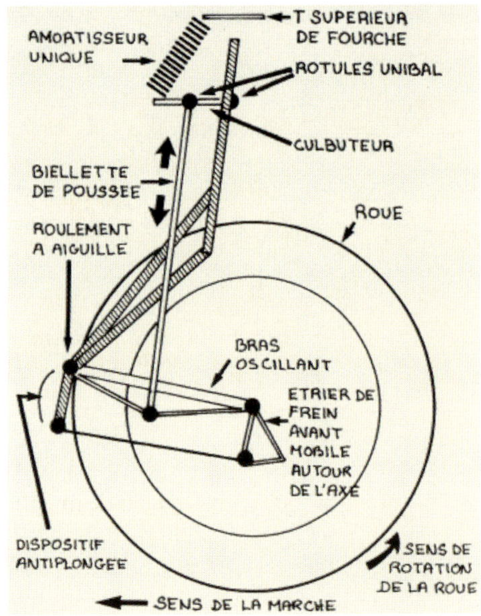

H

En réunissant sur la HO autant d'idées novatrices qu'il le fit, Eric Offenstadt multipliait les difficultés de mise au point et de réglage. En outre le pilotage exigeait une certaine accoutumance à des réactions particulières, au niveau du freinage par exemple. Cela fut rédhibitoire en matière de résultats. La moto que nous vous présentons ici est la 500 photographiée sur le circuit du Castellet au lendemain du GP de France 1977. Elle y avait été essayée par Jean-Claude Hogrel.

La 500 HO en tenue de course.

Côté motorisations, Offenstadt entend utiliser ses propres bicylindres refroidis par eau, tant en 350 (66,4 x 50,4 mm) qu'en 500 (71 x 62,8 mm) ; ils utilisent quatre carburateurs (un à l'avant et un à l'arrière de chaque cylindre) avec admission mixte, par clapets pour les carburateurs avant et par la jupe des pistons, via sept transferts, pour les carburateurs arrière. Le réglage et la mise au point de ces moteurs s'avéra extrêmement difficile à cause de la superposition de trois phénomènes différents : d'abord l'interaction entre les deux carburateurs (de diamètres inégaux !) d'un même cylindre, ensuite les phénomènes engendrés par des flux gazeux d'admission venant de directions opposées, enfin le décalage voulu par Offenstadt entre les deux admissions d'un même cylindre.

Les carters, cylindres et culasses de la HO ont été dessinés par Eric Offenstadt, mais le moteur utilise aussi divers éléments de Yamaha TZ : boîte à vitesses, embrayage, pompe à eau par exemple.

En dépit de l'apport talentueux des frères Chevallier, Alain au développement technique et Olivier au guidon, la saison 1977 ne fut donc qu'une succession de modifications peu fructueuses qui épuisèrent rapidement le budget pourtant conséquent apporté par les frères Houzé ; lesquels jetèrent l'éponge en fin d'année. Faute de mise au point suffisante, Olivier Chevallier ne participa à aucune épreuve du championnat du monde 1977 au guidon d'une HO.

En dépit d'un premier bilan peu encourageant, la HO trouva cependant un nouveau sponsor pour la saison 1978, la chaîne de magasins But, et devint donc moto But : voir à ce nom.

HORSY - 14, rue Constantin à Vitry-sur-Seine

Marque commerciale des Ets Delaplace & Cie ; activité connue de 1952 à 1956 ou 1957. Après avoir présenté sous leur nom un premier scooter à roue avant motrice, c'est sous le nom de Horsy que les Ets Delaplace exposent un nouveau modèle au Salon d'octobre 1952. Il est motorisé par un Le Poulain "Cyclobloc" 85 cm³ monovitesse refroidi par turbine et équipé d'un kick. Trois vitesses sont cependant disponibles via un dérailleur très spécial dont les pignons se déplacent, la ligne de chaîne restant fixe. Diverses astuces techniques d'un réel intérêt, comme la coupure des gaz au freinage ou le retour automatique

Extrait d'une publicité Horsy datant d'octobre 1952. (Doc. coll. J. Goyard)

H

en première après un arrêt, ne suffiront pas à assurer le succès commercial du scooter Horsy. La marque réussira un peu mieux avec ses cyclos à moteurs Junior, Mistral ou Vap et avec son vélomoteur léger à moteur 98 cm³ NSU, qui n'est peut-être qu'un Radior démarqué.

HURTU - Adresses multiples

L'extrême complexité des changements successifs de raisons sociales de cette très vieille marque — qui ne s'installe dans le département de la Seine qu'après deux décennies d'existence et qui n'y transfère une partie de son outil de production qu'après trois — nous a conduit à dresser un tableau chronologique plus concis qu'un texte. Précisons que nous avons laissé de côté diverses branches de Hurtu sans aucun rapport avec les cycles ou motocycles.

▲ *Affiche Hurtu de 1900 ; c'est la première qui donne Paris pour adresse, mais elle ne concerne que des cycles.*

▸ *Anzani et sa Hurtu de stayer à moteur de Dion & Bouton. Elle risque de n'avoir d'Hurtu que le nom... et le financement.*

En 1901, Baudry de Saunier signale l'existence d'une moto Hurtu dont le moteur est placé à l'intérieur du cadre, au plus près de la colonne de direction. Un dépliant Hurtu de 1903 mentionne, hélas sans l'illustrer, une moto à moteur 1 ¾ HP ; en 1903 toujours, Alessandro Anzani utilise une Hurtu pour des courses sur vélodrome. Puis, plus rien n'indique une production motocycliste avant 1949.

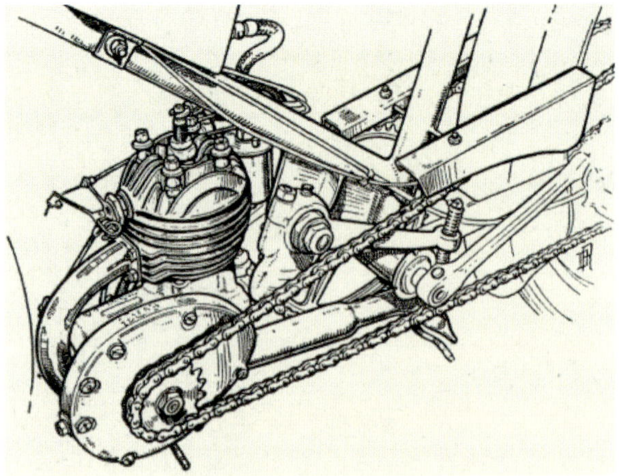

▸▸ *Le cyclo Hurtu CM avec ou sans le carénage qui cache le moteur VAP 4 monté en porte-à-faux à l'avant du cadre.*

Hurtu n'est donc véritablement une marque motocycliste de la Seine qu'à partir d'août 1949, surtout connue pour ses cyclos type CM à moteur Vap 4 de 1949 à 1952, voire CVM à moteur Motox de 1952. Plus anecdotiques encore sont les vélomoteurs légers à moteur Sachs 98 cm³, présentés en tandem au Salon 1948 et en solo au Salon 1951. A cet inventaire à la Prévert, il faut enfin ajouter le vélomoteur VM53 à moteur Nervor Tetra S qui est une production de Radior à Bourg-en-Bresse.

Passée aux mains d'Automoto fin 1952, la marque Hurtu apparaîtra jusqu'en 1959 sur de purs produits stéphanois : cyclos (à moteurs Marquet, Motobloc ou Vap G), vélomoteurs et même motos 175 cm³.

▾ *Tableau chronologique simplifié des changements de raison sociale de la marque Hurtu pour ce qui concerne les cycles et motocycles.*

Date	Raison sociale	Siège	Usine	Production	Autres informations
Circa 1880	Hurtu, Hautin & Diligeon	Albert (Somme)	Albert (Somme)	Semoirs	
1891	"	"	"	Cycles	
1894	"	"	"	"	2 adresses à Paris : 54 rue Saint-Maur et 33 bd de Sébastopol
1895	Ets Diligeon & Cie, marque Hurtu	"	"	"	Rachat par Diligeon des parts de Hurtu et Hautin
1896	"	"	"	Cycles et tricycles	Tricycles sous licence Léon Bollée
1897	"	"	"	Cycles et autos	Automobiles quasi copies des Benz "Velo"
24/02/1899	Compagnie des Cycles & Automobiles Hurtu	Paris 16°	"	"	29, av. de la Grande-Armée
1901/1903	"	"	"	Cycles, motos et autos	Au moins deux modèles de motos Hurtu
Circa 1909	"	Rueil (Seine & Oise)	Rueil (Seine & Oise)	Cycles et autos	9, avenue de Paris
Circa 1920	Autos Hurtu	"	"	Automobiles	Jusqu'en 1930
1925	Etablissements Hurtu	Nangis (Seine & Marne)	Nangis (Seine & Marne)	?	Aucune certitude sur la nature de la production
Circa 1946 ?	Compagnie Nouvelle des Cycles Hurtu	Paris 15°	?	Cycles	104, rue Castagnary
Circa 1950	Manufacture parisienne de cycles et motos, marque Hurtu	"	?	Cycles et cyclos	"
1950, octobre	Ets Lucien Rochet-Hurtu	Paris 6°	?	"	Raison sociale figurant en surcharge sur un tarif (4, rue de Sèvres)
1952, octobre	Compagnie Continentale de vente et de diffusion (CCVD)	Paris 15°	?	Cycles, cyclos et vélomoteurs	Entité commerciale commune à Hurtu et à Talbot (104, rue Castagnary)
Fin 1952	Manufacture parisienne de cycles et motos, marque Hurtu	"	?	"	Mise en liquidation judiciaire ; retrait de la CCVD (104, rue Castagnary)
1953	Automoto marque Hurtu	Paris 6°	?	Cycles, cyclos, vélomoteurs et motos	Production Automoto démarquée (4, rue de Sèvres)

IDÉAL-MOTO - 15, avenue de Fontainebleau au Kremlin-Bicêtre

Ets Jacob Frères, constructeurs de motos et/ou de BMA de 1930 à date imprécise ; probablement 1939.

IDOLE - 21, rue Brunel à Paris X^e^

J. Théodore, constructeur d'au moins un quadricycle à moteur de Dion & Bouton en 1899.

La revue *La Vie au Grand Air* organisa le 19 novembre 1899 une épreuve dite « Le critérium des déchaînés ». Comme l'indique son nom, cette compétition, disputée sur 100 km, était réservée aux motocycles prenant le départ sans chaîne de pédalier et ne devant donc leurs performances qu'à la seule puissance du moteur, et non pas, comme bien souvent à l'époque, aux jarrets musclés de champions cyclistes promus pilotes. C'est l'Idole de Théodore qui remporta la catégorie « quadricycle avec changement de vitesse ».

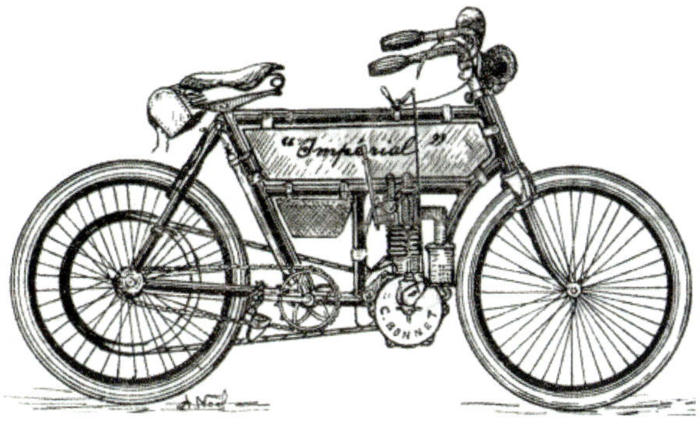

Mal imprimé sur une sorte de papier pelure quasi transparent et très sale de surcroît, ce dessin au trait de la moto Impérial de 1905 n'est assurément pas la meilleure illustration de cet ouvrage !

Théodore victorieux sur son quadricycle Idole à l'issue du Critérium des déchaînés, en novembre 1899. (Photo Jules Beau)

IMPÉRIAL - 53, rue du Bois à Levallois-Perret

Impérial est la marque commerciale utilisée en 1905 par C. Bonnet pour une moto à l'architecture assez inhabituelle. Un prospectus du constructeur affirmait que la position très avancée du moteur offrait trois avantages : « ne pas vous brûler les mollets, avoir un pédalier étroit et une stétique (sic) gracieuse ». L'entreprise est encore présente au Bottin de 1906 puis n'apparaît plus jamais.

IRIS - Adresses multiples

Marque commerciale pour des motos et des moteurs, propriété successive de François Haustgen (de 1902 au 4 janvier 1904 ; 33, rue de l'Espérance à Paris XIIIe), puis de la SNC Haustgen & Roussin au capital de 60 000 F (du 21 décembre 1903 au 18 juin 1904 ; même adresse), enfin de MM. A. & G. Morelle (à partir d'août 1904 ; magasin d'exposition et siège social : 12, avenue de la Grande Armée à Paris XVIIe, usine à Saint-Gobert, Aisne).

Comme déjà indiqué à propos de Haustgen et Haustgen & Roussin (voir à ces noms), la marque Iris a été déposée par F. Haustgen pour des motos et des moteurs

La moto Iris à refroidissement par eau qui participa aux 1 000 km du MCF en novembre 1903 ; elle est dans un état irréprochable mais dépourvue de pédalier. Nous supposons que le pilote n'est autre que François Haustgen, son constructeur. (Photo Jules Beau)

▸ Roussin sur Iris avant le départ de Paris-Bordeaux-Paris en avril 1904. Nous sommes assez surpris de le voir porteur d'un vêtement de travail très sale, les mains tout aussi sales et présentant à l'objectif une moto encore plus sale !

▸▸ Iris bicylindres en V 1905, refroidies par air ou par eau et dépourvues de pédalier.

▸▸ Schéma de principe de la suspension Riva utilisée sur l'Isoflex.

▾ Mécanicien provençal travaillant sur une Iris devant son magasin. (Courtoisie Archives départementales des Alpes de Haute-Provence)

refroidis par air ou par eau qu'il commence à produire en 1903. Au lieu des deux habituels freins à patins sur la roue arrière, les motos Iris utilisent un frein à patin sur la jante avant et un frein arrière à sangle; leur finition semble fort soignée. Une Iris tiers de litre prend le départ du concours d'endurance des 1 000 km du MCF, en novembre 1903, mais n'est pas classée.

L'association d'Haustgen avec Roussin, fin 1903, dure moins de six mois et aboutit à un dépôt de bilan en juin 1904 et à une faillite qui ne sera liquidée qu'en 1906.

Elle verra cependant la participation de deux Iris à Paris-Bordeaux-Paris en avril 1904: une refroidie par eau pour Méline et une refroidie par air pour Roussin lui-même; mais le palmarès publié est très sommaire et nous ignorons si ces Iris ont terminé.

En août 1904, les frères Morelle achètent à Maître Brionne, liquidateur de la SNC Haustgen & Roussin, l'outil de production et la marque Iris. Déjà présents dans l'industrie comme constructeurs de groupes électrogènes, A. et G. Morelle vont brièvement poursuivre en 1904 et début 1905, sinon la production, du moins l'assemblage de motos Iris à partir du stock acquis.

En 1905, la gamme compte des motos de 2 ¼, 4, 5 et 6 chevaux, monocylindres ou bicylindres en V, refroidies par air ou par eau. La dernière publicité que nous connaissons pour les motos Iris date du 15 janvier 1905.

ISOFLEX - 68, rue Pierre-Charron à Paris VIIIe

Isoflex est une des marques commerciales de la SOTEC, Société Technique et Commerciale de construction automobile, beaucoup plus connue pour

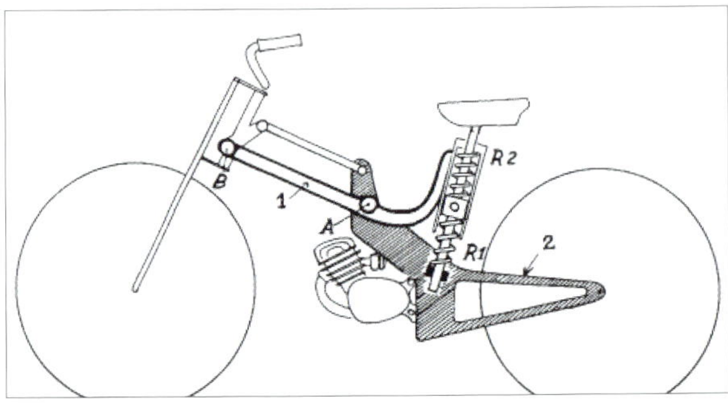

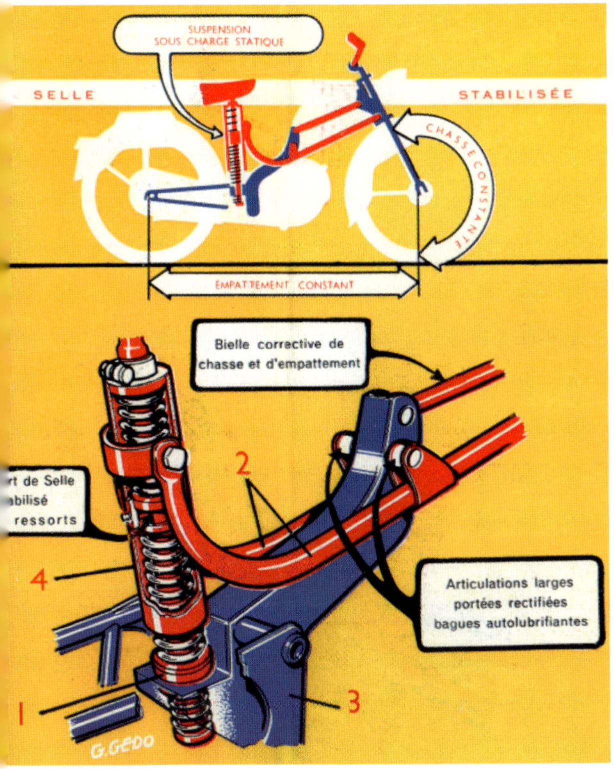

les indestructibles semi-remorques Titan qu'elle produisait depuis 1938. L'Isoflex résulte de l'achat par la SOTEC d'une licence de fabrication auprès de la petite marque nantaise Stella, laquelle avait présenté en 1953 un vélomoteur léger, dit Cadriva, utilisant un complexe cadre articulé (conçu et breveté sous numéro 1.030.335 par le parisien Danilo Riva) et un moteur SER 65 cm³ à deux vitesses sortant des Ets Sérouge de Levallois. Une première version de l'Isoflex fut présentée au Salon de Paris d'octobre 1954 sous l'appellation S55 ; une deuxième version, dite S655, suivit très vite, motorisée cette

fois avec le 98 Villiers S2G à deux vitesses. La production totale de l'Isoflex ne doit pas beaucoup dépasser le millier d'unités.

IVRY - 5, rue Boudreau à Paris IXe

Marque commerciale utilisée par la Compagnie Générale d'Electricité pour des tricars.

Fondée le 31 mai 1898 par Pierre Azaria, la CGE réunit aussitôt six entreprises déjà importantes, travaillant dans la production et la distribution d'électricité, l'éclairage public, la fabrication de lampes d'éclairage, etc.

En 1905, la CGE a beaucoup grandi en absorbant d'autres entreprises régionales et en créant des filiales. On ne sait donc guère ce qui poussa cette société, déjà très importante (capital de 15 millions de francs !) et prospère mais spécialisée dans un domaine bien particulier, à se lancer en 1906 sur un marché totalement étranger à son activité, celui des tricars. Faut-il imaginer qu'elle avait besoin, dans les grandes villes où elle était implantée (Rouen, Paris, Nantes, Angers, Bordeaux, Marseille), de véhicules maniables mais cependant capables de transporter des charges déjà lourdes ? La première publicité pour les tricars Ivry 5 et 6 HP paraît

Isoflex S55 à moteur SER, bien reconnaissable à la position inhabituelle du kick. La SOTEC proposa aussi, très brièvement, des motorisations VAP ou NSU 98 cm³.

Couverture et extrait du dépliant Isoflex pour la saison 1956 montrant le S655 à moteur Villiers. Quoique imprimé sans soin, le document signé Gédovius montre très bien l'architecture du cadre de l'Isoflex, brevetée par Danilo Riva dans pas moins de cinq pays entre 1950 et 1956 : Autriche, France, Grande-Bretagne, Italie et USA. *(Documents coll. J. Goyard)*

Bien que les tricars Ivry aient fait l'objet de très nombreuses publicités, la marque du moteur n'est jamais citée ; ce pourrait être un Aster. Et la qualité du document n'est pas suffisante pour être certain de la marque du changement de vitesses : peut-être un Bozier. *(Doc. courtoisie J. Goyard)*

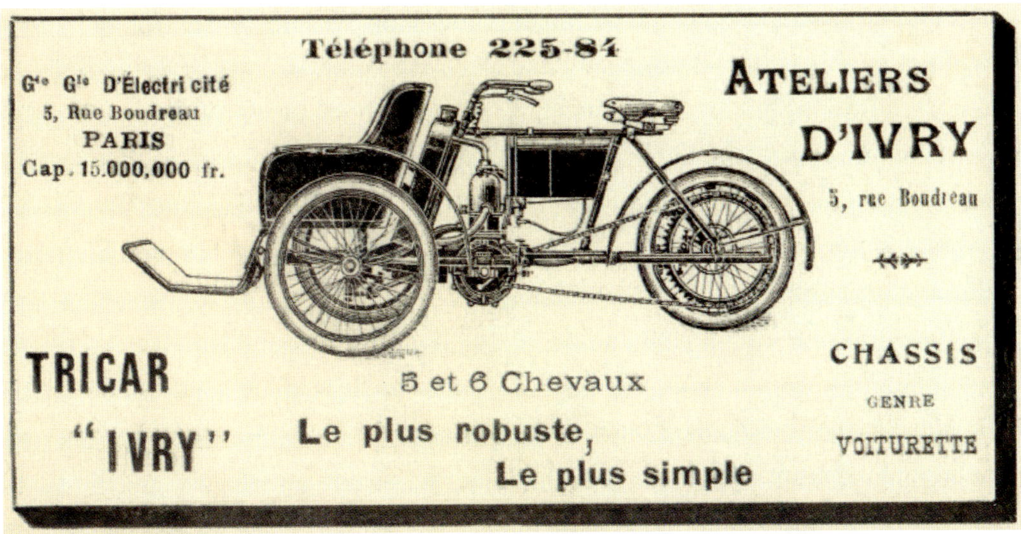

▸▸ *Deux figures du brevet suisse 24 692 délivré à Cordonnier le 24 juin 1901.*

▾ *Le moteur Ixion d'une Komet survivante. (Photo Yesterdays)*

▸▸ *Moto Komet à moteur Ixion construite à Dresde par la Kirschner & Co Fahrradwerke puis par la Komet Fahrradwerke A.G. Nous pensons qu'elle date de 1902 ou 1903.*

▾ *La moto Ixion telle que présentée par L'Automobile du 20 mai 1905. (M. Pernot)*

le 20 mai 1906 et sera suivie de bien d'autres jusqu'au moment de l'Exposition décennale de l'Automobile et du Cycle organisée du 12 novembre au 1er décembre 1907 par l'Automobile-Club de France, exposition où Ivry est présent. Puis plus rien, d'un seul coup ! Nous ne croyons pas prendre le risque d'une grossière erreur en supposant que Pierre Azaria, déjà fameux pour sa gestion rigoureuse, est à l'origine de cette disparition brutale… pour cause de non rentabilité.

IXION - Adresses multiples

En 1901, le lillois Léon Cordonnier dépose dans divers pays européens et aux Etats-Unis des demandes de brevets d'invention pour un moteur deux-temps. Il n'est certes pas le premier à le faire, mais tous ceux qui s'intéressent aux « cylindres à trous », quelle que soit leur nationalité, conviennent qu'il est bien le premier à proposer une solution simple, efficace et viable, permettant d'industrialiser facilement ses petits moteurs, dits Ixion.

La revendication de Cordonnier dans ses brevets est simple : « un moteur à explosion à deux-temps dont le carter forme chambre d'aspiration, comportant un arbre moteur creux qui commande, au moyen de deux ouvertures, l'admission du mélange tonnant ». Tout est dit : l'Ixion réunit précompression dans le carter et admission par distributeur rotatif via une lumière usinée sur une queue de vilebrequin creuse ; ajoutons un graissage séparé, certes sommaire, par goutte-à-goutte gravitaire. Dès 1902 semble-t-il, Cordonnier vend quelques Ixion qu'il construit à Lille. Un de ses premiers clients sera l'allemand Komet, qui les monte au-dessus de la roue avant d'un cycle. En France, une moto Ixion aurait été discrètement commercialisée à partir de décembre 1902… mais ne fut présentée que trente mois plus tard par la revue *L'Automobile*.

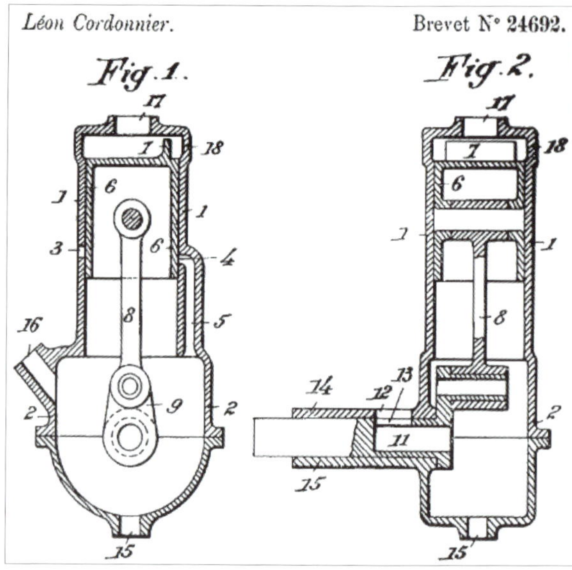

Puis les moteurs Ixion se taillent peu à peu un certain succès, surtout pour des applications industrielles ; à l'usine de Lille s'en ajoute bientôt une deuxième à Morez (Jura). A partir de mai 1904 au moins, la production Ixion est distribuée en France par les Ets Deloche, installés 55, rue Montmartre à Paris IIe. Dès 1906, sinon un peu avant, les Ets Deloche ont déménagé au 10, quai Michelet à Levallois-Perret où ils disposent d'un très vaste atelier ; la gamme Ixion est alors considérable, avec des moteurs refroidis par eau à un, deux ou quatre cylindres : de 1 à 40 HP pour applications industrielles et agricoles, de 4 ½ à 8 HP pour voiturettes, de 10/12 à 24/30 HP pour voitures, de 3 à 16/20 HP pour canots automobiles. Les moteurs pour motos, tous refroidis par air, sont quatre monocylindres de 198, 274, 326 et 353 cm^3, avec volants internes ou externes. Mais nous ne savons pas quels constructeurs, français ou non, les auraient montés. Le pionnier mondial du deux-temps moderne semble bien n'avoir jamais connu le succès dans le monde motocycliste…

Les Ets Deloche réapparaîtront dans le monde de la moto au milieu des années vingt avec un 100 cm^3 deux-temps très super-carré (55 x 42 mm) ; il sera monté par diverses marques appartenant aux Ets Vélotouriste.

J.B. Louvet Jack-Sport Jacquelin Janoir Japauto Jaujard Jean Jean-Louvet Jean-Thomann JG JOG Jonghi Journaux Jouve Judenne Juéry Jumella

J

J. B. LOUVET - 21, rue Parmentier à Puteaux

Marque commerciale exploitée à l'origine par Jean-Baptiste Louvet lui-même, puis par MM. Alibert et Maisonnas, ensuite par P. Maisonnas seul, enfin par Dilecta (Le Blanc, Indre) qui la rachète en 1936 ou 1937. La première adresse connue de nous, en 1919, est aux 8, 10 et 12 de la rue Eichenberger à Puteaux; la deuxième, toujours à Puteaux, est au 21 de la rue Parmentier. L'emblème de la marque est un renard.

Coureur cycliste professionnel (solo et tandem) de 1900 à 1902, troisième au championnat de France vitesse en 1902, Jean-Baptiste Louvet produit dès 1903 ses premiers cycles, à cadre soudé à l'autogène. Selon Bourdache, une moto apparaît sous son nom en 1913: c'est la seule qui relève des marques de la Seine, mais nous ne pouvons l'illustrer. Hors cette exception, l'activité industrielle et sportive de la marque n'est que cycliste jusqu'aux années cinquante; puis Dilecta l'utilise brièvement sur des cyclomoteurs.

JACK-SPORT - 10, rue Achille-Martine à Paris XVIIIe

Marque commerciale des Ets Louis Corbeau, à laquelle s'ajoute parfois la mention « Motor Union ».

Déjà constructeur des motos Utilia, Louis Corbeau considéra sans doute que cette marque, certes idéale pour évoquer des machines utilitaires, ne convenait pas à des machines plus brillantes; il lança donc en 1927 la marque Jack-Sport, plus évocatrice de performances. Les modèles, en 350 et 500 cm^3, sont cependant les mêmes que chez Utilia, avec moteur quatre-temps LMP, latéral ou culbuté, et boîte Bridier-Charon. La marque Jack-Sport semble avoir été abandonnée fin 1931.

JACQUELIN - 24, avenue de la Grande-Armée à Paris XVIIe

Né en 1875 à Santenay (Côte-d'Or), Edmond Jacquelin, dit « Piou-Piou », fut un des plus grands coureurs cyclistes mondiaux, se classant troisième, troisième encore, premier et deuxième du Championnat du monde de vitesse en 1896, 1898, 1900 et 1901. Il fut aussi champion de France en 1896, 1900 et 1902.

Comme beaucoup de champions cyclistes de cette époque, Jacquelin fut tenté par la moto. Dans son livre *Les Motocyclettes* paru en 1904, Baudry de Saunier raconte que Jacquelin construisit en 1902 une curieuse machine d'entraînement à direction par volant et biellette de renvoi; elle était équipée d'un très gros monocylindre de Dion & Bouton de 1 225 cm^3 (114 x 120 mm). Il ajoute que cette moto « ne rapporta à son inventeur que beaucoup de dépenses, d'ennuis et de désillusions » et qu'elle ne dépassa jamais 70 km/h.

Adulé par le public et très riche à l'époque de sa gloire sportive, Jacquelin mourut dans la misère à 53 ans.

La superbe décalcomanie Jack-Sport.

Couverture du catalogue J.B. Louvet de 1928.

350 Jack-Sport de 1929.

Empruntée à l'ouvrage de Baudry de Saunier Les Motocyclettes, *voici la moto imaginée par Jacquelin. La position de conduite, à l'extrême arrière de l'engin, et le choix d'une direction par volant, assurément moins précise qu'un guidon solidaire de la fourche, étaient des défauts irrémédiables en terme de stabilité à haute vitesse; les 70 km/h, s'ils ont vraiment été atteints, le furent sûrement au prix de belles frayeurs!*

J

JANOIR - Adresses multiples

Louis Janoir, pionnier de l'aviation, constructeur d'avions, d'hydravions et de motos. Ets Louis Janoir : 25, rue des Buttes-Montmartre à Saint-Ouen puis 19, rue du Rocher à Paris. De 1919 à 1923 pour la moto.

Avis de « hors sujet »

La présente entrée « Janoir » est assurément la plus atypique de cet ouvrage car elle débouche sur la biographie d'un homme hors du commun plutôt que sur le seul résumé de sa courte activité de constructeur motocycliste. Et l'on se retrouve ainsi à écrire sur d'autres sujets que la moto : l'aviation naissante et même, fort peu certes, l'automobile. L'auteur s'écarte ainsi délibérément de son sujet… voulant croire que le texte livré fera bien plus d'heureux que de mécontents.

Louis Janoir

Il naît le 2 août 1885 à Lugny, Saône-et-Loire, de Pierre, plâtrier-peintre, et de Suzanne Nonain, son épouse, sans profession. Il entre en 1901 (à seize ans et un mois donc !) à l'Ecole Nationale Supérieure des Arts & Métiers de Châlons-sur-Marne. Son premier emploi sera chez Thomson-Houston. Puis il va chez Kellner et ses Fils (carrossiers à Boulogne, qui viennent de signer leurs premières réalisations sur châssis automobiles), Automobiles Peugeot (comme dessinateur) et Lorraine-Dietrich à Neuilly où il entre en février 1910 comme chef d'études.

Pionnier de l'aviation

Entre temps, enthousiasmé par la traversée de la Manche de Louis Blériot, Janoir reçoit le baptême de l'air à Mourmelon à l'automne 1909, sur un Antoinette. Puis il va rencontrer à Paris les deux frères Albert et Emile Bonnet-Labranche, déjà co-fondateurs de la société AVIA, qui vont bientôt s'installer sous leur nom à Paris. Louis Janoir rentre à leur service, conçoit un premier monoplan très inspiré du Blériot, sinon plagié. Parallèlement, il obtient l'autorisation de réaliser son propre prototype.

Louis Janoir se présente le 17 juillet 1911 à l'examen du brevet de pilote sur le terrain de Groues, au nord d'Orléans. Une semaine plus tard, le samedi 23 juillet, il est le seul des trois pilotes annoncés présent au meeting de Montrésor, à 130 km d'Orléans. Le pré qui accueille le Bonnet-Labranche s'avère trop exigu pour décoller sans risque. On trouve un pré plus grand et l'on y transporte l'avion. Mais la météo orageuse du dimanche l'oblige à atterrir une première fois, dans une vigne dit-on ; sans casse. Janoir redécolle, mais cette fois la queue de son avion touche un arbre ; l'appareil capote, s'écrase au sol. Janoir est indemne. Il ne recevra son brevet de pilote, numéro 553, daté du 28 juillet, qu'après le meeting… Quelques jours plus tard, il remporte avec son prototype le Prix Jeanne d'Arc à Orléans-Groues, une épreuve d'altitude suivie d'une descente en vol plané, moteur calé. « Sans pneus, faute d'argent, je persistais à voler tout en étant obligé de rouler sur la jante aux décollages et atterrissages ». Tels étaient l'aviation naissante et Louis Janoir jeune pilote.

Fin 1911, Janoir rejoint Deperdussin, jeune entreprise née en 1910 qui construit les avions SPAD (Société de Production des Appareils Deperdussin), sous la direction de Louis Béchereau (Arts & Métiers, Angers 1896) entouré de toute une équipe d'autres « gad'zarts ». En quelques mois, Béchereau, directeur technique, et Janoir, son adjoint, vont concevoir un monoplan de course révolutionnaire, le fameux Deperdussin « monocoque ». En 1912, l'assemblage final, la mise au point et les livraisons des Deperdussin sont transférés à l'aérodrome de Reims-Bétheny, sous la direction de Janoir. Dès lors, les « monocoques » de course vont remporter de retentissantes victoires : rien de moins que la Coupe Gordon-Bennett (9 septembre 1912 à Chicago, avec Védrines) puis, en 1913, la Coupe Schneider (6 avril à Monaco, en version hydravion, avec Maurice Prévost), la Coupe Gordon-Bennett (29 septembre à Reims, avec Prévost encore, à

▸▸ Le Deperdussin de Louis Janoir au meeting de Deauville en 1913.

▾ Louis Janoir à Moscou en 1914.

▾ Le Bonnet-Labranche de Janoir à son arrivée à Montrésor. (Courtoisie D. Lecoq)

plus de 200 km/h), enfin la Coupe Deutsch de la Meurthe (27 octobre, autour de Paris, avec Eugène Gilbert). Louis Janoir participa à toutes les prestigieuses épreuves de 1913, mais fut trahi une fois par ses flotteurs, puis à deux reprises par le puissant mais très fragile moteur Gnome 14 cylindres 160 chevaux.

Deperdussin, Blériot et Janoir, avionneurs

En dépit de ces magnifiques succès, la SPAD est à l'agonie fin 1913 : Armand Deperdussin, son dirigeant, accusé de malversations financières (28 millions de francs-or, prélevés au profit de la SPAD dans une autre de ses entreprises) a été arrêté le 5 août ; il reconnaît les faits et est emprisonné. Mise en faillite, mais viable et riche de ses innovations et brevets, la SPAD sera vendue par le syndic à Louis Blériot en août 1914. La signification de l'acronyme SPAD change aussitôt et devient Société Pour l'Aviation et ses Dérivés.

A cette période, Louis Janoir préparait un raid Pékin-Paris et la première Guerre Mondiale le cueillit à Moscou où il venait d'enlever une commande de 300 appareils à construire en Russie. Le sergent Janoir se mit à la disposition de l'ambassade de France mais à la demande russe, il fut nommé lieutenant le 15 mai 1915 dans cette armée pour organiser la fabrication des avions, former les écoles de pilotage et les premières escadrilles. Hélas en France, ni Blériot ni la SPAD ne proposaient de chasseur performant et l'on demanda le retour de Louis Janoir pour renforcer le bureau d'études de la SPAD. Il est dit que c'est Lénine en personne qui signa son sauf-conduit pour traverser le bloc de la Triple-Alliance vers Montreux…

Le retour de Janoir en France courant 1916 coïncide avec l'apparition du fameux SPAD VII et Blériot le nomme chef pilote à Buc, où il est chargé de leur réception, de leur mise au point et de leur livraison. Mais une crise éclate lors du procès d'Armand Deperdussin, en mars 1917 : Louis Béchereau témoigne en faveur de Deperdussin, manifeste très clairement son admiration pour celui qui lui a permis de concevoir des avions révolutionnaires. Jaloux, Louis Blériot s'offusque de cet hommage rendu à son prédécesseur par son employé. Le 12 juillet, jour où Guynemer lui remet la Légion d'Honneur, Béchereau claque la porte, quitte Blériot.

Cerveau fertile, qui semble bien être l'auteur (cf archives du CNAM) des premières études du « SPAD canon » imaginé par Guynemer, Janoir, lui aussi, a quitté Blériot, depuis mars, quatre mois avant Béchereau ; il a aussitôt ouvert un atelier au 27, rue des Buttes Montmartre à Saint-Ouen, à côté de son domicile. Il a immédiatement obtenu du Ministère de la Guerre une

Préparatifs de la Coupe Schneider à Monaco en avril 1914. A droite, le Deperdussin à moteur Gnome 160 chevaux de Prévost, vainqueur l'année précédente.

Cet agrandissement de la photo centrale en bas de page montre, de gauche à droite, Louis Janoir, Bonnet (prénom inconnu), l'impresario de Pégoud, enfin Adolphe Pégoud, véritable vedette à cette époque : doté d'un courage impressionnant, il fut le deuxième pilote à effectuer un looping, à sauter en parachute depuis un avion, enfin à remporter un combat aérien, le 5 février 1915. Il mourut quelques mois plus tard dans un autre combat aérien , abattu par un avion allemand dont il avait formé le pilote.

A gauche, Louis Janoir en uniforme de lieutenant de l'Armée Russe. (Archives CNAM) ; au centre, Janoir, Bonnet, Pégoud et un aviateur russe à Moscou en 1914.

Maurice Prévost et le Deperdussin monocoque avec lequel il va remporter la Coupe Gordon-Bennett en 1913.

Le côté droit de la J1 sur une photo de l'agence Rol prise au Salon d'octobre 1919 et reproduite par Moto-Revue *le 1er mai 1927. La transmission finale est à droite.*

Première publicité Janoir dans Moto-Revue *n° 42 du 15 décembre 1919.*

Extrait du catalogue Janoir publié pour le Salon d'octobre 1919.

La J1 sur une photo retouchée à la gouache… avec beaucoup de talent. *(Courtoisie J.M. Horvat)*

commande de mille SPAD, mais aussi le personnel, les matières premières et les machines pour les construire. Devenu constructeur, Louis Janoir dépose alors divers brevets concernant les hydravions. Et c'est à lui aussi que l'on confie la réalisation des premiers avions S.E.A. Bloch-Potez.

Reconversion vers la moto

Dès l'armistice du 11 novembre 1918, le Ministère de la Guerre annule toutes les commandes en cours.

Comme toutes les entreprises qui ont immensément grandi pour satisfaire aux exigences de l'effort de guerre, celle de Louis Janoir se retrouve à la tête d'un outil industriel surdimensionné, qu'il faut reconvertir au plus vite. Elle s'oriente vers la moto, sous la raison sociale « Louis Janoir, Ingénieur-Constructeur », à l'adresse de Saint-Ouen.

La J1

L'ingénieur Marcel Seng serait le concepteur de la première moto Janoir, celle à cadre en tubes présentée au Salon d'octobre 1919, dite J1 ; on ne sait rien sur lui car il est mort pendant ce Salon, le 11 octobre. Il dessine un bloc-moteur flat-twin longitudinal culbuté à soupapes parallèles (85 x 85 mm, 964,7 cm^3) et trois vitesses qu'il loge dans une partie-cycle en tubes semi-carénée, avec suspension intégrale : une moto qui ne s'inspire d'aucune autre, comme le montre la superbe illustration signée Ch. Pasquier.

Côté moteur, cette première Janoir ne manque ni de modernisme ni d'originalité : la fonderie du carter, en alliage léger, est monobloc et inclut même les cylindres, chemisés d'acier ; l'embiellage, avec bielles tubulaires à chapeau, reçoit des pistons en alliage léger ; les culasses, en fonte, sont détachables ; le graissage à carter humide est assuré par une pompe à engrenages qui débite, entre autres, vers les têtes de bielle via des forages dans le vilebrequin ; l'embrayage est un multidisque acier/ferodo commandé par pédale au pied gauche ; la transmission

primaire, par cascade de pignons, est à gauche, la secondaire à droite. La boîte est positionnée au-dessus du cylindre arrière.

Côté partie-cycle, l'innovation concerne la suspension arrière à bras oscillant, les roues interchangeables (avec double frein à l'arrière), les poignées tournantes pour les commandes de gaz et d'avance à l'allumage (cette dernière étant couplée, en fin de course, avec celle du décompresseur), l'excellente protection du conducteur par des pare-jambes caissonnés servant de réservoirs d'essence, le montage en série d'une deuxième selle pour le passager, l'éclairage électrique, enfin la présence de deux vastes coffres à bagages amovibles.

La J1 ne fut pas homologuée, donc pas commercialisée, alors même que des prix furent annoncés : moto solo à 5 800 francs, moto avec side-car à 7 200 francs, dans les deux cas sans éclairage.

MOTOCYCLETTE JANOIR

SOLO ✱ TANDEM ✱ SIDE-CAR

SIDE-CAR TORPEDO, châssis spécial tôle

Suspension par ressorts crosse - Porte d'entrée sur le côté - Pare-brise spécial - Capote

SIDE-CAR CAB modèle JANOIR

La J2 ou type B

A la J1 à cadre et fourche en tubes, au dessin pourtant très abouti, succède, au bout de quelques mois seulement, la J2 à cadre et fourche en tôle emboutie. La position des ressorts à lames de la suspension arrière change

◂ *François Clech, pilote-essayeur de Janoir, au guidon de la J2. La photo a été prise début 1923 par l'agence Rol.* *(Archives famille Clech, courtoisie D. Mahistre)*

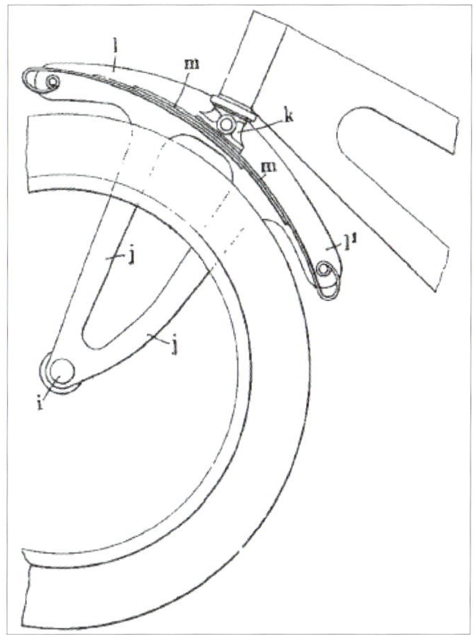

▴ *La fourche oscillante sur ressort à lames doubles équipant la J2 était protégée par le brevet d'invention 510.081 délivré à Louis Janoir le 30 août 1920.*

et passe sur le côté du bras oscillant, conformément à un brevet délivré à Louis Janoir le 20 février 1920.

L'architecture générale du flat-twin culbuté, aux cotes inchangées, est très profondément modifiée : l'embrayage passe côté droit et devient monodisque ; la position des transmissions est inversée : primaire à droite, secondaire à gauche ; les carters sont entièrement différents avec apparition de deux grands couvercles latéraux circulaires ; la distribution est totalement nouvelle, l'arbre à cames, précédemment horizontal, devenant vertical.

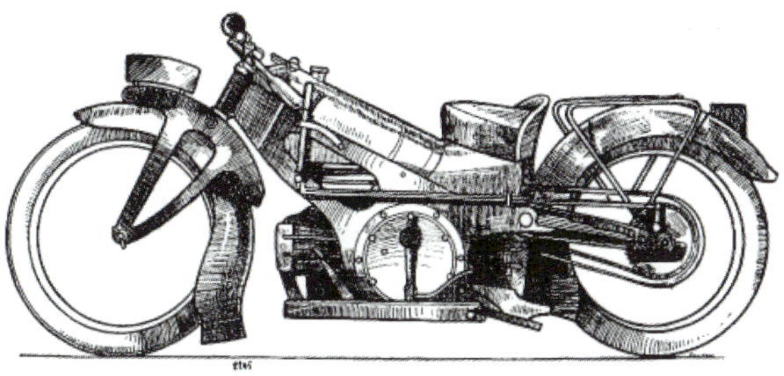

◂◂ *La J2 côté gauche sur un dessin au trait paru dans* Moto-Revue *n° 213 du 1er février 1927. La transmission finale est maintenant à gauche.*

Cette J2, jusqu'alors ignorée de tous… sauf de Didier Mahistre, ne peut malheureusement être illustrée que par une unique photo, prise par l'agence Rol peu de jours avant le départ de Paris-Nice 1923 (auquel elle ne participa pas), et par un dessin au trait assez imprécis publié tardivement (1927) par *Moto-Revue*.

Cette J2 fut longuement testée, tant en solo qu'avec side-car, par François Clech, le pilote-essayeur de la maison, avec une fourche oscillante sur un ressort à lames doubles, conforme à un autre brevet délivré à Louis Janoir le 30 août 1920. On peut tenir pour certain que la J2 est restée prototype unique. Et pourtant elle fut présentée au Service des Mines et réceptionnée comme type B le 12 janvier 1922 ; cadre et moteur portaient le numéro 503. Cette date d'homologation, postérieure de deux ans à celle de la J3 type A, est assez surprenante ; elle peut s'expliquer par la vente de la machine à un client… qui pourrait bien être Clech lui-même puisqu'on le trouve en février ou mars 1923 au guidon de la J2 dûment immatriculée.

Extrait du catalogue distribué pendant le Salon d'octobre 1920. La nouvelle fourche est beaucoup moins lourde d'aspect.

MOTOCYCLETTE JANOIR

Prix de la moto solo avec éclairage acétylène " Magondeaux ", indicateur de vitesse, porte-bagages, klaxon, outillage, pneumatiques 710 × 75... ... ...

Supplément pour éclairage électrique comprenant : dynamo avec disjoncteur automatique, accumulateurs, tableau de distribution, phare 160 m/m, avec porte-phare orientable, lanterne arrière... ... ...

Une fourche à roue poussée de ce type, avec ressorts hélicoïdaux enfermés sous tubes, équipait la J3 type A n° 501 présentée aux Mines pour homologation.

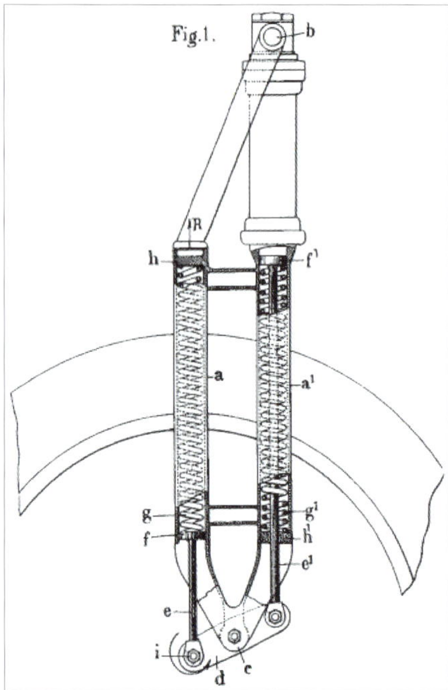

Le moteur de la J3 ; ses culasses, en fonte, sont détachables, mais portent cependant des bouchons de soupapes.

L'élitisme technique Janoir s'étendait aux side-cars dotés d'une caisse autoporteuse et d'une suspension par bras oscillant semblable à celle de la moto.

La fonderie du carter-moteur inclut celle des cylindres, qui sont chemisés : la solution ne manque pas d'élégance.

La J3 ou type A

Présentée au Salon d'octobre 1920, la J3 est encore une fois une moto très différente des précédentes. Sont nouveaux le cadre (c'est le troisième, protégé par un brevet délivré le 4 septembre 1920), la fourche (c'est la quatrième !) et le moteur (c'est le troisième) ; seule est intégralement reprise l'élégante suspension arrière de la J2. La conception générale du bloc-moteur est inchangée, mais avec une nouvelle fonderie des carters et surtout des soupapes désormais latérales ; l'embrayage est à nouveau multidisque. La description du catalogue mentionne la présence d'un kick.

La fourche reste certes oscillante comme sur la J2, mais le ressort n'est désormais qu'à lames simples. Poignées tournantes, pare-jambes et coffres à outils ont disparu et l'éclairage électrique n'est proposé qu'en option, en remplacement du Magondeaux à acétylène de série. Cette J3 fit l'objet d'un beau catalogue distribué au Salon 1920 ; étaient également catalogués deux superbes side-cars — de tourisme ou de livraison — dont la roue, interchangeable avec celles de la moto, est également suspendue par bras oscillant et ressort à lames. La J3 fut réceptionnée aux Mines le 5 janvier 1920 comme type A, deux ans donc avant la J2 type B ; cadre et moteur portaient le numéro 501 ; elle était dotée, ce jour-là, d'une fourche différente de celle des photos : un très original système à roue poussée avec ressorts compensateurs.

Tout indique que la J3 n'a certainement pas été commercialisée avant octobre 1921 : tout d'abord la constitution de la S.A. des Ets Janoir, au capital de 3 000 0000 de francs, avec siège social 19, rue du Rocher à Paris, ne date que du 21 octobre 1921 ; ensuite *Moto-Revue* n° 86 d'octobre 1921 illustre — fort médiocrement — une Janoir J3 un peu modifiée : le kick est remplacé par une manivelle de démarrage et le capotage de réservoir n'est plus le même que sur le catalogue d 'octobre 1920.

Parue dans Moto-Revue *n° 86 du 15 octobre 1921, cette photo, hélas d'une bien piètre qualité, a cependant le grand mérite de montrer la J3 dans sa version définitive, avec démarrage par manivelle, avant du cadre bien plus large que sur le catalogue d'octobre 1920, enfin capotage de réservoir moins bombé.*

Proposée au Salon d'octobre 1921 à 6 200 francs en solo ou à 7 500 francs avec side-car, la J3 enregistra 41 commandes avec un acompte minimum d'un tiers. Louis Janoir lança alors une production d'environ 300 motos… qu'il ne put jamais livrer : faute sans doute des indispensables « bons matière », divers sous-traitants ne livrèrent jamais certaines pièces. Et quand la SA des Ets Janoir se déclara en cessation de paiement, le 23 mai 1923, il n'y avait à Saint-Ouen que deux Janoir roulantes, plus une J3 quasi terminée et quatre autres incomplètes, avec ou sans side-car. La faillite fut prononcée le 8 juin 1923 et l'ensemble de l'entreprise vendu aux enchères du 8 au 11 octobre suivants. Après cette vente, le passif demeurait d'environ 500 000 F que Louis Janoir remboursa scrupuleusement au fil des ans : la faillite fut close le 7 mai 1931, tous comptes à zéro.

Quant à la seule Janoir complète connue, c'est la J3 présentée aux Mines début 1920, rééquipée à l'usine avec la fourche oscillante deuxième version, la manivelle de démarrage et le nouveau capotage, mais qui a subi par la suite quelques modifications mineures : la pédale d'embrayage est remplacée par un classique levier au guidon, un frein à tambour a été monté à l'avant, le diamètre du tambour arrière est supérieur à celui — 160 mm — mentionné sur le PV de réception, les garde-boue sont différents, l'avant des repose-pieds wagon a été scié. Outre cette Janoir J3, survit aussi une partie-cycle ayant reçu moteur et boîte de 1 000 Indian, fourche et roue avant de DKW.

Le dessin de la suspension arrière oscillante de la J3 (et de la J2) est d'une remarquable pureté.

Louis Janoir après 1919, hors motos Janoir

Louis Janoir fait partie des fondateurs de la fabrique d'hydravions CAMS (S.A. des Chantiers Aéro-Maritimes de la Seine) créée le 20 décembre 1920. Il travaille pour la CAMS jusqu'à sa nationalisation et sa fusion dans la Société Générale d'Aviation, le 10 janvier 1930. Parallèlement, il est carrossier automobile, spécialiste de l'aluminium, de 1923 à 1929 ou 1930, déposant de nombreux brevets ; une Delage et une Delahaye à carrosserie Janoir ont survécu. Puis il fonde en 1932 Air-Export, un comptoir de vente à l'exportation de composants aéronautiques, resté actif jusqu'en 1942. Il est aussi pendant deux ans ingénieur-conseil chargé de promouvoir l'alliage de magnésium Elektron de la firme allemande IG Farben. Il est enfin directeur de la branche aviation de l'équipementier SMG-MAP de 1936 à 1941.

Pionnier méconnu de l'aviation et constructeur de motos d'exception, Louis Janoir est décédé à Fresnes le 11 avril 1968, à l'âge de 83 ans.

Cette J3 numéro de série 501 est, sauf erreur, la seule Janoir complète survivante et n'a, fort heureusement, subi que des modifications mineures. (Coll. privée)

J

JAPAUTO - 43, av. de la Grande-Armée à Paris XVIe

Ets Japauto. Fondée en 1966 par Christian Villaseca assisté de Robert Assante, l'entreprise Japauto distribua aussitôt motos et autos Honda. Mais Japauto serait sans doute resté un concessionnaire Honda comme les autres sans la renaissance du Bol d'Or en 1969. Pour cette course, Villaseca réussit à convaincre l'usine de lui prêter une 750 Honda officielle, prévue pour des pilotes anglais, non admis. La moto n'arrive que le mercredi avant la course, accompagnée d'un ingénieur du service course et de deux mécanos japonais. Elle est confiée à Michel Rougerie et Daniel Urdich qui remportent la course de manière limpide. Le nom de Japauto est aussitôt connu de toute la France motocycliste et le concessionnaire parisien devient « constructeur » en 1970 en proposant une version suralésée de la 750 Four, dite 1000 VX.

Roger Ruiz au Bol d'Or 1974, ultime participation de Japauto à cette épreuve.

Bol d'or 1969 : Michel Rougerie, vu ici, Daniel Urdich et la 750 Honda officielle confiée à Japauto vont remporter l'épreuve mythique pour sa renaissance après huit années d'interruption. Le retentissement de cette victoire fut considérable, alors même que cette édition 1969 n'était qu'une course nationale, réservée aux licenciés français.

Deux des Japauto du Bol d'Or 1973 ; le personnage aux cheveux poivre et sel derrière la moto numéro 2 n'est autre que le sympathique Robert Assante, co-fondateur de Japauto. (Photo courtoisie FMD)

En 1972, Japauto engage au Bol trois motos à cadre Dresda et moteur Honda porté à 969 cm³ ; le tandem Roger Ruiz/Gérard Debrocq gagne, la paire formée par le journaliste Guido Bettiol et Robert Assante termine neuvième; l'équipage Bourgeois/Tchernine a cassé. Debrocq gagne à nouveau en 1973, associé à Tchernine; Poulet/Soulas sont quatorzièmes, Ruiz/Garnier ne terminent pas.

Thierry Tchernine à l'attaque, sur le sec, au Bol d'Or 1974. On voit bien les deux pinces Lockheed sur le disque de frein gauche : il y en a autant à droite et ce montage très spécial sera source d'ennuis. (Photo courtoisie FMD)

Il n'y a plus que deux Japauto au départ du Bol 1974 : celle de Tchernine/Boinet va abandonner sur panne de moral du premier nommé, sous la pluie qui rendait le circuit Bugatti très glissant ; celle de Ruiz-Huguet termine cinquième après avoir connu des problèmes de synchronisation des quatre — oui, quatre! — pinces Lockheed qui agissent sur les deux disques avant; pour la première fois, la victoire va à une Kawasaki, celle de l'équipage Georges Godier-Alain Genoud, qui utilise un cadre Egli. Les heures de gloire s'achèvent pour Japauto au Bol d'Or… qui y reviendra tout de même avec des cadres PEM.

Quant aux Japauto 1 000 VX « de série », c'est-à-dire dûment homologuées comme telles par le Service des Mines, ce sont des 750 Four ayant reçu un bloc-cylindres et des pistons portant la cylindrée à 969 cm³ ainsi que diverses améliorations de détail, tels couvercle d'alternateur avec ailettes de refroidissement, poignée de gaz à tirage rapide spécifique Japauto, levier de frein plus long, collecteur d'échappement et silencieux spéciaux, couronne de roue arrière en nylon, etc. Elles peuvent aussi recevoir une quasi copie du carénage utilisé au Bol d'Or en 1973 et 1974. Toutes ces pièces pouvaient aussi être acquises soit en kit complet, soit séparément; nombre de 750 Four de série furent ainsi plus ou moins transformées par leurs propriétaires en « Japauto replica ».

JAUJARD - 33, rue Pierre Joigneaux à Asnières

Ets J. Jaujard, constructeurs de motos sous le nom de Jaujard lui-même, mais aussi sous la marque « La Guerrière ». Période d'activité inconnue.

En novembre 1903, Jaujard prit le départ des 1 000 km du MCF en catégorie « tiers de litre » au guidon d'une de ses créations, mais ne fut pas classé.

J. Jaujard saisi par Jules Beau avant le départ des 1 000 km du MCF. Le moteur est un 281 cm³ (70 x 73 mm), qui a été entièrement peint façon aluminium.

175 Jean Thomann sur le vélodrome de Casablanca en 1927.
(Photo A. Cassut, collection M. Pernot)

JEAN - 5, place Pigalle à Paris IXe

Ets Albert Jean & Cie, société en commandite simple apparaissant comme constructeur de cycles et de motocycles dans l'*Annuaire Général de l'Automobile* de 1900. Dans son numéro du 7 décembre 1902, *Cycle et Automobile Industriels* signale sa mise en faillite. La date exacte de fin d'activité fut assurément bien plus tardive car l'on sait que l'affaire ne fut reprise par Edouard Cheylus, fondateur d'Austral, qu'en janvier 1905.

Albert Jean n'apporte rien de neuf à la moto avec son modèle de 1901, sans originalité particulière pour l'époque, mais en revanche il faut souligner qu'il donne, sous le nom de « Tri-Balladeur », sa forme définitive au tricar, avec siège du passager (ou caisse de livraison) entre les roues avant directrices, moteur central (prévu dès l'origine pour être refroidi par eau) et roue arrière motrice, une architecture qui allait connaître une importante descendance, directe ou non, à l'époque et qui est toujours utilisée aujourd'hui dans les pays en voie de développement. Bien que méconnu, Albert Jean est donc un personnage important de l'histoire du motocyclisme.

Publicité d'Albert Jean pour son « Tri-Balladeur », parue en août 1902.
(Doc. collection M. Pernot)

JEAN LOUVET - 154, avenue de Neuilly à Neuilly-sur-Seine

Jean Louvet & Cie, à l'adresse susdite, n'est qu'une marque commerciale d'Automoto spécialisée dans le cycle, mais qui commercialisa cependant vers 1925 quelques 175 deux-temps construites par sa maison-mère à Saint-Etienne. En dépit de l'adresse qui figure sur les affiches de la marque, elle n'est véritablement pas « de la Seine ».

JEAN THOMANN - 21, rue des Vertus à Paris IIIe

Société en nom collectif Duménil, Fauvarque et Jean Thomann, puis Société Anonyme des Ets G. A. Fauvarque à l'adresse susdite. Usine : 4 à 8, rue Colbert à Montreuil.

La marque Jean Thomann a été déposée le 29 novembre 1920, jour de la fondation de la Sté Duménil, Fauvarque et Jean Thomann ; elle ne désigne alors que des cycles aux cadres soudés à l'autogène, technique dont Jean Thomann et son frère Alphonse furent les pionniers dès le début du siècle.

La moto Jean de 1901 reflète bien ce qui était une des préoccupations majeures de l'époque : positionner le moteur de telle manière qu'il ne gêne pas le pédalage. La position retenue par Albert Jean est certes efficace de ce point de vue, mais très néfaste en ce qui concerne la hauteur du centre de gravité !

J

▸ *Première publicité pour les motos Jean Thomann parue dans* Moto-Revue *n° 181 du 1er octobre 1925. Les versions Sport et Super-Sport étaient émaillées en rouge, ce qui valut aux pilotes de la marque le surnom de « Diables rouges ».*

▸▸ *Autre publicité Jean Thomann, parue dans* Moto-Revue *n° 197 juste après la victoire de Batifort au Bol d'Or.*

▾ *175 Jean Thomann vue au Circuit d'Auvergne en 1928. (Photo André Marcel, collection S. Basset)*

Les premières motos Jean Thomann, des 175 deux-temps avec moteur LPL (P. Lescanne), boîte à deux ou trois rapports et transmission finale par courroie, furent présentées au Salon d'octobre 1925. En dépit de caractéristiques fort banales, la marque accéda rapidement à une relative notoriété avec la victoire, fin mai 1926, de Léon Batifort au Bol d'Or en catégorie 250; une victoire certes, mais peu significative car trois 175 (Alcyon, Harlette et Monet-Goyon) avaient couvert plus de tours que sa 250 Jean Thomann. Aussitôt après ce succès, la gamme s'enrichit d'une 250… qui ne sera jamais illustrée sur aucun prospectus ou document commercial!

Jusqu'en 1928 inclus, la gamme Jean Thomann n'évolue guère, si ce n'est avec l'arrivée de la transmission finale par chaîne, de freins à tambour et — sur la seule « Paris-Nice n° 7 » — d'un nouveau réservoir toujours entre-tubes mais plus anguleux. En mai 1929, la SA des Ets Fauvarque augmente son capital de 300 000 francs pour absorber son motoriste, les Ets Lescanne. Le 5 novembre 1929, la raison sociale inclut la mention « Manufacture Française des Cycles et Motocyclettes Jean Thomann ». Mais l'entreprise est déjà sur le déclin en dépit du lancement d'une 350 et d'une 500 à moteur Chaise, dites « Moto-Record ».

Les Ets Fauvarque furent déclarés en faillite en novembre 1931, puis mis en liquidation judiciaire le 18 février 1932. Les termes de l'ordonnance prise par le Juge-Commissaire pour que soit procédé à la vente aux enchères publiques indiquent qu'Albert Fauvarque avait pris d'efficaces dispositions pour séparer l'usine de Montreuil — qui fut bel et bien liquidée, les 3 et 4 mars 1932, avec son outillage et son matériel — du siège parisien de la rue des Vertus. En effet, la marque Jean Thomann réapparaît aussitôt, toujours sous la direction de Fauvarque et dûment affiliée à la Chambre syndicale du Cycle et du Motocycle dès le 28 mai 1932. En 1936, Fauvarque a déménagé et se trouve 433, avenue de la Porte de Clichy à Paris XVIIe. Au Salon d'octobre 1951, Jean Thomann présente 25 cycles et 3 cyclomoteurs, sans autre précision. Enfin, le *Bottin du Cycle* édition 1954 mentionne encore Jean Thomann à l'adresse du 184, rue du Faubourg Saint-Denis à Paris X^e. Nous n'en savons pas plus.

JG - A Paris, sans autre précision

Bourdache cite cette marque comme constructeur de moteurs pour motos avant 1914.

JOG - 89, rue de la Mare à Paris XXe

Ets JOG - J. Grosse. Spécialisés dans le travail du tube, les Ets JOG eurent les honneurs de la presse vers 1906-1908 en réalisant, entre autres, un tricar à partir d'une moto et une moto tandem à partir d'une moto solo.

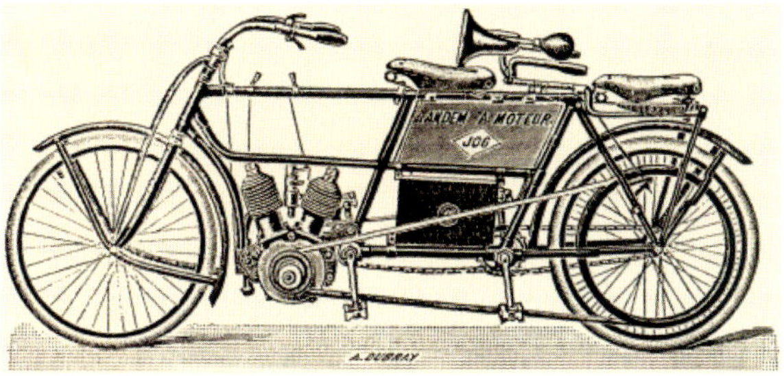

Difficile de faire plus inesthétique que le tandem JOG ! Et mieux vaut ne pas parler de l'inconfort du passager placé juste au-dessus de l'axe de la roue arrière !

JONGHI - Raisons sociales et adresses multiples

Les Constructions Mécaniques Jonghi de 1930 à début 1933 environ, entreprise associant l'industriel italo-argentin Tito Jonghi, assurément majoritaire, et l'ingénieur italien Giuseppe Remondini. Puis *Les Constructions Mécaniques Remondini Père et Fils* de début 1933 à la fin de l'été 1935, après le départ de Tito Jonghi et l'apport de fonds par le père de Giuseppe Remondini ; dans ces deux premiers cas, l'adresse est au 1 bis de la rue Georges-Clemenceau à Choisy-le-Roi.

Giuseppe Remondini photographié par Moto-Revue *en 1959.*

Puis *Prester-Jonghi*, Eichel Frères constructeurs, de la fin de l'été 1935 à la guerre ; 50, avenue Marceau à Courbevoie. Ensuite, *Société nouvelle de vélomoteurs et motocyclettes Jonghi*, probablement affaire personnelle de Giuseppe Remondini, de 1945 à 1946 ; adresse probable à Torfou, Seine-et-Oise. Enfin, *Société nouvelle de vélomoteurs et motocyclettes Jonghi* toujours, mais la SATAM, entreprise bien connue pour ses pompes à essence, est devenue actionnaire majoritaire ; 86, rue Saint-Denis à La Courneuve ; de 1947 à 1957 ou 1959.

Publicité Satam de novembre 1955 pour ses pompes distributrices de mélange deux-temps. Ce n'est pas un hasard si le scooter qui se ravitaille est un « Polo » Jonghi car Satam est alors l'actionnaire majoritaire de Jonghi. Depuis un an déjà, le « Polo » est le seul vélomoteur Jonghi car sa naissance a provoqué la disparition de la 125 E53T. (Doc. coll. J. Goyard)

L'histoire des motos Jonghi est absolument indissociable de celle de l'italien Giuseppe Remondini, né en 1895 à Castel d'Ario dans la province de Mantoue et ingénieur diplômé de l'Institut Technique de Milan. Après avoir travaillé dans les bureaux d'études d'Alfa-Romeo, de San Giorgio (moteurs d'aviation Isotta-Fraschini) et de la CMN, Remondini arrive en 1921 chez Frera, constructeur de motos à Milan ; il va y dessiner la 500 SSV4 à quatre soupapes qui apparaît en 1922 et qui s'affirme aussitôt fort bien née en remportant la troisième édition de la Targa Florio et deux étapes du Giro d'Italia.

Remondini ne reste que peu de temps chez Frera puis part chez Nagas & Ray, autre entreprise milanaise, alors importatrice pour l'Italie des automobiles Ford et des motos Indian et Zündapp. Nagas & Ray vient de prendre la décision de construire ses propres motos et Remondini est nommé directeur technique à cette fin. Il dessine une 350 latérale à bloc-moteur

Le bloc-moteur Nagas & Ray 350 cm³ à soupapes latérales.

trois vitesses, avec volant extérieur qui est présentée fin 1925 et mise en vente au second semestre 1926. En 1927, Remondini extrapole une version à culbuteurs qui tourne au banc fin 1928. En 1929, une de ces 350 culbutées remporte le Circuit de Monferrato, épreuve d'importance au calendrier italien, aux mains d'Aldo Pigorni, futur double champion d'Italie en 1934 et 1935.

Hélas, la dépression économique consécutive au jeudi noir de Wall Street (24 octobre 1929) détériore rapidement les relations commerciales entre Ford et Indian d'une part, Alessandro Nagas et Tullio Ray d'autre part. Les deux hommes décident de se retirer de l'entreprise mais laissent à Remondini la possibilité de poursuivre seul l'aventure, à ses risques et périls. En peu de mois, Remondini trouvera un financement, apporté par l'italo-argentin Tito Jonghi. Lequel estimera bien vite que la situation économique italienne ne permet pas d'espérer des ventes substantielles et prend, en accord avec Remondini, la décision de transporter l'affaire en France, pays alors bien plus peuplé que l'Italie, où les conséquences de la crise se font encore peu sentir. Les deux hommes arrivent en 1930 à Choisy-le-Roi avec vingt 350 Nagas & Ray à terminer : elles deviendront les premières Jonghi TJ4.

Sur le moteur 350 Jonghi TJ4C, le volant est à gauche, côté transmission primaire.

Puissantes et rapides, ces Nagas & Ray souffraient d'un gros défaut de conception : le volant extérieur était monté côté droit, à l'opposé du pignon de transmission primaire. Sur un violent freinage à l'arrière, la décélération était transmise au vilebrequin… tandis que l'inertie du volant tendait à résister à cette décélération : cela provoquait le décentrage de l'embiellage. En déplaçant le volant à gauche, côté transmission primaire, Remondini règle le problème et fait naître les « vraies » Jonghi, 350 TJ4 L latérale ou TJ4 C culbutée, homologuées début février 1931 et commercialisées dans le courant de l'été ; *Moto-Revue* leur consacre un premier article dès le 12 septembre.

Pas terminée mais déjà porteuse de la marque Jonghi, voici une des Nagas & Ray assemblées en France en 1930. Le volant moteur est à droite et le réservoir entre-tubes.

Les TJ4 C et TJ4 L de série en version 1933.

Elles vont aussitôt se montrer les meilleures 350 de série du moment, tous pays confondus, tandis que leurs versions usine, à culbuteurs ou à deux arbres à came en tête, seront des compétitrices absolument redoutables jusqu'en 1938 : GP d'Europe 1932, Grands Prix de France 1934 et 1935 (en catégorie 250), Championnats de France 1932, 1935 et 1937, Fond de Course 1938, records mondiaux allant de l'heure aux 24 heures (ce dernier fin mars 1933 avec une TJ4 latérale !), Bol d'Or 1932, etc. Rien ne va leur échapper ; pas même Paris-Les Pyrénées-Paris !

Louis Jeannin fut, et de loin, le pilote qui remporta le plus grand nombre de victoires pour Jonghi, mais Hector Andréino, Roger Loyer, Georges Monneret, Marcel Perrin et Fernand Rénier s'illustrèrent aussi au guidon des TJ4 officielles de tous types.

18 juillet 1934 : Remondini, Jeannin et la 250 double arbre du record mondial de l'heure à 156,3 km/h.

Crevé de la 350 du record de l'heure 1936 à 169 km/h.

Louis Jeannin sur une TJ4 officielle.

Records encore pour la 350 double arbre, mais avec side-car, en octobre 1935.

En dépit d'un prix de vente nettement supérieur à la moyenne, les TJ4, très rapides, fiables et superbement finies, connaîtront un fort honnête succès commercial : il en fut construit environ 800 exemplaires entre février 1931, date de l'homologation, et 1939.

Deux faillites (la première, début 1933 semble-t-il, met fin à l'actionnariat majoritaire de Tito Jonghi, qui se retire ; la seconde fait disparaître *Les Constructions Mécaniques Remondini Père et Fils* et provoque le passage, dans l'été 1935, de l'entreprise aux mains des frères Eichel, patrons de Prester) et la crise économique amènent Remondini à concevoir une machine plus économique : c'est une BMA 100 deux-temps lancée en 1938 et traitée en bloc-moteur avec boîte trois vitesses à verrouillage par billes. Bien conçue, elle arrive hélas tard puisque la catégorie vélomoteur supplante bientôt celle des BMA.

Le moteur de la BMA Jonghi de 1938.

J

La filiation entre le moteur de la 125 T et celui de la BMA de 1938 est évidente.

La 125 à ACT des records d'octobre 1948.

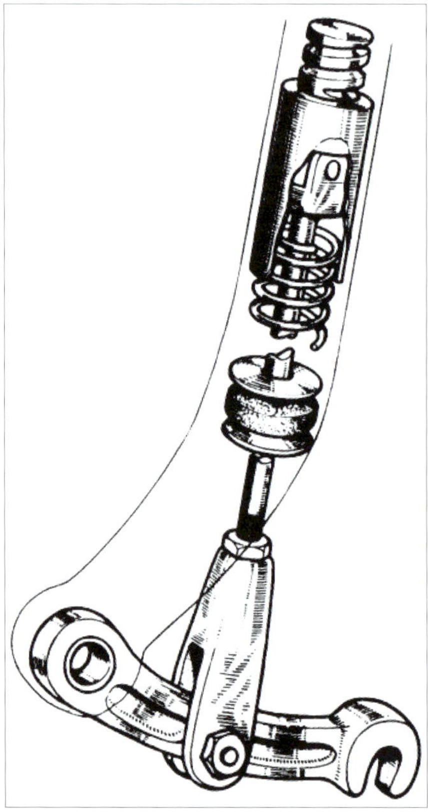

La fourche à roue tirée apparue en 1950 sur les 125 types E50 deux-temps et D à ACT.

Les frères Eichel auraient été déportés pendant la guerre et ne seraient pas revenus; on ne sait donc pas exactement comment renaît Jonghi. Mais on voit apparaître en 1947 le vélomoteur 125 T à trois vitesses dont le moteur est un dérivé direct de celui de la BMA de 1938; il sera suivi des 125 F, puis E50 et E52 (avec fourche à roue tirée en remplacement de la fourche à parallélogramme), enfin E53T (avec fourche télescopique).

Quant aux blocs-moteurs à quatre vitesses qui équipent les 250 types H53 et H54T puis le scooter 125 J à grandes roues « Polo », ils sont aussi des descendants, certes de plus en plus lointains, du 100 cm³ de 1938.

Auréolée du prestige de la TJ4 et facile à « gonfler », la 125 T devint l'arme de maints pilotes débutants. Ici, Rodet du Moto-Club de Bourges… en tenue bien légère. (Archives MCB, courtoisie F.A. Jolivet)

Mais c'est bien avec la 125 type D à arbre à cames en tête et quatre vitesses, livrée à partir du printemps 1950, que Giuseppe Remondini propose la digne héritière des déjà légendaires TJ4. Elle battit elle aussi des records du monde aux mains de son fils Arrigo (4 et 9 octobre 1948) et se comporta fort bien en course jusqu'à la fin des années cinquante aux mains de nombreux pilotes tels Pierre Michel, Alain Dagan, Pierre Landereau et même Jean-Pierre Beltoise.

Tout cela dit, reste à préciser que la production Jonghi d'après-guerre ne parvint jamais à se hisser à des niveaux bien élevés: de 500 unités en 1947 à 3 260 unités en 1951, l'essentiel des ventes étant assuré par la 125 T. Dès 1953, les ventes chutent de moitié; elles s'écroulent à 650 machines seulement en 1953; le lancement, tardif, du scooter Polo au Salon d'octobre 1953 est loin de redresser la situation puisque la marque disparaît des statistiques de la Chambre Syndicale en 1954, n'étant pas parvenue à 500 immatriculations cette année là. Certes stable avec ses grandes roues, mais manquant d'élégance et lourd, donc pas très performant, le Polo n'eût guère de succès, pas plus d'ailleurs que les différentes versions de la 250 H.

Le Polo: stable mais pataud et lourd.

Tous modèles confondus, Jonghi ne vendit donc pas plus de 12 000 à 13 000 deux-roues entre 1947 et 1957, date officielle d'arrêt de la production.

JOURNAUX - 52 à 56, ru e des Cévennes à Paris XVe

J. Journaux, constructeur au moins de 1900 à 1906, est surtout connu pour sa Tractocyclette à moteur Carreau lancée en 1906. C'était une machine déjà totalement désuète à cette date car de même conception que la Werner de 1897/1898, à l'allumage électrique près. Journaux aurait aussi construit des moteurs sous la marque Fulgur.

JOUVE - 145, boulevard Murat à Paris XVIe

Ets M. Jouve & Cie, constructeurs sous licence des side-cars anglais Mills-Fulford, de 1911 à au moins 1914.

Le beau catalogue Jouve de 1913 ne présentait pas ses side-cars attelés aux dernières motos sorties : la Moto-Rêve date de 1910 !

Installés dans des locaux modernes, Jouve & Cie possédaient en 1913 des agences dans une douzaine de villes françaises et étaient sans doute l'entreprise la plus importante de France à l'époque en matière de side-cars.

JUDENNE - 25, avenue Parmentier à Paris XIe

Ets Judenne & Fils puis Judenne-Moto.

Si l'on en croit diverses éditions du *Motocyclo Catalogue*, les Ets Judenne auraient commercialisé sous leur nom une immense gamme de cyclomoteurs, vélomoteurs et triporteurs légers entre 1945-1946 et 1961. Il est certain qu'ils ne les construisaient pas tous… à supposer

La 250 Jonghi type H53, avec fourche à roue tirée.

Même un connaisseur averti serait enclin à dater la Tractocyclette Journaux de 1898 plutôt que de 1906 !

Couverture du catalogue Jouve de 1913.

Cette publicité Judenne ne cache pas la marque de la moto illustrée et dresse même la liste de toutes les marques vendues. En a-t-il toujours été ainsi ?

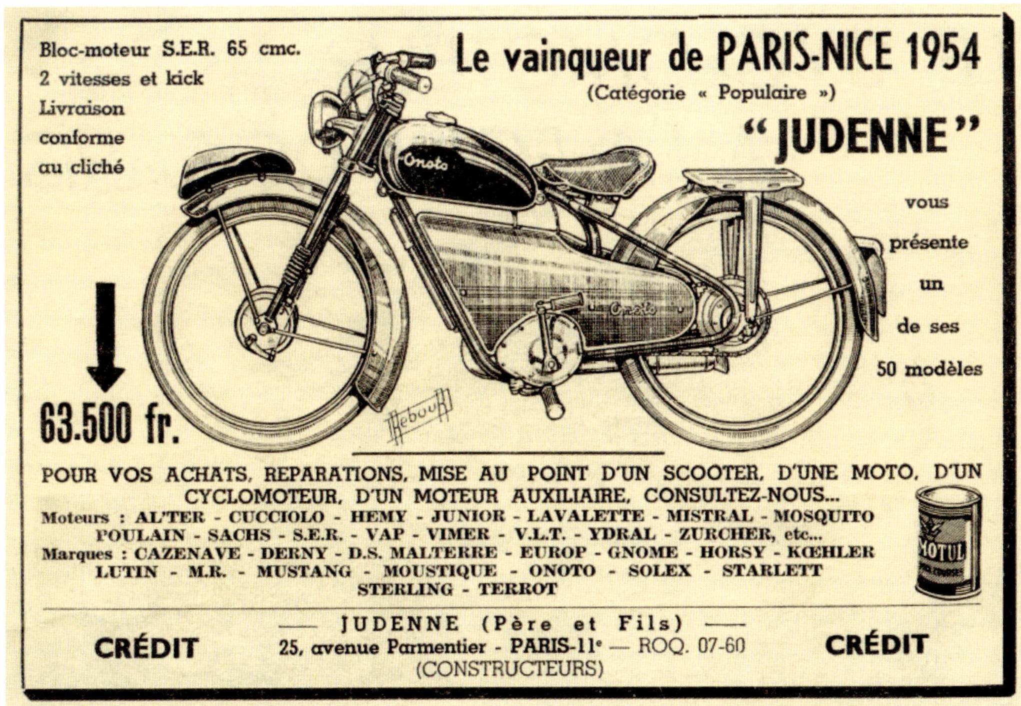

J

▸ Triporteur Juéry de 1928 ; le moteur est un 250 Train et le châssis est en tubes. La charge utile est de 200 kg.

▸▸ Evolution du précédent, cette version J5 de septembre 1933 a vu sa cylindrée portée à 350 cm^3 et la structure de son châssis est devenue mixte : tubes à l'arrière et tôle emboutie à l'avant ; la charge utile atteint désormais 300 kg.

▸▸ Publicité Juéry de 1955 : l'énorme J10 et ses 500 kg de charge utile existe toujours au côté du bien plus fluet L.125 B. (Doc. J.G.)

▾ Superbe ou délirante, nous ne saurions trancher. Mais la Jumella est à coup sûr une fort belle réalisation. (Doc. J.C.C. et J.G.)

même qu'ils aient été réellement constructeurs de certains d'entre eux. Nous en doutons, mais sans écarter une erreur, volontaire ou non, dans le *Motocyclo Catalogue*.

JUÉRY - 18, rue de Rambuteau à Paris IIIe

Alexandre & Juéry, puis E. Juéry, successeur ; 18, rue de Rambuteau à Paris IIIe, constructeurs de triporteurs à pédales au moins depuis 1906. Puis Ets Charles Juéry, successeurs des précédents, 8, rue de Jarente à Paris IVe.

Tout en poursuivant la production de triporteurs à pédales, les Ets Ch. Juéry lancent leur premier triporteur à moteur en 1923 et cataloguent de tels engins pendant 40 ans. Les appellations des triporteurs lourds commencent par la lettre J ; les plus diffusés furent le 343 cm^3 type J5 de 1930 à 1938 (moteur 350 Staub deux-temps à cylindre horizontal et distributeur rotatif, boîte Staub à trois vitesses et marche arrière) et les 499 cm^3 à soupapes latérales type J7 (1938 à 1940) puis type J10, ce dernier ayant été proposé jusqu'en 1957. La charge utile de ces gros triporteurs était de 300 kg pour le J5, de 350 kg pour le J7 et de 500 kg pour le J10.

A partir de 1947, la gamme Juéry s'élargit avec des triporteurs plus légers : tout d'abord le J12 à moteur 125 cm^3 deux-temps proposé de 1947 à 1952, qui offre une charge utile de 125 kg ; puis la longue série des types L en 125 et 175 cm^3, la charge utile culminant à 200 kg sur le L.175 B catalogué de 1955 à 1957. Les ultimes modèles de triporteurs Juéry sont les L125Y (CU de 185 kg) et L175Y (CU de 200 kg) à moteur 125 ou 175 Ydral, catalogués de 1958 à 1963, les derniers exemplaires en stock étant vendus jusqu'à la fin des années soixante.

Pour la petite histoire, rappelons que ce furent les Ets Charles Juéry qui prêtèrent le triporteur (à pédales) utilisé en 1957 lors du tournage du film de Jacques Pinoteau « Le Triporteur », qui révéla Darry Cowl.

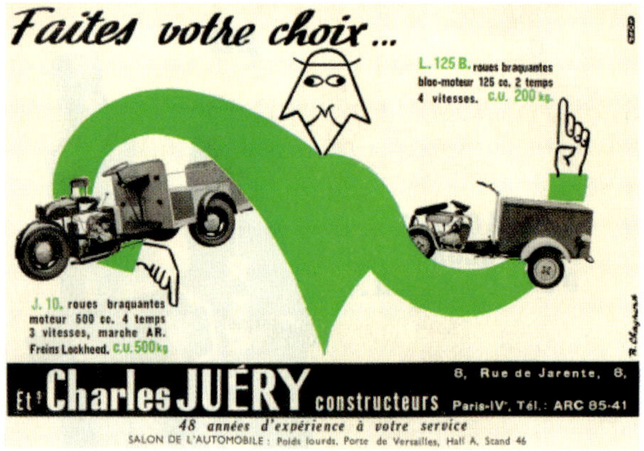

JUMELLA - 3, rue du Havre à Paris IXe

Nous ignorons tout de la Jumella 1922, jusqu'au nom de son constructeur ! Seule la photo révèle une conception inspirée du Neracar, mais bien plus sophistiquée : suspensions actionnées par basculeurs vers des ressorts placés sous la coque autoporteuse rivetée ; moteur couché à l'horizontale permettant un plancher quasi plat. L'esthétique étant affaire de goût, ne reste qu'une question : avec ou sans passager, la Jumella était-elle conduisible depuis la place arrière autrement qu'en ligne droite ?

Ked Kid Kratos Kreutzberger

K

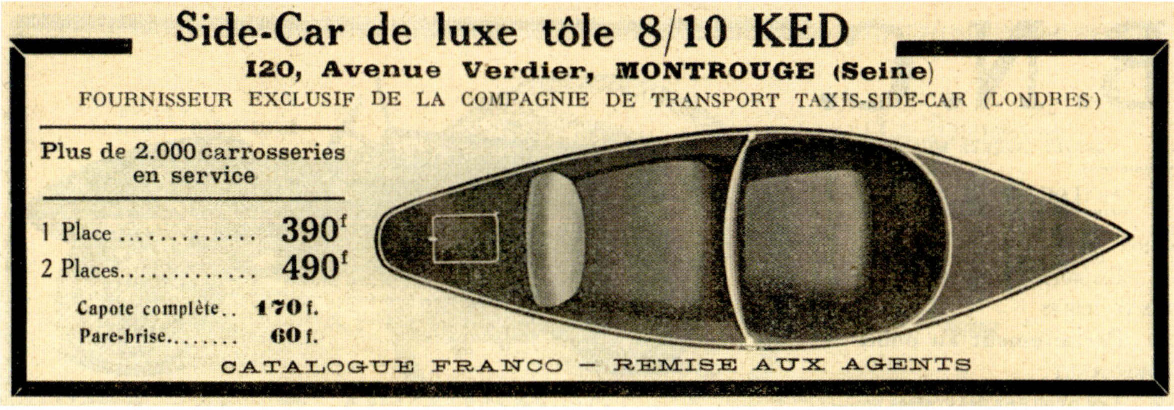

Publicité Ked parue en mars 1923 dans Moto-Revue *n° 120.*

KED - 10, avenue Verdier à Montrouge

Constructeur de carrosseries de side-cars en 1922 et 1923.

KID - 7 bis, rue Mérimée à Paris XVIe

Société des moteurs Kid, constructeur d'un moteur auxiliaire à galet sur la roue avant d'octobre 1950 à 1954.

Construit selon le brevet 979.683 délivré à André Gadoux le 13 décembre 1950, ce moteur 48 cm³ légèrement

Pas inélégant du tout, le moteur Kid première version, en 1951-1952, avait pour particularité d'être livré avec un garde-boue avant spécial servant de conduit d'échappement.
(Doc. courtoisie Jean Goyard)

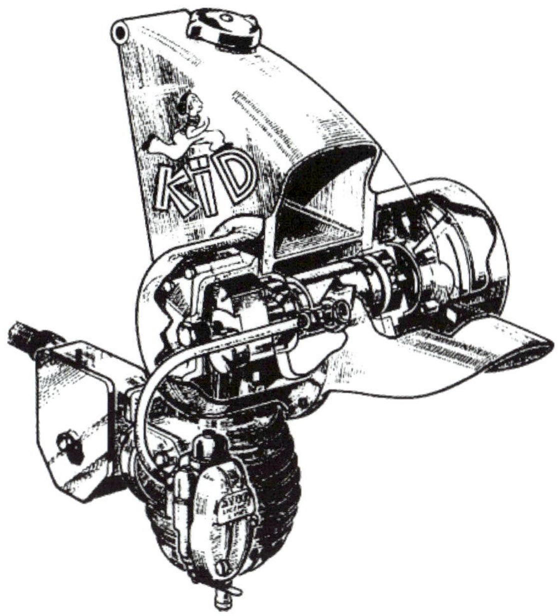

Eclaté du moteur Kid ; l'ensemble réservoir/bâti est une belle pièce de fonderie.

K

Le cyclomoteur Daudon à moteur Kid utilisé avec succès par Lesaint dans Paris-Nice début 1951. Camille Daudon, spécialiste réputé du cycle sur mesures, avait conçu un cadre spécial, très renforcé, pour résister aux 50 à 60 km/h de croisière qu'obtenait un bon coureur cycliste avec l'aide du Kid.

super-carré (40 x 38 mm) se veut élégant et recourt pour cela à un réservoir de deux litres en alu moulé faisant corps avec le bâti et à deux caches symétriques abritant le carter-moteur et le volant magnétique.

La puissance annoncée était d'un cheval, ce qui permettait 40 km/h. L'ensemble pesait 7 kg et était proposé à 22 500 francs au moment du Salon d'octobre 1950, puis à 28 750 francs un an plus tard. Alors que presque tous les autres moteurs à galet sur la roue avant, hors le VéloSolex, avaient à peu près disparu en 1953, le Kid poursuivait encore sa carrière commerciale grâce à ses bonnes performances et, semble-t-il, à sa fiabilité.

Le Kid était livrable soit émaillé soit entièrement poli. Le Comptoir National du Cycle (CNC) et Camille Daudon, entre autres, ont monté des moteurs Kid. Avec un honnête succès sportif à l'actif de ce dernier, puisque le coureur Lesaint sur Daudon-Kid termine deuxième du Paris-Nice des Cyclomoteurs, début 1951.

KRATOS - 17, rue du Débarcadère à Paris XVIIe

Marque déposée par Albert Chaigneau le 14 février 1902 pour désigner des moteurs pour motos. Le même jour, Chaigneau déposait aussi la marque Manon pour désigner des motos.

Fils de Pallas et de Styx, descendants directs des Titans et de Zeus, Kratos (Κρατος) est un dieu de la mythologie grecque qui symbolise la force, la puissance.

Même si la marque Kratos n'était pas encore déposée à cette date, il est fort probable que le moteur 1 ¾ HP qui équipait la première moto construite par Chaigneau, présentée en décembre 1901, en était déjà un avant la lettre.

Une analyse détaillée des quelques documents disponibles concernant les productions d'Albert Chaigneau nous conduit à écrire que la marque Kratos désignait les moteurs pour motos ou pour usages industriels, tandis que la marque Bordes (voir à ce nom), apparue exactement à la même époque, fut réservée au seul moteur adaptable sur bicyclettes. Et cela même si un article rédactionnel paru à la mi-juin 1902 dans *Cycle et Automobile Industriels* indique, sans doute à tort, « que ce moteur (Bordes) adaptable existe depuis près de deux ans ».

En 1903, le moteur Kratos à admission automatique équipant la moto Manon était donné pour 2 ¼ HP ; quant aux Kratos pour usage industriel, on sait seulement que le plus petit délivrait ½ cheval.

Groupe électrogène Kratos de 1903, avec moteur refroidi par eau. *(Doc. coll. D. Tille)*

KREUTZBERGER - Adresses multiples

Kreutzberger Frères. 4, rue de Robinson à Robinson puis 77, rue du Dessous des Berges à Paris XIIIe. Constructeur de tricycles à moteur de 1900 à 1904.

A suivre…

Bref glossaire des termes techniques

ACT - Arbre (s) à came (s) en tête. L'abre à came (s) dit « en tête » est placé au dessus des soupapes qu'il commande soit directement, soit par l'intermédiaire de basculeurs. Sur les motos qui font l'objet de cet ouvrage, il peut être entraîné par une cascade de pignons ou par une chaîne.
Admission automatique - La soupape d'admission n'est pas commandée et s'ouvre sous le seul effet de la dépression générée dans le cylindre par la course descendante du piston. Le tarage du ressort de rappel de la soupape est très faible.
Allumage basse tension - Utilisé par un très petit nombre de constructeurs, il recourt à une magnéto spéciale ne possédant strictement que le bobinage dit « basse-tension ». Le rupteur, à commande mécanique extérieure à la magnéto, est situé dans la chambre de combustion et l'étincelle d'allumage est celle fournie au moment de l'ouverture des contacts.
Bloc-moteur - Les organes de la boîte de vitesses sont intégrés dans le carter du moteur.
BMA - Bicyclette à Moteur Auxiliaire. Catégorie administrative créée le 29 mai 1926 qui définissait des deux-roues à moteur dispensés d'immatriculation et de permis de conduire, moyennant le respect de quatre conditions : poids inférieur à 30 kg ; vitesse maximale inférieure à 30 km/h ; présence obligatoire de pédales ; enfin moteur amovible. Cette dernière condition ne fut jamais appliquée, mais une condition supplémentaire fut ajoutée en 1931 : cylindrée inférieure à 100 cm^3. Des aménagements en matière de poids maximum furent apportés au cours des années trente.
Boîte séparée - Contraire du précédent : la boîte de vitesses est un organe distinct du moteur auquel elle est le plus souvent reliée par chaîne.
Carburateur à pulvérisation - Bien qu'existant presque depuis les débuts du moteur à explosion, il ne s'est vraiment généralisé qu'à partir de 1902. Il utilise le plus souvent un gicleur calibré pour la marche à plein régime et divers organes annexes (aiguille, boisseau, diffuseur, gicleur de ralenti, papillon, etc) pour la marche aux régimes intermédiaires. En général, le dosage air/essence est automatique.
Carburateur à barbotage, à léchage ou de surface - Système généralement utilisé jusqu'en 1901 ou 1902 pour obtenir le mélange air/essence ; l'exemple-type est celui utilisé par de Dion & Bouton. Via divers artifices, l'air admis traverse ou lèche le carburant contenu dans le réservoir et se charge de ses vapeurs. Le principal défaut de ces systèmes est de ne pas permettre un dosage automatique air/essence et donc de nécessiter une commande dite « d'air additionnel ».
Cylindre borgne - Cylindre dépourvu de culasse détachable ; quand les soupapes sont latérales, ce type de cylindre est équipé de deux gros bouchons vissés, dont le diamètre donne passage aux têtes de soupapes.
Distributeur rotatif - Même si de multiples inventeurs se sont ingéniés à l'appliquer (avec bien peu de succès !) sur les moteurs quatre-temps, c'est sur quelques rares deux-temps anciens (Duten, Ixion, etc) qu'il a démontré son efficacité ; il permet en effet de contrôler strictement la phase d'admission et donc de réduire les pertes de gaz frais d'une part, le mélange de ces gaz frais avec les gaz brûlés d'autre part.
Graissage séparé - Devenu universel sur les deux-temps dans les années quatre-vingt, il ne fut que peu utilisé auparavant à cause de la difficulté rencontrée pour adapter son débit aux besoins du moteur. Le système le plus souvent rencontré utilise les alternances de pression et de dépression dans le carter moteur pour régler ce débit, mais exige des clapets et un réseau de tuyauteries robustes et parfaitement étanches.
Roue poussée - Système de suspension avant dans lequel l'axe de la roue est en avant de l'axe d'articulation du bras portant la roue.
Roue tirée - Système de suspension avant dans lequel l'axe de la roue est en arrière de l'axe d'articulation du bras portant la roue.
Soupapes culbutées - Les soupapes d'admission et d'échappement sont placées tête en bas et ouvrent directement au-dessus du piston. Chaque soupape est commandée depuis l'arbre à cames (ou les arbres à came) via une tige de culbuteurs, avec ou sans interposition d'un linguet, puis un culbuteur. Elles peuvent être parallèles (donc limitées en diamètre par l'alésage) ou disposées en V.
Soupapes latérales ou en chapelle - Les soupapes d'admission et d'échappement, en général parallèles, sont placées tête en haut et ouvrent dans une excroissance de la chambre de combustion, dite chapelle. Elles sont commandées depuis l'arbre à cames (ou les arbres à came) via des poussoirs, avec ou sans interposition de linguets.
Soupapes opposées ou semi-culbutées - Les têtes des soupapes d'admission et d'échappement se font face ; le plus souvent, l'admission est culbutée et l'échappement latéral.

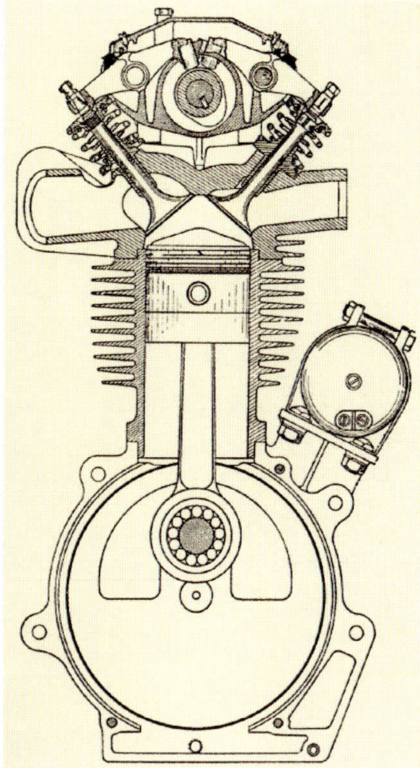

▲ *Arbre à cames en tête.*

▼ *De gauche à droite : soupapes latérales avec cylindre borgne et bouchons de soupapes ; soupapes opposées ; soupapes culbutées en V.*

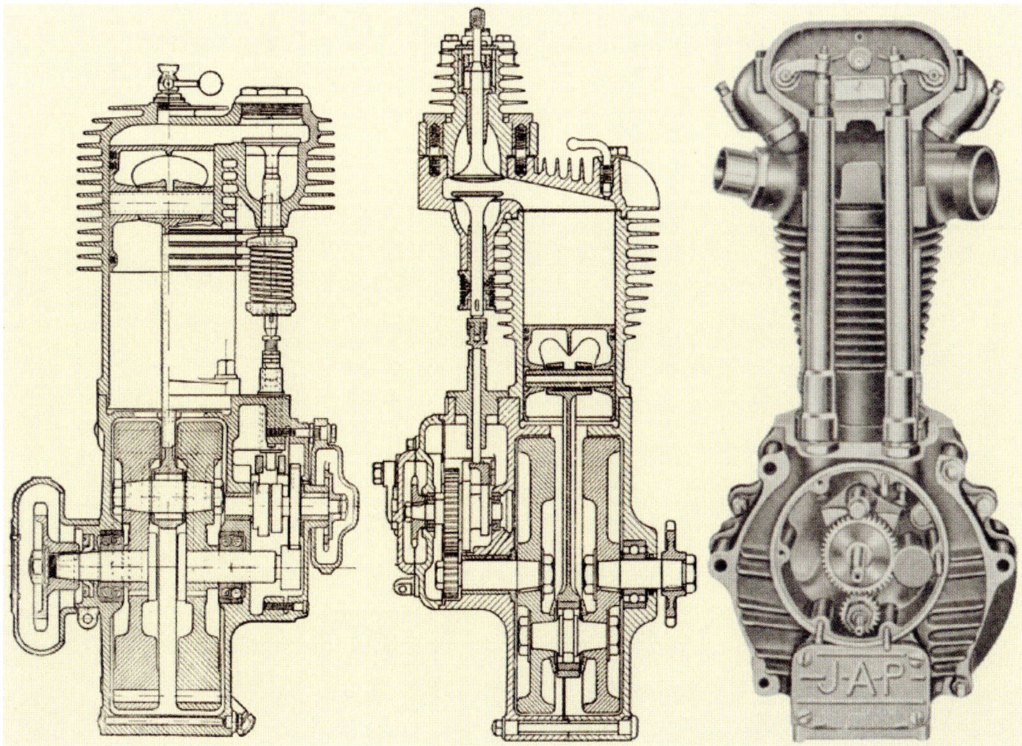

Conception, création et réalisation Bernard Salvat

ISBN: 978-2-35250-256-2
Numéro d'éditeur: 35250
Dépôt légal: 4e trimestre 2012

Un ouvrage édité par
HISTOIRE & COLLECTIONS
SA au capital de 182 938, 82 €
5, avenue de la République F-75541 Paris Cedex 11
Tel: +33-1 40 21 18 20
Fax: +33-1 47 00 51 11
www.histoireetcollections.com

Cet ouvrage a été conçu, composé
et réalisé pour Histoire & Collections
entièrement sur stations informatiques intégrées.
Photogravure et traitement de l'image : Bernard Salvat
et Studio A & C

Achevé d'imprimer en octobre 2012
sur les presses de l'Imprimerie Moderne de l'Est, France.